T. Uibel

Spaltverhalten von Holz beim Eindrehen von selbstbohrenden Holzschrauben

Spaltverhalten von Holz beim Eindrehen von selbstbohrenden
Holzschrauben

Band 20 der Reihe
Karlsruher Berichte zum Ingenieurholzbau

Herausgeber
Karlsruher Institut für Technologie (KIT)
Lehrstuhl für Ingenieurholzbau und Baukonstruktionen
Univ.-Prof. Dr.-Ing. H. J. Blaß

Spaltverhalten von Holz beim Eindrehen von selbstbohrenden Holzschrauben

von

T. Uibel
Karlsruher Institut für Technologie (KIT)
Lehrstuhl für Ingenieurholzbau und Baukonstruktionen

Dissertation, Karlsruher Institut für Technologie
Fakultät für Bauingenieur-, Geo- und Umweltwissenschaften, 2012
Referenten: Univ.-Prof. Dr.-Ing. Hans Joachim Blaß,
             Univ.-Prof. i.R. Dr.-Ing. Heinrich Kreuzinger

Impressum

Karlsruher Institut für Technologie (KIT)
KIT Scientific Publishing
Straße am Forum 2
D-76131 Karlsruhe
www.ksp.kit.edu

KIT – Universität des Landes Baden-Württemberg und nationales
Forschungszentrum in der Helmholtz-Gemeinschaft

KIT Scientific Publishing 2012
Print on Demand

ISSN 1860-093X
ISBN 978-3-86644-835-3

Spaltverhalten von Holz beim Eindrehen von selbstbohrenden Holzschrauben

Zur Erlangung des akademischen Grades eines

DOKTOR-INGENIEURS

von der Fakultät für

Bauingenieur, Geo- und Umweltwissenschaften

des Karlsruher Instituts für Technologie (KIT)

genehmigte

DISSERTATION

von

Dipl.-Ing. Thomas Uibel

aus Goslar

Tag der mündlichen Prüfung: 27.01.2012

Hauptreferent: Univ.-Prof. Dr.-Ing. Hans Joachim Blaß

Korreferent: Univ.-Prof. i.R. Dr.-Ing. Heinrich Kreuzinger

Karlsruhe 2012

Vorwort

Die vorliegende Arbeit entstand während meiner Tätigkeit als wissenschaftlicher Mitarbeiter am Lehrstuhl für Ingenieurholzbau und Baukonstruktionen des Karlsruher Instituts für Technologie, vormals Universität Karlsruhe (TH).

Mein besonderer Dank gilt Herrn Univ.-Prof. Dr.-Ing. Hans Joachim Blaß für die Anregung zu dieser Arbeit und die Übernahme des Hauptreferats. Er ließ mir stets seine Unterstützung zukommen und gewährte mir jederzeit die wissenschaftliche Freiheit sowie die uneingeschränkte Nutzung der Einrichtungen der Versuchsanstalt für Stahl, Holz und Steine, Abteilung Holzbau und Baukonstruktionen.

Für die freundliche Übernahme des Korreferats und die damit verbundenen angenehmen Gespräche und Diskussionen danke ich sehr herzlich Herrn Univ.-Prof. i.R. Dr.-Ing. Heinrich Kreuzinger, TU München.

Danken möchte ich auch Herrn Dr.-Ing. Rainer Görlacher für seine Hinweise und seine Unterstützung bei der Planung und Interpretation der Versuche.

Meinen Kollegen Michael Deeg, Sören Hartmann, Martin Huber, Alexander Klein, Günter Kranz, Michael Pfeifer, Michael Scheid und Werner Waldeck gilt mein herzlicher Dank für ihr hohes Engagement und ihre kreative Mitarbeit bei der Herstellung der Versuchseinrichtungen sowie bei der Durchführung der Versuche.

Den Diplomanden bzw. studentischen Hilfskräften Dipl.-Ing. Markus Duffner, Dipl.-Ing. Markus Enders-Comberg, Dipl.-Ing. Michael Müller, Hildegard Obermeyer, Moritz Piffko, Dipl.-Ing. Katharina Rupp und Dipl.-Ing. Dietrich Töws danke ich für ihre tatkräftige Mitwirkung bei der Durchführung und Auswertung der Versuche.

Allen meinen Kollegen am Lehrstuhl für Ingenieurholzbau und Baukonstruktionen danke ich für ihre Mithilfe, den wissenschaftlichen Austausch und ihre Diskussionsbereitschaft sowie für ihre konstruktive Kritik in einem angenehmen Arbeitsklima.

Großen Dank schulde ich außerdem Friederike Korn für Ihre Unterstützung in den vergangenen Jahren.

Thomas Uibel

Kurzfassung

Seit einigen Jahren werden für Verbindungen im Holzbau zunehmend selbstbohrende Holzschrauben eingesetzt. Diese ermöglichen innovative Verbindungsarten und können ohne Vorbohren in das Holz eingedreht werden, so dass wirtschaftliche Bauteilanschlüsse realisierbar sind. Ein weiteres Anwendungsgebiet von selbstbohrenden Holzschrauben mit Vollgewinde ist die Verstärkung von Bauteilen in Bereichen von Schub-, Querdruck- oder Querzugbeanspruchungen. Die Wirksamkeit und Wirtschaftlichkeit einer Verbindung oder Verstärkungsmaßnahme kann gesteigert werden, indem die Schrauben mit geringen Abständen untereinander und zu den Bauteilrändern angeordnet werden. Dies ist bei selbstbohrenden Holzschrauben möglich, wenn sie mit Merkmalen wie zum Beispiel Bohrspitzen produziert werden, die die Spaltgefahr des Holzes beim Einschrauben verringern. Zur zuverlässigen Vermeidung eines Versagens des Holzes durch Aufspalten beziehungsweise durch signifikantes Risswachstum sind Mindestwerte für Abstände und Holzdicken festzulegen. Bislang müssen diese Anforderungen für jeden Schraubentyp und Schraubendurchmesser iterativ durch aufwändige Einschraubversuche bestimmt werden.

Im Rahmen dieser Arbeit wurden für verschiedene Schraubentypen die erforderlichen Mindestholzdicken und Mindestabstände durch umfangreiche Einschraubversuche ermittelt. Es konnte nachgewiesen werden, dass aufgrund der unterschiedlichen Schraubengestaltung eine Übertragung von Ergebnissen auf andere Schraubentypen und Schraubengeometrien nicht möglich ist.

Daher wurde ein Verfahren entwickelt, mit dem sich die Anforderungen an Abstände und Holzdicken effizienter und zuverlässiger bestimmen lassen. Das Verfahren besteht aus einer Kombination von numerischen Modellen und neuen Prüfmethoden. Zur Ermittlung der Beanspruchung des Holzes durch den Einschraubvorgang werden mit einer neuen Prüfmethode Kräfte gemessen, die beim Einschrauben auf das Holz wirken. Die Einflüsse der schraubenspezifischen Merkmale auf das Spaltverhalten können somit qualitativ und quantitativ erfasst werden. Durch Vergleiche mit Referenzschrauben erlaubt die Methode eine Beurteilung der Schrauben im Hinblick auf die erforderlichen Mindestholzdicken in Abhängigkeit von den Mindestabständen durch objektive Messgrößen. Das Prüfverfahren wurde durch experimentelle und numerische Untersuchungen abgesichert und wird bereits erfolgreich im Rahmen von Untersuchungen für neue Schraubentypen angewendet. Mit Hilfe der numerischen Modelle wird die Beanspruchung des Holzes durch den Einschraubvorgang ermittelt und eine Prognose der resultierenden Risserscheinungen für unterschiedliche Abstände und Holzdicken ermöglicht.

Zur Verifizierung der Berechnungen wurden Einschraubversuche durchgeführt, bei denen die Rissflächen durch Einfärben visualisiert wurden. Vergleiche zwischen Simulations- und Versuchsergebnissen bestätigten durch akzeptable qualitative und quantitative Übereinstimmung die Güte der Modelle. Die experimentelle Rissflächenvisualisierung und die daraus hergeleiteten Kriterien zur Beurteilung der Spaltgefahr sind inzwischen Bestandteil europäischer Regeln für Zulassungsversuche von Holzschrauben.

Die beim Einschrauben entstehenden Risserscheinungen sollen die Tragfähigkeit der Verbindung nicht maßgebend beeinflussen. Dies gilt sowohl für axial als auch für lateral beanspruchte Schrauben. Vergleichsversuche bestätigen, dass die unvermeidbare Rissbildung innerhalb der festgelegten Kriterien keinen Einfluss auf die Herausziehtragfähigkeit der Schrauben hat. Für Verbindungen unter Abscherbeanspruchung zeigte sich jedoch, dass die ermittelten Randbedingungen nicht immer ausreichen, um ein sprödes Versagen zu vermeiden.

Die aufgezeigten Methoden erlauben eine direkte Abschätzung sowie eine wirklichkeitsgetreue Simulation des Spaltverhaltens von Holz beim Eindrehen von selbstbohrenden Holzschrauben. Hierdurch wird der Aufwand bei Versuchen zur Festlegung von Mindestabständen und Mindestholzdicken deutlich reduziert. Darüber hinaus werden Grundlagen für die analytische oder numerische Erfassung des Spaltverhaltens von Verbindungen geschaffen. Diese können zukünftig die rechnerische Ermittlung der Tragfähigkeit von selbstbohrenden Holzschrauben für Anschlüsse oder Verbindungselemente unter Berücksichtigung des Spaltversagens ermöglichen.

Abstract

In recent years self-tapping screws are increasingly used for joints in timber structures. By using self-tapping screws innovative types of connections can be realised. These screws can be inserted without pre-drilling the timber members so that an efficient joint production is possible. Furthermore fully threaded self-tapping screws are used as shear reinforcements or as tensile and compressive reinforcements perpendicular to the grain. In most of the described cases the effectivity and efficiency can be increased by positioning the screws maintaining only small spacings and distances. This is possible for most self-tapping screws because they are produced with special features like drill tips etc., which decrease the risk of a consequential splitting failure of the timber member. To avoid significant crack growth and splitting failure, minimum values for spacings, end and edge distances as well as for the corresponding minimum timber thickness have to be defined. As yet their determination necessitates numerous and comprehensive insertion tests for every screw type and diameter.

For this thesis a multitude of insertion tests were carried out to determine minimum values for distances, spacings and timber thickness. It has been verified that the results of such tests cannot be transferred to other types of screws or even to screws of different diameter because of differences in shape or geometry.

To reduce the effort of insertion tests a method was developed which allows the estimation of required spacings, distances and timber thickness in an efficient and reliable way. The method combines numerical models and new test procedures. A new test method was developed for measuring forces affecting the member perpendicular to the grain during the insertion process. This method allows a direct evaluation of a screw's effect on the splitting behaviour by contrasting it with the results of parallel tests involving reference screws whose influence on the splitting behaviour has already been established. The required timber thickness can be estimated depending on the spacings and distances on the base of objective measurands. The test method was verified by experimental and numerical studies. It is already used to examine new types of screws. Numerical models were developed to calculate the screw's effect on the timber during the insertion process and to predict the resulting crack areas for different combinations of spacings, distances and timber thickness.

To verify the new methods cracks were visualized in insertion tests by dyeing the relevant areas. The simulated crack areas mostly proved to correspond with these test results. In addition, criteria to facilitate the evaluation of the splitting behaviour were derived on the basis of experimentally determined crack areas. In the meantime the experimental method to determine crack areas and these criteria have become implemented in European rules, which have to be adhered to for achieving a technical approval for self-tapping screws.

Cracks induced during the insertion process should not have any influence on the load carrying capacity of axially or laterally loaded joints. Comparative tests confirmed that unavoidable crack growth within the defined limits does not reduce the withdrawal strength of the screws. For laterally loaded screws the determined spacings, distances and timber thickness do not suffice to avoid a brittle failure in all cases.

The determined methods allow a direct estimation and simulation of the splitting behaviour of timber during the insertion of self-tapping screws. Thus the experimental effort to define minimum values for distances and timber thickness can be reduced significantly. Furthermore a basis for a realistic calculation of the load carrying capacity of joints in the case of failure by splitting is offered.

Inhalt

1 Einleitung

Zur Errichtung eines Bauwerks beziehungsweise einer Tragkonstruktion im Ingenieurholzbau müssen Holzbauteile untereinander und mit anderen Bauteilen verbunden werden. Daher werden die Tragfähigkeit und die Steifigkeit einer Holzkonstruktion in der Regel auch durch die Ausführung der Anschlüsse beeinflusst. Zur Herstellung von Anschlüssen kommen neben geklebten Verbindungen, die auf der Baustelle nur mit größerem Aufwand realisierbar sind, überwiegend mechanische Holzverbindungen zum Einsatz. Häufig werden für Verbindungen stiftförmige Verbindungsmittel verwendet. Während zur Montage von Stabdübeln, Passbolzen und Bolzen entsprechende Bohrungen in den Holzbauteilen vorgesehen werden, können Nägel oder Schrauben auch ohne Vorbohren der Hölzer eingebracht werden. Im letzten Jahrzehnt haben sich insbesondere selbstbohrende Holzschrauben zur Herstellung wirtschaftlicher Anschlüsse im Holzbau etabliert und neuartige Verbindungsarten ermöglicht. Darüber hinaus werden diese zur Befestigung von Verbindern aus Stahl oder Aluminium verwendet. Ein weiteres Einsatzgebiet von selbstbohrenden Holzschrauben mit Vollgewinde ist die Verstärkung von Bauteilen in Bereichen von Schub-, Querdruck- oder Querzugbeanspruchungen. Durch Anordnung der Schrauben mit geringen Abständen untereinander und zu den Bauteilrändern kann zumeist die Wirksamkeit und die Wirtschaftlichkeit einer Verbindung oder einer Verstärkungsmaßnahme gesteigert werden.

Die bauaufsichtlich zugelassenen, selbstbohrenden Holzschrauben aus Kohlenstoffstahl werden i. d. R. nach dem Aufrollen des Gewindes gehärtet, um höhere Werte der Zugtragfähigkeit, des Fließmomentes und der Torsionstragfähigkeit (Bruchdrehmoment) zu erreichen. Zudem verfügen sie häufig über spezielle Bohrspitzen, Schneidgewinde und Reibschäfte, um das Einschraubdrehmoment zu vermindern. Diese Eigenschaften gestatten es, sie im Gegensatz zu genormten Holzschrauben in nicht vorgebohrte Hölzer einzudrehen. Beim Einbringen von Verbindungsmitteln ohne Vorbohren kann ein Holzbauteil aufspalten oder zumindest eine Rissbildung ausgelöst werden. Hierdurch kann die Kraftübertragung stark reduziert oder völlig ausgeschlossen werden, so dass eine Verwendung des Bauteils nicht mehr möglich ist. Außerdem haben durch die Montage der Verbindungsmittel verursachte Risse einen Einfluss auf die Tragfähigkeit des Bauteils bzw. des Anschlusses unter Belastung. Diese Anfangsrisse können ein weiteres Risswachstum initiieren und so zum Versagen durch Aufspalten führen.

Zur Vermeidung des Risswachstums und des Aufspaltens des Holzes werden in den Bemessungsnormen für Holzbauwerke bzw. in den bauaufsichtlichen Zulassungen für Holzschrauben Mindestabstände und Mindestholzdicken in Abhängigkeit der Verbindungsmitteldurchmesser vorgeschrieben. Die angegebenen Mindestwerte sind

Erfahrungswerte bzw. beruhen auf Versuchsergebnissen. Selbstbohrende Holzschrauben werden bezüglich der Mindestabstände üblicherweise wie Nägel in nicht vorgebohrten Hölzern behandelt. Verfügen die Schrauben über Merkmale wie u. a. Bohrspitzen, Schneidgewinde und Reibschäfte, die die Gefahr des Aufspaltens reduzieren, sind unter Einhaltung bestimmter Mindestholzdicken deutlich geringere Mindestabstände möglich. Die zuverlässige Anwendbarkeit reduzierter Mindestabstände und Mindestholzdicken muss als tragfähigkeitsrelevanter Parameter für den jeweiligen Schraubentyp nachgewiesen werden, bevor diese in Form von Ausführungsbestimmungen Bestandteil der Bemessungsregeln werden. Bisher werden Mindestabstände und Mindestholzdicken durch umfangreiche konventionelle Einschraubversuche mit einem iterativen Vorgehen ermittelt.

Im Rahmen dieser Arbeit wird eine Methode entwickelt, diese Parameter auf Basis weniger Grundlagenversuche in Kombination mit numerischen Berechnungen zu bestimmen. Ziel ist es, den Umfang der Einschraubversuche so zu reduzieren, dass statt vieler iterativer Versuche nur noch eine geringe Anzahl bestätigender Einschraubversuche erforderlich wird.

Im Kapitel 3 wird eine Berechnungsmethode vorgestellt, mit der das Spaltverhalten in Abhängigkeit von Bauteilmaßen, Verbindungsmittelabständen, Anordnungen und Besonderheiten der Schraubenausführung abgeschätzt werden kann. Zur Erfassung der Beanspruchung eines Holzbauteils durch den Einschraubvorgang wird eine neuartige Prüfmethode entwickelt. Mit dieser werden Kräfte ermittelt, die beim Einschrauben rechtwinklig zur Faserrichtung auf das Holz wirken. Dieses Prüfverfahren erlaubt eine direkte Beurteilung des Spaltverhaltens einer Schraube durch Vergleichsversuche mit einer Referenzschraube, deren Spaltverhalten bekannt ist. Des Weiteren wird eine Methode vorgestellt, mit der durch Einschrauben entstandene Risserscheinungen visualisiert und sowohl qualitativ als auch quantitativ erfasst und beurteilt werden können. Im Kapitel 4 wird auf das Spaltverhalten von Verbindungen unter Belastung eingegangen. Es wird geprüft, ob die beim Einschrauben entstehenden Risse die Tragfähigkeit der Schrauben bei Beanspruchung auf Herausziehen oder Abscheren verringern. Ergänzend werden für den Holzwerkstoff Brettsperrholz im Kapitel 5 Mindestabstände für Verbindungen mit selbstbohrenden Holzschrauben vorgeschlagen.

2 Kenntnisstand zum Spaltverhalten von Holz

2.1 Ausgangssituation

Stiftförmige Verbindungsmittel wie Nägel oder Schrauben können ohne Vorbohren in ein Holzbauteil eingebracht werden. Hierbei wird immer eine Rissbildung ausgelöst, die sich auf eine minimale Ausdehnung beschränken kann, so dass die Tragfähigkeit der Verbindung nicht beeinflusst wird. Bei größerem Ausmaß der Risserscheinung ist sogar an der Holzoberfläche zu beobachten, wie sich die Risse ausgehend von der Stiftachse in Faserrichtung ausbreiten. Erreicht die Rissfront das Hirnholzende, kann das Bauteil durch Aufspalten versagen, siehe Bild 2-1 und Bild 2-2. Die Kraftübertragung wird stark reduziert oder ist völlig ausgeschlossen, so dass eine Verwendung des Bauteils nicht mehr möglich ist.

Beim Einbringen des Verbindungsmittels durchtrennt die Spitze die Holzfasern. Anschließend werden die Fasern aufgrund der Anisotropie des Holzes vornehmlich rechtwinklig zu ihrer Orientierung verdrängt. Die entstehenden Kräfte verursachen eine Querzugbeanspruchung, die eine Rissbildung auslösen kann. Die Zugfestigkeit von Holz rechtwinklig zur Faserrichtung ist im Vergleich zu den übrigen Festigkeitseigenschaften deutlich geringer. Der charakteristische Wert der Querzugfestigkeit von Vollholz und Brettschichtholz beträgt in etwa nur 1/20 bis 1/60 der charakteristischen Zugfestigkeit parallel zur Faserrichtung.

Bild 2-1   Rissbildung und Aufspalten an einer Holzbekleidung am Campus Süd des KIT infolge zu geringer Abstände beim Einschrauben

Bild 2-2   Spaltversagen eines Kantholzes beim Eindrehen von Schrauben

Für eine rechnerische Betrachtung des Spaltverhaltens beim Eindrehen von Schrauben müssen die Einwirkungen auf das Holz bekannt sein. Diese umfassen sowohl die Kräfte, die das Verbindungsmittel beim Einschrauben auf das Holz ausübt, als auch alle Parameter, von denen diese Kräfte beeinflusst werden. Es ist ebenfalls erforderlich, die relevanten Festigkeitseigenschaften zu kennen und das Versagensverhalten durch ein geeignetes Modell beschreiben zu können.

2.2   Querzugbeanspruchung und Risswachstum bei Holzbauteilen

Zur analytischen bzw. numerischen Erfassung des Versagens von Holz durch Aufspalten bzw. der Zugbeanspruchung rechtwinklig zur Faserrichtung stehen verschiedene Grundansätze zur Verfügung. Diese müssen so gewählt werden, dass das beobachtete Versagensverhalten realitätsgetreu erfasst werden kann. Neben der klassischen Festigkeitslehre finden seit einigen Jahrzehnten auch die Methoden der Bruchmechanik in der Holzbauforschung Anwendung.

Bei der üblichen Festigkeitslehre werden die Spannungen ermittelt und der Widerstandsgröße gegenübergestellt. Bei der Ermittlung der Festigkeitseigenschaften werden Größeneffekte bzw. Volumeneffekte und statistische Verteilungen berücksichtigt, z. B. Weibull (1939). Prüfverfahren zur Ermittlung der Querzugfestigkeit entwickeln Ehlbeck und Kürth (1994).

Unter Nutzung dieses Prüfverfahrens ermitteln Blaß et al. (1998) die Querzugfestigkeit für Voll- und Brettschichtholz. Sie stellen eine starke Abhängigkeit der Steifigkeits- und Festigkeitseigenschaften von der Jahrringorientierung fest. Darüber hinaus konstatieren sie den größer anzunehmenden Volumeneinfluss für Kurzzeitbeanspruchung sowie die Unabhängigkeit der Querzugfestigkeit von der Rohdichte. Der von ihnen ermittelte 5%-Quantilwert des Elastizitätsmoduls $E_{90,g,05}$ für Brettschichtholz ist vergleichsweise gering.

Bruchmechanische Betrachtungen sind unter anderem sinnvoll, wenn hohe Spannungskonzentrationen zu erwarten sind, die eine Rissbildung auslösen können. Dies trifft z. B. auf den Bereich von Imperfektionen wie Schwindrisse oder Anrisse infolge des Einbringens von Verbindungsmitteln zu. Außerdem können diese geometrisch bedingt sein, wie beispielsweise bei Ausklinkungen, vgl. Gustafsson (1988, 1995).

Der Bruchmechanik liegt die Fragestellung zu Grunde, ob ein Riss wächst oder nicht. Für die hierfür notwendigen Betrachtungen werden in der linear elastischen Bruchmechanik (LEBM) zwei Konzepte verfolgt, vgl. Gross und Seelig (2001). Beim Konzept der Spannungsintensitätsfaktoren muss die Spannungsverteilung im Bereich um die Rissspitze betrachtet werden. Das kann z. B. mit numerischen Berechnungen erfolgen. Der berechnete Spannungsintensitätsfaktor wird der Bruchzähigkeit als Widerstandsgröße gegenübergestellt. Wird diese erreicht, so kann von einem weiteren Risswachstum ausgegangen werden. Für das Konzept der Energiebilanzen muss die Änderung des Gesamtpotentials in Abhängigkeit vom Risswachstum betrachtet werden und die Energiefreisetzungsrate (Rissausbreitungskraft) berechnet werden. Diese wird mit der kritischen Energiefreisetzungsrate (Risswiderstandskraft) verglichen. Mit Hilfe von den üblichen Annahmen ist dies mit einer einfacheren Elastizitätstheorie möglich, siehe Blaß und Schmid (2002).

Die beiden bruchmechanischen Konzepte und ihre Widerstandsgrößen beziehen sich auf die jeweiligen Rissöffnungsarten, die in Bild 2-3 dargestellt sind. Es werden die drei Rissöffnungsmodi (Mode I bis Mode III bzw. Modus I bis III) unterschieden.

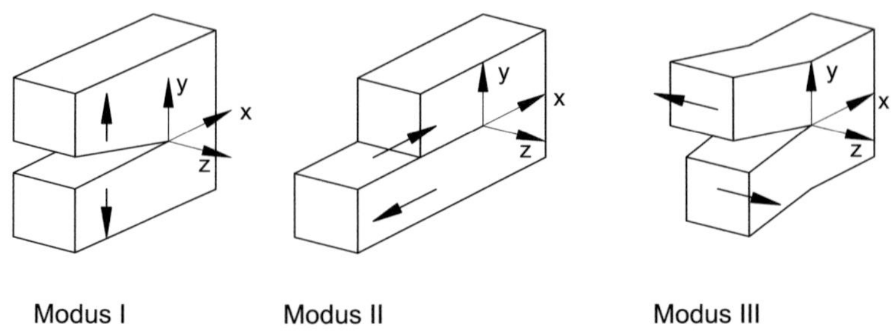

Bild 2-3   Rissöffnungsarten, aus Blaß und Schmid (2002)

Einen umfassenden Überblick über die Anwendung der Bruchmechanik im Holzbau in den Jahren 1961 bis 1991 geben Valentin et al. (1991). Sie stellen verschiedene Prüfmethoden und die Ergebnisse der experimentellen Untersuchungen zur Ermittlung der bruchmechanischen Widerstandsgrößen dar. Logemann und Schelling (1992a, b) führen Versuche sowie numerische Berechnungen mit der Finiten-Elemente-Methode durch. Sie simulieren unterschiedliche Probekörperformen und bestimmen damit Spannungsintensitätsfaktoren für Mode 1 und Mode 2. Logemann (1991) verwendet für seine Berechnungen das J-Integral, ein Integralkonzept der Bruchmechanik, bei dem auf einem Integrationspfad um die Rissspitze die Differenz der Energiedichten bei einer festzulegenden Rissverlängerung ermittelt wird. Chaplain und Valentin (2006) wenden viskoelastische Bruchmechanikmodelle zur Beschreibung des Rissfortschritts auf biegebeanspruchte Träger aus Furnierschichtholz (LVL) mit Ausklinkungen an.

Für das hier betrachtete Spaltverhalten beim Eindrehen von selbstbohrenden Holzschrauben beschränken sich die Betrachtungen auf eine Rissöffnung im Modus I. Schmid (2002) geht davon aus, dass beim Aufspalten einer Verbindung dieser Modus dominiert. Er ermittelt in umfangreichen Versuchsserien mit CT-Proben (CT: compact tension, engl. für Kompakt-Zugprobe) die kritische Energiefreisetzungsrate für den Modus I. Eine typische CT-Probe von Blaß und Schmid (2002) ist in Bild 2-4 dargestellt. Die Versuche wurden nach der Teilentlastungsmethode (compliance method) durchgeführt, welche eigentlich eher in der Fließbruchmechanik verbreitet ist.

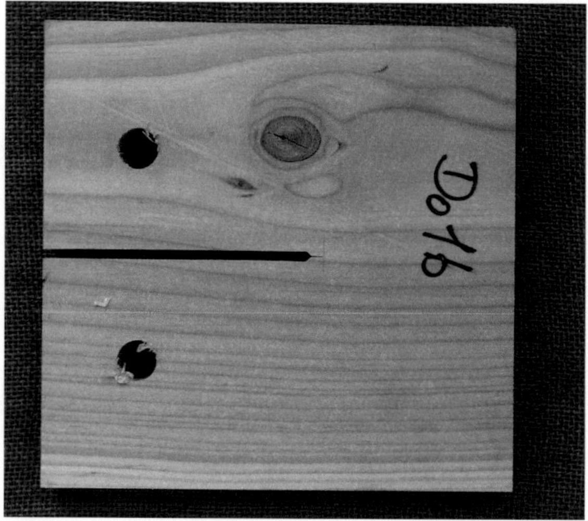

Bild 2-4   CT-Probe von Blaß und Schmid (2002) mit durch Spachtel erzeugtem Anriss

2.3　Spaltversagen von Verbindungen mit stiftförmigen Verbindungsmitteln

Das Spaltversagen von Verbindungen im Holzbau wird bereits seit Jahrzehnten wissenschaftlich behandelt. Häufig beziehen sich diese Untersuchungen auf die Tragfähigkeit von Verbindungen mit stiftförmigen Verbindungsmitteln, die bei Beanspruchung auf Abscheren durch Aufspalten versagen können.

Bislang werden hierbei fast ausschließlich Verbindungen mit Stabdübeln oder Nägeln betrachtet, vgl. Blaß und Bejtka (2008), Bejtka (2005), Schmid und Blaß (2002), Jorissen (1998, 1997), Mischler (1997), Werner (1993) sowie Ehlbeck und Werner (1989).

Für Verbindungsmittel, die ohne Vorbohren der Hölzer montiert werden, ist zunächst die Herstellbarkeit der Verbindung nachzuweisen. Das Aufspalten von Holz beim Einbringen von Verbindungsmitteln wurde bisher ebenfalls hauptsächlich für Nägel untersucht.

Zur Vermeidung von Risswachstum und Aufspalten des Holzes beim Einschlagen von Nägeln werden in den Bemessungsnormen für Holzbauwerke (z. B. DIN 1052, Eurocode 5) Mindestabstände und Mindestholzdicken in Abhängigkeit vom Verbindungsmitteldurchmesser vorgeschrieben. In Tabelle 2-1 sind die erforderlichen Mindestabstände für Nägel in vorgebohrten und nicht vorgebohrten Hölzern mit einer charakteristischen Rohdichte $\rho_k \leq 420$ kg/m³ gemäß DIN 1052: 2008 zusammengestellt. In Bild 2-5 sind die Bezeichnungen der verschiedenen Abstände definiert.

Nach DIN 1052 ist zusätzlich beim Einbringen von Nägeln in Schnittholz ohne Vorbohren eine Mindestholzdicke t gemäß Gleichung (1) einzuhalten.

$$t = \min\left\{14 \cdot d; (13 \cdot d - 30) \cdot \frac{\rho_k}{200}\right\} \tag{1}$$

Mit

t　　　　　Mindestholzdicke in mm

ρ_k　　　　charakteristische Rohdichte in kg/m³

d　　　　Durchmesser des Verbindungsmittels in mm

Bei Bauteilen aus Kiefernholz oder bei Einhaltung größerer Mindestabstände rechtwinklig zur Faserrichtung sind nach DIN 1052 auch geringere Mindestholzdicken möglich. Die in den Normen angegebenen Mindestwerte für Holzdicken und Abstände der Verbindungsmittel sind Erfahrungswerte bzw. beruhen auf Versuchsergebnissen.

Tabelle 2-1   Mindestabstände für Nägel in nicht vorgebohrten und vorgebohrten Hölzern gemäß DIN 1052: 2008-12

	a_1	a_2	$a_{1,t}$	$a_{1,c}$	$a_{2,t}$	$a_{2,c}$
nicht vorgebohrt[1] $d < 5$ mm	$(5+5{\cdot}\cos \alpha) \cdot d$	$5 \cdot d$	$(7+5{\cdot}\cos \alpha) \cdot d$	$7 \cdot d$	$(5+2{\cdot}\sin \alpha) \cdot d$	$5 \cdot d$
nicht vorgebohrt[1] $d \geq 5$ mm	$(5+7{\cdot}\cos \alpha) \cdot d$	$5 \cdot d$	$(10+5{\cdot}\cos \alpha) \cdot d$	$10 \cdot d$	$(5+5{\cdot}\sin \alpha) \cdot d$	$5 \cdot d$
vorgebohrt	$(3+2{\cdot}\cos \alpha) \cdot d$	$3 \cdot d$	$(7+5{\cdot}\cos \alpha) \cdot d$	$7 \cdot d$	$(3+4{\cdot}\sin \alpha) \cdot d$	$3 \cdot d$

[1] nicht vorgebohrte Hölzer mit $\rho_k \leq 420$ kg/m³

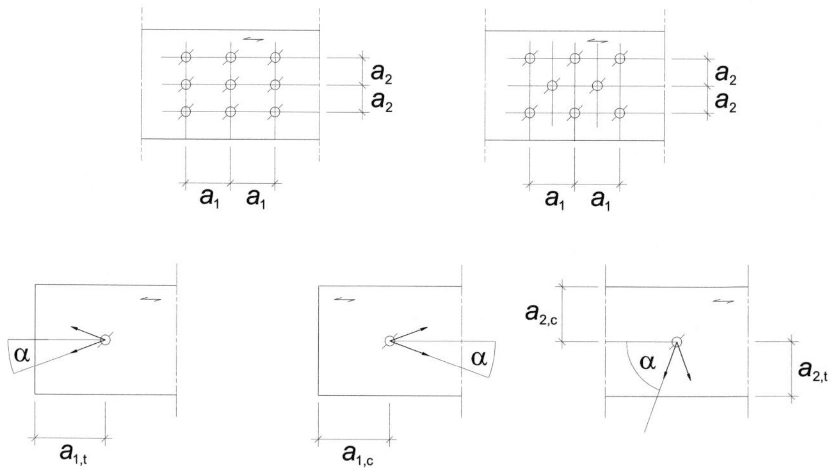

Bild 2-5   Definition der Mindestabstände von Verbindungsmitteln gemäß DIN 1052: 2008-12

Für Holzschrauben nach Norm ($d \leq 8$ mm, Gewinde nach DIN 7998) sind die Regelungen für Nägel sinngemäß anzuwenden. Die erforderlichen Randbedingungen für selbstbohrende Holzschrauben werden in den allgemeinen bauaufsichtlichen Zulassungen geregelt. Hier werden diese Schrauben bezüglich ihrer Mindestabstände zunächst häufig wie Nägel in nicht vorgebohrten Hölzern behandelt. Sollen geringere Mindestabstände in die Zulassungen aufgenommen werden, ist dies durch Versuche nachzuweisen.

Eigene Versuche sowie Erfahrungen aus Zulassungsversuchen zeigen, dass bei Verwendung von neuartigen Schrauben und Nägeln wesentlich geringere Abstände möglich sind als von den Bemessungsnormen gefordert. Dies ist auf besondere Ausbildungen des Schaftes und der Spitze der Verbindungsmittel zurückzuführen. Bei Schrauben können zudem die Form des Kopfes und des Gewindes sowie die Ausbildung der Schraubenspitze als Bohrspitze einen günstigen Einfluss auf das Spaltverhalten haben. Für derartig ausgebildete Schrauben einiger Hersteller sind bereits reduzierte Mindestabstände in den bauaufsichtlichen Zulassungen angegeben. Diese Abstände wurden bisher im Rahmen der Zulassung durch Versuche ermittelt.

Insgesamt beruhen die bisherigen Kenntnisse zum Spaltverhalten von Holz beim Einbringen von Verbindungsmitteln ohne Vorbohren auf systematischen, experimentellen Untersuchungen, wie auch die Arbeiten von Blaß und Uibel (2009), Blaß et al. (2006), Kevarinmäki (2005), Blaß und Schmid (2002), Schmid (2002), Lau (1990), Lau und Tardiff (1990), Ehlbeck und Eberhart (1988), Ehlbeck und Siebert (1988), Lau und Tardiff (1987), Ehlbeck und Görlacher (1982), Ehlbeck (1979), Egner (1953) sowie Marten (1953).

Die Mehrzahl der Untersuchungen beschränkt sich auf das Spaltverhalten von Holz beim Einschlagen von Nägeln. Marten (1953) untersucht an Prüfkörpern aus Fichtenholz unterschiedliche Abstände von Drahtstiften mit 6 mm Durchmesser. Zudem werden Druck-Scherverbindungen und Zug-Scherverbindungen geprüft, um Zusammenhänge zwischen Spaltversagen und Tragfähigkeit aufzuzeigen. Egner (1953) untersucht ebenfalls unterschiedliche Abstände für zwei verschiedene Nageldurchmesser. Insbesondere geht er auch auf den Einfluss der Holzeigenschaften, der Holzfeuchte und des Verbindungsmitteldurchmessers ein.

Ehlbeck und Siebert (1988) bestimmen z. B. die Mindestabstände für Nagelverbindungen in Douglasienholz. Ehlbeck und Görlacher (1982) ermitteln die Mindestabstände für Stahlblech-Holz-Nagelverbindungen.

Experimentelle und analytische Untersuchungen zur Rissausbreitung im Holz beim Einschlagen eines einzelnen Nagels führen Lau und Tardiff (1987) durch. Lau (1990) leitet Zusammenhänge zwischen der Risslänge beim Einschlagen eines einzelnen

Nagels und dem Nageldurchmesser sowie der Rohdichte her und gibt diese in Form einer Gleichung zur Vorhersage der mittleren Risslänge an.

Aus den Untersuchungen von Blaß und Schmid (2002) folgt die Anforderung der DIN 1052: 2008 an die Mindestholzdicke für Nagelverbindungen (siehe Gleichung (1) auf Seite 7). Schmid (2002) stellt fest, dass bei Zug-Scherversuchen mit Nagelverbindungen ein Spaltversagen nicht maßgebend wird. Nach seinen Beobachtungen spalten die Hölzer entweder schon beim Einschlagen der Nägel völlig auf, oder das Versagen durch Aufspalten tritt erst bei sehr großen Verschiebungen ein.

Hingegen kann bei selbstbohrenden Schrauben mit Bohrspitzen ein Versagen der Verbindung unter Belastung durch Aufspalten maßgebend werden, wie Untersuchungen von Blaß et al. (2006) zeigen. Sie führen systematische Untersuchungen zum Spaltverhalten von Holzbauteilen beim Eindrehen von selbstbohrenden Holzschrauben mit Vollgewinde unterschiedlicher Hersteller und Durchmesser durch. Es wird gezeigt, dass bei selbstbohrenden Schrauben ein Eindrehen ohne völliges Aufspalten auch bei geringen Abständen möglich ist. Hierdurch liegt jedoch bereits eine erste Rissbildung vor. Die Verbindungen können daher unter Belastung zum Teil bereits bei geringen Verschiebungen durch Aufspalten versagen.

Zusammenfassend konnten im Rahmen der aufgezählten Forschungsarbeiten verschiedene Abhängigkeiten für die Rissentstehung und das Risswachstum beobachtet werden. Diese lassen sich in materialspezifische, geometrische und verbindungsmittelspezifische Einflüsse einteilen. Die erstgenannten sind folgende Eigenschaften des Baustoffs: Holzart, Rohdichte, Jahrringbreite, Holzfeuchte und Jahrringlage in Bezug zur Verbindungsmittelachse. Zu den geometrischen Einflüssen zählen die Abstände und Holzdicken in Bezug zum Durchmesser der Verbindungsmittel sowie die Anordnung der Verbindungsmittel im Anschlussbild. Die Ausbildung der Spitze, des Kopfes, des Schaftes bzw. Gewindes sowie die Querschnittsform und Oberflächenbeschaffenheit von Schrauben bzw. Nägeln stellen verbindungsmittelspezifische Einflüsse dar.

3 Spaltverhalten von Nadelholz beim Eindrehen von Schrauben

3.1 Mindestabstände aus konventionellen Einschraubversuchen

Zur Ermittlung der erforderlichen Mindestabstände und Mindestholzdicken für selbstbohrende Holzschrauben werden üblicherweise Einschraubversuche durchgeführt. Bei einem Einschraubversuch werden die Schrauben mittels eines handelsüblichen elektrisch angetriebenen Schraubers in Prüfkörper aus Voll- oder Brettschichtholz eingedreht. Die Schraube wird so weit eingedreht, dass der Schraubenkopf mindestens bündig mit der Holzoberfläche abschließt. Auf der Grundlage der dabei an der Holzoberfläche mit bloßem Auge erkennbaren Risse bzw. Spalterscheinungen wird der Versuch beurteilt. Die Abstände der Schrauben und die Holzdicken der Prüfkörper werden iterativ variiert, bis eine Konfiguration gefunden ist, bei der ein Aufspalten zuverlässig vermieden wird. Zur Abgrenzung zu den im Rahmen dieser Arbeit entwickelten neuen Prüfverfahren werden diese Versuche als ‚konventionelle' Einschraubversuche bezeichnet.

Für fünf unterschiedliche Schraubentypen von vier verschiedenen Herstellern (hier als Hersteller A, B, C und D bezeichnet) wurde systematisch das Spaltverhalten mit der konventionellen Methode untersucht, vgl. Blaß et al. (2006) sowie Uibel und Blaß (2010). In Tabelle 3-1 sind die verwendeten Schrauben und die Versuchskonfigurationen zusammengestellt. Die geometrischen Eigenschaften können Tabelle 10-1 des Anhangs 10.1 entnommen werden. Es wurden 326 konventionelle Einschraubversuche unter Berücksichtigung unterschiedlicher Schraubenbilder durchgeführt, so dass insgesamt 1125 Schrauben verwendet wurden. Ziel der Versuche war die Ermittlung der Holzdicken, bei denen ein Aufspalten des Holzes bei Abständen wie für Nägel in vorgebohrten Hölzern gemäß DIN 1052 (siehe Tabelle 2-1 und Bild 2-5) zuverlässig vermieden wird.

Für die Einschraubversuche wurden Prüfkörper aus Fichte/Tanne mit höherer Rohdichte verwendet (ρ_{mean} = 484 kg/m³, mittlere Holzfeuchte u_{mean} = 12,0 %). Neben der Anzahl der Schraubenreihen und der Schraubenanzahl innerhalb einer Reihe wurden ebenfalls die unterschiedlichen Orientierungsmöglichkeiten der Schrauben bei zwei- bzw. mehrschnittigen Verbindungen berücksichtigt. Die empirisch ermittelten Mindestholzdicken sind in Tabelle 3-1 zusammengestellt. Zur Beurteilung der Risserscheinungen wurden die in Tabelle 3-2 beschriebenen Kriterien angewendet. Eine genaue Aufstellung der Ergebnisse der einzelnen Versuchsreihen sowie weitere Auswertungen sind bei Blaß et al. (2006) angegeben.

Es zeigt sich, dass für die untersuchten Schrauben, die allesamt über Bohrspitzen verfügen, Abstände wie für Nägel in vorgebohrten Hölzern möglich sind. Je nach Schraubentyp sind dabei jedoch unterschiedliche Mindestholzdicken erforderlich und ggf. Einschränkungen bezüglich der Abstände $a_{1,c}$ und a_1 einzuhalten. Bei Schrauben mit voneinander abweichender Geometrie (Außen-, Kern- und Kopfdurchmesser) konnte ein unterschiedliches Spaltverhalten des Holzes beobachtet werden. Für Schrauben gleicher Durchmesser und ähnlicher Geometrieverhältnisse wurden signifikante Unterschiede bezüglich der ermittelten Mindestholzdicken festgestellt, was auf die verschiedenartige Ausbildung der spaltreduzierenden Merkmale zurückzuführen ist.

Tabelle 3-1   Ergebnisse der Einschraubversuche

Hersteller	Typ	d in mm	ρ_m in kg/m³	Anzahl Versuche	Mindestholzdicke t in mm		Einschränkungen
A	1	5	487	51	24	$4{,}8 \cdot d$	$a_{1,c} \geq 12 \cdot d,$ $a_1 \geq 5 \cdot d$
A	2	5	483	56	30	$6 \cdot d$	$a_{1,c} \geq 12 \cdot d,$ $a_1 \geq 5 \cdot d$
A	1	8	477	35	80	$10 \cdot d$	-
A	1	10	497	12	100	$10 \cdot d$	$a_{1,c} \geq 12 \cdot d,$ $a_1 \geq 5 \cdot d$
A	1	12	449	42	96	$8 \cdot d$	$a_{1,c} \geq 12 \cdot d,$ $a_1 \geq 5 \cdot d$
B	1	8	497	13	40	$5 \cdot d$	$a_{1,c} \geq 12 \cdot d,$ $a_1 \geq 5 \cdot d$
C	1	6	504	51	42	$7 \cdot d$	-
C	1	8	484	44	64	$8 \cdot d$	-
D	1	8,9	494	22	127	$14{,}3 \cdot d$	$a_{1,c} \geq 12 \cdot d,$ $a_1 \geq 5 \cdot d$

Tabelle 3-2   Kriterien zur Beurteilung konventioneller Einschraubversuche

Kategorie	Kriterien
0	Keine Risse
1	Oberflächliche Risse geringen Ausmaßes
2	Oberflächliche Risse größeren Ausmaßes
3	Aufspalten

Es wird deutlich, dass sich die Ergebnisse von Einschraubversuchen selbst bei gleichen Durchmessern nicht auf verschiedene Schraubentypen übertragen lassen, wie am Beispiel der verschiedenen Mindestholzdicken für die Schrauben mit 8 mm Durchmesser gezeigt werden kann. Außerdem können die für einen Schraubendurchmesser ermittelten Mindestholzdicken bzw. Mindestabstände nicht auf Schrauben anderer Durchmesser des gleichen Typs übertragen werden, wie die Versuchsergebnisse für die Schrauben des Herstellers A der Durchmesser 8, 10 und 12 mm verdeutlichen. Bei den Schrauben mit d = 12 mm sind aufgrund abweichender Geometrieverhältnisse im Vergleich geringere Holzdicken möglich.

Eine ausreichende Erfassung der materialspezifischen Einflüsse auf das Spaltverhalten des Holzes erfordert eine entsprechend hohe Versuchsanzahl. Insbesondere ist hierbei auch zu berücksichtigen, dass der nicht bekannte Eigenspannungszustand der Prüfkörper die Rissbildung beeinflussen kann. Hierauf sind u. a. Probleme bei der Reproduzierbarkeit der Ergebnisse von Einschraubversuchen bei sonst gleichen Prüfkörpereigenschaften zurückzuführen. Die Auswertung von konventionellen Einschraubversuchen gestaltet sich teilweise schwierig, da nur oberflächlich sichtbare Risse bzw. Spalterscheinungen zur Beurteilung zur Verfügung stehen. Insgesamt sind für eine zuverlässige experimentelle Ermittlung der Mindestabstände und Mindestholzdicken von selbstbohrenden Holzschrauben für jeden Schraubentyp und teilweise sogar für jeden Durchmesser umfangreiche Einschraubversuche vorzusehen.

3.2   Grundlagen für Methoden und Modelle

3.2.1   Sondierung der relevanten Einflussparameter

Zur Untersuchung des Spaltverhaltens von Holz beim Eindrehen selbstbohrender Holzschrauben soll eine Berechnungsmethode entwickelt werden. Mit dem angestrebten Modell sollen die auftretenden Risserscheinungen beim Einschrauben ermittelt und beurteilt werden. Hiermit wird die Möglichkeit geschaffen, Mindestabstände und Mindestholzdicken für unterschiedliche Verbindungsmittel zu berechnen. Der Aufwand konventioneller Einschraubversuche kann somit erheblich reduziert werden, da lediglich bestätigende Versuche mit den ermittelten Parametern notwendig wären. Des Weiteren wird somit eine Grundlage für weitere Untersuchungen über die Auswirkungen der durch die Montage entstandenen Risse auf die Tragfähigkeit geschaffen.

Zur rechnerischen Lösung derart komplexer Problemstellungen werden heute überwiegend numerische Methoden verwendet. Die Entwicklung eines Rechenmodells auf der Grundlage der Methode der finiten Elemente erfordert zunächst eine Sondierung der Einflussfaktoren auf das Aufspalten. Die in Abschnitt 2.3 aufgeführten geometrischen Einflüsse sind in einem Modell umsetzbar. Die Maße der Holzbauteile, die Abstände der Verbindungsmittel sowie ihre Anordnung im Anschlussbild können bei der Modellierung berücksichtigt werden. Eine Berücksichtigung der materialspezifischen Einflüsse ist nur bedingt möglich. Die Auswirkung der Rohdichte auf das Spaltverhalten lässt sich nicht direkt über die Materialmodellierung erfassen. Der Rohdichteeinfluss kann jedoch über seine Korrelation mit den mechanischen Eigenschaften des Holzes bei der Zuweisung der Materialparameter der Elemente berücksichtigt werden. Die gleiche Beschränkung gilt für Einflüsse aus der Weite und Lage der Jahrringe sowie aus der Holzfeuchte.

Es lassen sich nur diejenigen verbindungsmittelspezifischen Einflüsse im Modell implementieren, die unmittelbar mit der Geometrie des Verbindungsmittels in Zusammenhang stehen. Spaltreduzierende Effekte durch Spitzen-, Kopf-, Schaft- und Gewindeausbildung lassen sich nicht erfassen. Bei selbstbohrenden Holzschrauben kann somit insbesondere die Vorbohrwirkung nicht direkt erfasst werden. Diese hat jedoch einen wesentlichen Einfluss auf das Spaltverhalten beim Eindrehen. Bereits bei den in Abschnitt 3.1 beschriebenen Untersuchungen zeigten Schrauben mit nahezu gleichen Außen- und Kerndurchmessern aufgrund ihrer Spitzen- und Kopfausbildung ein signifikant unterschiedliches Spaltverhalten beim Eindrehen. Dieses wird auch durch die Unterschiede in den erforderlichen Mindestholzdicken deutlich (siehe Tabelle 3-1). Die Merkmale an Schraubenkopf, Schaft, Gewinde und Schraubenspitze sind je nach Hersteller sehr unterschiedlich ausgeprägt und weisen teilweise eine komplexe Geometrie auf, siehe Bild 3-1 bis Bild 3-3.

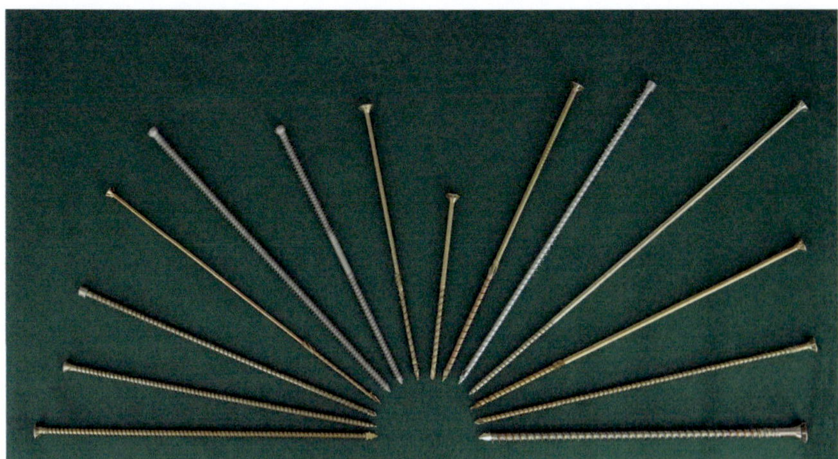

Bild 3-1   Unterschiedliche Typen selbstbohrender Holzschrauben

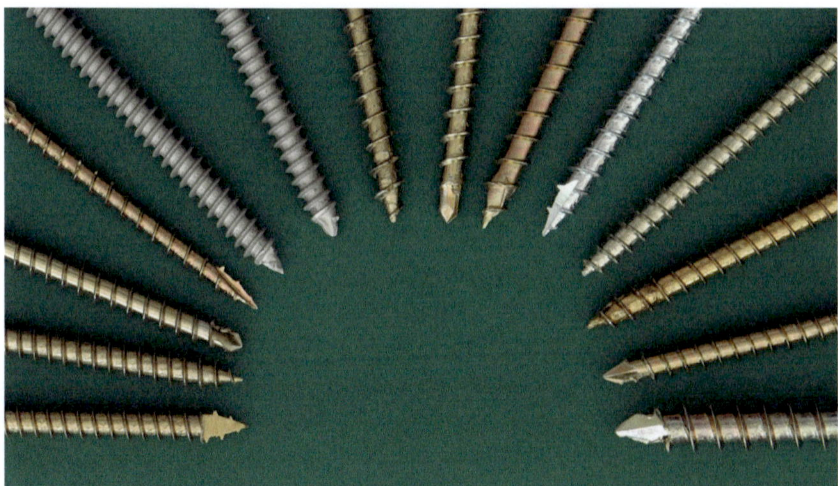

Bild 3-2   Ausbildung von Schraubenspitzen bei unterschiedlichen Typen selbstbohrender Holzschrauben

Bild 3-3   Ausbildung von Schraubenköpfen bei unterschiedlichen Typen
                  selbstbohrender Holzschrauben

Eine genaue Differenzierung und Quantifizierung der Einflüsse einzelner Schraubenmerkmale auf das Spaltverhalten ist im Rahmen konventioneller Einschraubversuche nicht möglich, jedoch für eine realitätsgetreue Ermittlung des Spaltverhaltens
erforderlich.

Daher wurde zur Abschätzung der Wirkung von Schraubenmerkmalen auf das Spaltverhalten eine Versuchseinrichtung entwickelt, die in Abschnitt 3.3 beschrieben wird.
Mit der Versuchseinrichtung ist es möglich, während des Einschraubvorgangs Kräfte
zu ermitteln, die für das Aufspalten des Holzes zur Verfügung stehen.

Die mit der Prüfmethode gemessenen Kräfte entsprechen aufgrund der im Versuch
vorliegenden Randbedingungen nicht den tatsächlichen Kräften, die beim Einschrauben in ein Holzbauteil rechtwinklig zur Faserrichtung wirken. Sie können diese nur
qualitativ und quantitativ charakterisieren, aber nicht exakt die tatsächliche Kräfte-
bzw. Spannungsverteilung wiedergeben. Folgend werden die mit der Prüfeinrichtung
ermittelten Kräfte auch als „Einschraub-Spaltkräfte" bezeichnet. Dennoch sind diese
aus vorgenannten Gründen nicht identisch mit den Kräften, die im Bauteil beim Einschrauben entstehen. Sie stellen nur ein Maß zur Abschätzung dieser Kräfte dar. Die
Versuche zur Ermittlung der Kräfte werden analog hierzu Einschraub-Spaltkraft-
Versuche genannt.

3.2.2   Vorüberlegungen zur Entwicklung eines Rechenmodells

Numerische Methoden verbunden mit der stetig steigenden Leistung elektronischer Rechenanlagen ermöglichen es heute, auch komplizierte Strukturen und komplexe Problemstellungen rechnerisch zu lösen. Insbesondere die Methode der finiten Elemente hat in den letzten Jahren an Bedeutung gewonnen. Sie wird zur Lösung sowohl strukturmechanischer als auch dynamischer Problemstellungen eingesetzt. Auch zur Lösung von Ingenieuraufgaben und wissenschaftlichen Problemstellungen im Holzbau wird die Finite-Elemente-Methode verwendet. Hierzu müssen die mechanischen Eigenschaften des Holzes durch die Materialgesetze der zur Verfügung stehenden Elemente erfasst werden. Dieses ist mit den in den derzeit verfügbaren kommerziellen Finite-Elemente-Programmen (z. B. ANSYS oder ABAQUS) implementierten Elementen nicht problemlos möglich.

Die Steifigkeits- und Festigkeitseigenschaften des Holzes unterscheiden sich aufgrund seines anatomischen Aufbaus in radialer, tangentialer und longitudinaler Richtung (rhombische Anisotropie). Bei Druckbeanspruchung weist Holz zum Beispiel ein plastisches Last-Verformungsverhalten auf. Diesem steht ein sprödes Last-Verformungsverhalten bei Zugbeanspruchung entgegen. Des Weiteren bestehen deutliche Unterschiede in der Größe der Steifigkeits- und Festigkeitskennwerte zwischen einer Beanspruchung in Faserrichtung und einer Beanspruchung rechtwinklig zur Faserrichtung.

Die in den genannten Finite-Elemente-Programmen implementierten Elemente erlauben die Verwendung von Materialgesetzen für anisotropes bzw. orthotropes Materialverhalten. Das orthotrope Materialverhalten kann mit linear-elastischem oder nicht-linearem Last-Verformungsverhalten kombiniert werden. Eine Kombination aus linear-elastischem und nicht-linearem Last-Verformungsverhalten in Abhängigkeit der Beanspruchungsrichtung ist für orthotropes Materialverhalten nicht gleichzeitig möglich. Folglich ist mit den Materialgesetzen, die für die Elemente der genannten Programme zur Verfügung stehen, eine realitätsgerechte Modellierung aller relevanten Materialeigenschaften des Holzes bei Druck- und Zugbeanspruchungen nicht umsetzbar.

Zurzeit werden in Forschungsarbeiten neue Werkstoffmodelle für Finite-Elemente-Berechnungen entwickelt, die eine realitätsnahe Modellierung von Holz ermöglichen sollen (Fleischmann, Krenn et al. (2007), Schmidt und Kaliske (2006), Fleischmann (2005), Schmidt et al. (2004), Schmidt und Kaliske (2003)). Jedoch stehen diese Werkstoffmodelle für die kommerziellen FE-Programme zurzeit noch nicht zur Verfügung.

Es gilt folglich, ein Modell zu entwickeln, das trotz der Einschränkungen bei den Werkstoffgesetzen eine hinreichende Beschreibung des Materialverhaltens erlaubt. Überdies muss eine Möglichkeit gefunden werden, den Einschraubvorgang in der Berechnung zu berücksichtigen. Eine direkte Umsetzung des Einschraubvorgangs in ein FE-Modell ist zurzeit praktisch nicht möglich. Darüber hinaus stellt die Erfassung der Wirkungsweise von Schraubenmerkmalen wie Bohrspitzen, Kopfausbildungen und Fräsrippen eine besondere Schwierigkeit dar. Zur Berücksichtigung dieser für das Spaltverhalten wichtigen und teils maßgebenden Eigenschaften bei den Simulationsrechnungen wurde ein kombiniertes Lösungsverfahren gewählt.

Im ersten Schritt werden auf Grundlage einiger weniger Versuche spezifische Ersatzlasten für die jeweiligen Holzschrauben bestimmt, die das Spaltverhalten charakterisieren. Hierzu wird eine Versuchseinrichtung entwickelt, mit der Kräfte gemessen werden können, die beim Einschrauben auf das Holz wirken und das Aufspalten verursachen (Einschraub-Spaltkräfte), siehe Abschnitt 3.3. Die Ersatzlast wird aus den Versuchsergebnissen mit Hilfe der in Abschnitt 3.5 beschriebenen FE-Berechnungen ermittelt. Die Berechnung des Rissverhaltens erfolgt an FE-Modellen, bei denen die berechneten Ersatzlasten als Belastung angesetzt werden. Hierdurch wird der Einschraubvorgang abgebildet. Das Werkstoffverhalten des Holzes bei Querzugbeanspruchung wird bei den gewählten FE-Modellen durch nicht-lineare Federelemente abgebildet.

3.3 Ermittlung von Kräften beim Eindrehen von Schrauben

3.3.1 Versuchseinrichtung

Zur qualitativen und quantitativen Ermittlung von verbindungsmittelspezifischen Einflüssen auf das Spaltverhalten beim Einschrauben wurde eine Versuchseinrichtung entwickelt. Für die Prüfmethode wird die zu untersuchende Holzschraube in einen Prüfkörper aus Voll- oder Brettschichtholz eingeschraubt. Der Prüfkörper selbst besteht aus zwei Teilen, die durch faserparallele Auftrennung aus einem Querschnitt hergestellt werden. Der Sägeschnitt weist eine Breite von ca. 4 mm auf. Anschließend werden die beiden Prüfkörperhälften mit Messschrauben verbunden. Hierbei werden die Messschrauben mit einer definierten Vorspannung angezogen. Eine Konfiguration mit sechs Messschrauben ist in Bild 3-4 dargestellt. Jede Messschraube verfügt über ein metrisches Gewinde. Innerhalb einer Bohrung entlang der Längsachse der Messschraube wurde ein Dehnmessstreifen appliziert, so dass ihre Axialdehnung gemessen werden kann. Im Bereich des applizierten Dehnmessstreifens verfügt die Messschraube über einen reduzierten Querschnitt, um die Messung der Dehnungen sicherzustellen. Es wurden Konfigurationen mit sechs, acht und zehn Messschrauben untersucht. Die unterschiedlichen Prüfkörpergeometrien sind in Bild 3-5 und in Bild 3-6 dargestellt.

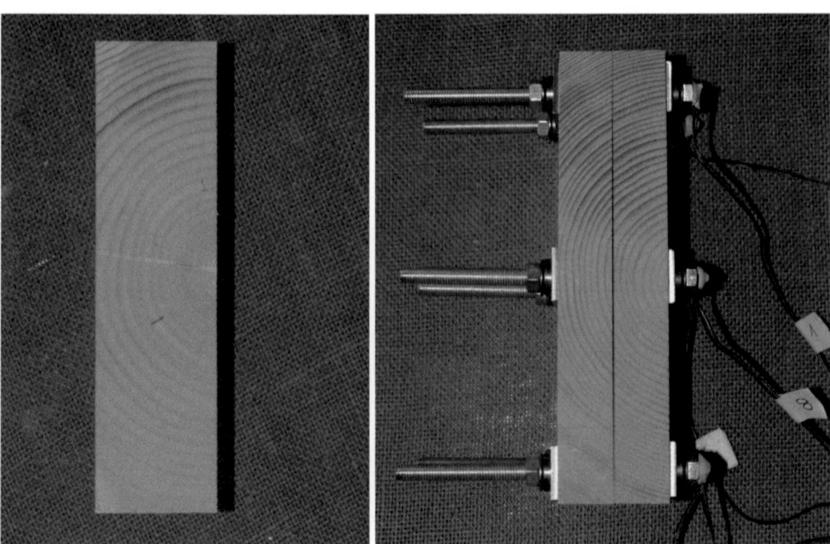

Bild 3-4   Prüfkörper aus Vollholz für Einschraubversuche vor dem Auftrennen und nach dem Auftrennen mit Messschrauben (ohne Vorspannung)

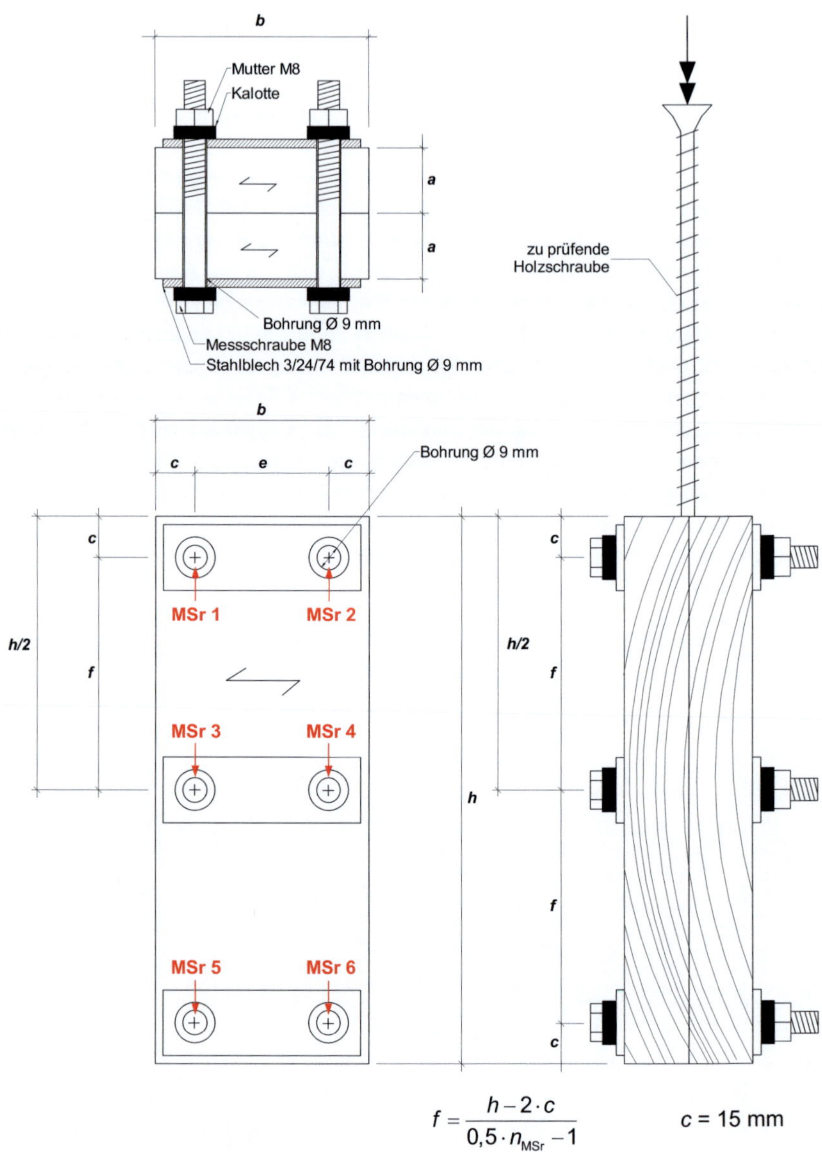

$$f = \frac{h - 2 \cdot c}{0{,}5 \cdot n_{MSr} - 1} \qquad c = 15 \text{ mm}$$

Bild 3-5　　Prüfkörpergeometrie in Ansichten und Schnitt für die Variante mit sechs Messschrauben

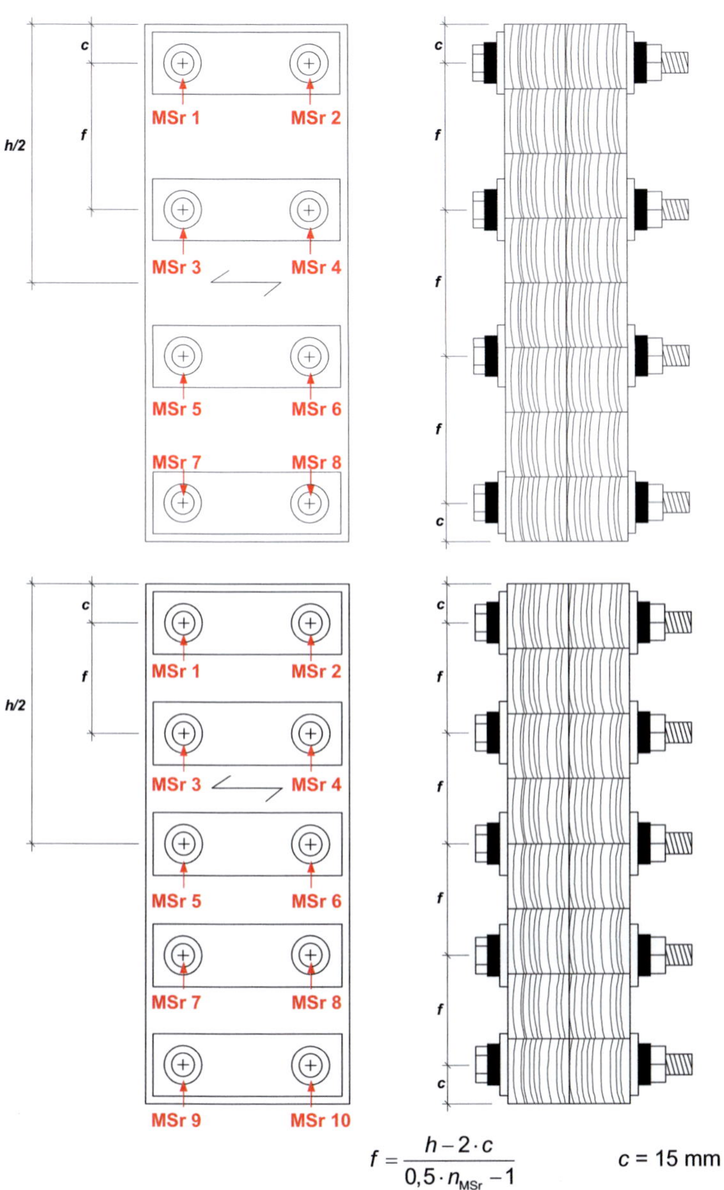

$$f = \frac{h - 2 \cdot c}{0,5 \cdot n_{MSr} - 1} \qquad c = 15 \text{ mm}$$

Bild 3-6　　　　Prüfkörpergeometrie mit acht und zehn Messschrauben

Die Holzschraube wird zwischen die beiden durch Messschrauben zusammengespannten Prüfkörperhälften eingedreht. Durch den Einschraubvorgang entstehen Kräfte, die rechtwinklig zur Schraubenachse und zur Faserrichtung der Prüfkörperhälften wirken. Diese Kräfte - hier auch als „Einschraub-Spaltkräfte" bezeichnet (vgl. 3.2) - drücken die beiden Prüfkörperhälften auseinander. Hierdurch werden Zugkräfte in die Messschrauben eingeleitet. Die resultierende Dehnung der Messschraube wird mit Hilfe des Dehnmessstreifens gemessen. Diese kann mit der Dehnsteifigkeit der Messschraube wiederum in eine Kraft umgerechnet werden. Zur Kalibrierung wird auf jede Messschraube mittels einer Prüfmaschine eine definierte Zugbelastung aufgebracht. Die Zugkraft wird mit einer Kraftmessdose (Messbereich bis 10 kN) kontinuierlich gemessen. Gleichzeitig wird die Dehnung der Messschraube aufgezeichnet. Aus dem Kraft-Dehnungsdiagramm wurde der Proportionalitätsfaktor bestimmt, mit dem es möglich ist, Dehnungen in Kräfte umzurechnen. Zum Eindrehen der Holzschraube wird das in Bild 3-7 dargestellte Drehmoment-Analyse-System verwendet.

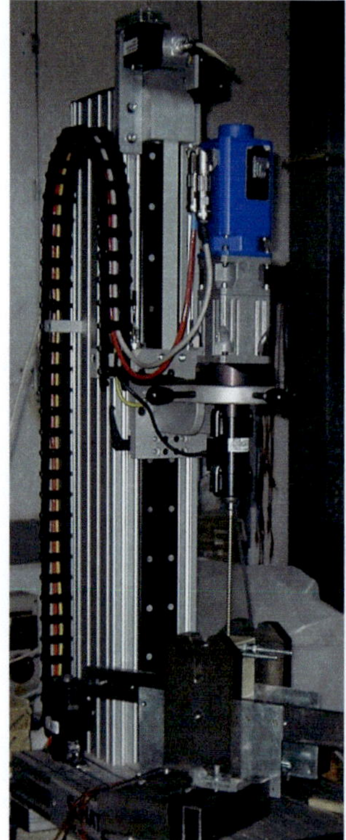

Bild 3-7   Einschraubvorrichtung – Drehmoment-Analyse-System

Hierdurch ist während des Einschraubvorgangs eine konstante Umdrehungszahl gewährleistet. Das Einschraubdrehmoment und die Einschraubtiefe werden während des Einschraubens kontinuierlich gemessen. Während des Einschraubvorgangs wird die Einschraubvorrichtung des Drehmoment-Analyse-Systems mit einer definierten, konstanten Auflast in Eindringrichtung der Holzschraube beansprucht.

Um eine exakte Führung der Schraube während des Einschraubens zu gewährleisten, wird die Schraube mit Hilfe einer Führungsschablone oberhalb des Prüfköpers ausgerichtet. Der Prüfkörper wird so gelagert, dass beim Einschrauben entstehende Torsionskräfte aufgenommen werden können. Durch Verwendung von Gleit- und Rollenlagern werden Reibungseinflüsse auf die Verschiebung in Kraftrichtung (rechtwinklig zur Faserrichtung) weitgehend verhindert. Diese Maßnahmen sollen sicherstellen, dass die Dehnungs- bzw. Kraftmessung möglichst nicht beeinträchtigt wird.

Bild 3-8   Versuchseinrichtung, Schablonen zur Führung der Schraube

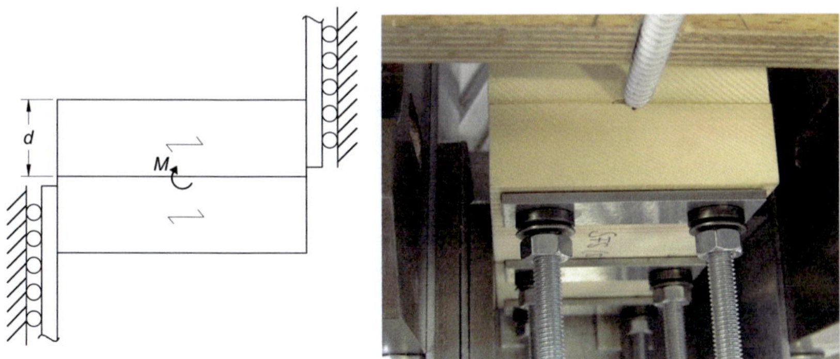

Bild 3-9   Lagerung des Prüfkörpers

Während des Einschraubvorgangs wird der Prüfkörper im Bereich der Messschrauben auf Querdruck beansprucht. Zur Lastverteilung werden unter dem Sechskantkopf sowie unter der Mutter der Messschraube Kalotten und Stahlblechstreifen angeordnet, vgl. Bild 3-5. An den Prüfkörpern konnten keine bleibenden Querdruckverformungen beobachtet werden. Die bisher bei Versuchen festgestellten größten Beanspruchungen der Messschrauben führten im Bereich der Stahlblechstreifen zu einer kurzzeitigen Querdruckspannung, welche rechnerisch zwischen 2,0 und 2,5 N/mm² lag. In Abhängigkeit vom geprüften Holzschraubentyp liegen bei den meisten Versuchen deutlich geringere Querdruckspannungen (< 1,0 … 1,5 N/mm²) vor.

Nach Abschluss des Einschraubvorgangs wird am geöffneten Prüfkörper beurteilt, ob die Schraube gleichmäßig in beide Prüfkörperhälften eingeschraubt wurde. Ein nach der Versuchsdurchführung geöffneter Prüfkörper ist in Bild 3-10 abgebildet.

Zur Beurteilung der Verwendbarkeit werden als objektives Kriterium die plastischen Verformungen gemessen. Diese stellen die Eindringtiefe des Kernquerschnitts in die jeweiligen Prüfkörperhälften dar, welche im Idealfall gleich groß sein sollten. Das Verhältnis der gemessenen bleibenden Verformungen wird bezeichnet als:

$$\iota = \min\left\{\frac{t_{p,1}}{t_{p,2}}; \frac{t_{p,2}}{t_{p,1}}\right\} \tag{2}$$

mit

$t_{p,1}$, $t_{p,2}$ gemessene Eindringtiefe an Prüfkörperhälfte 1 bzw. 2 in mm

Die Messung der Eindringtiefen erfolgt im Bereich der jeweiligen Positionen der Messschrauben und somit punktuell über die gesamte Prüfkörperhöhe. Es zeigte sich, dass ein Einschrauben mit völlig symmetrischen Eindrücktiefen nicht immer möglich ist. Bei einigen Versuchen waren Schrauben beim Eindrehen teilweise in eine Prüfkörperhälfte verlaufen. Versuche konnten i. d. R. verwertet werden, falls Gleichung (2) an jeder Messstelle folgende Bedingung erfüllt:

$$\iota_i \geq 0,4 \tag{3}$$

mit

ι_i Verhältnis der bleibenden Verformungen nach (2) an der i-ten Messstelle

Ist das Kriterium aus Gleichung (3) nicht erfüllt, wird geprüft, ob der Mittelwert der Verhältnisse ι_i über alle Messstellen mindestens $\iota_{mean} \geq 0,35$ beträgt. In diesem Fall wurden die Ergebnisse der betreffenden Versuche durch Vergleiche der Last-Einschraubweg-Diagramme beurteilt und gegebenenfalls ihre Verwendung zugelassen.

Überdies ist zu berücksichtigen, dass die Eindrücktiefen lediglich punktuell an drei bis fünf Messstellen gemessen wurden. In der Regel wird der Prüfkörper beim Einschrauben im Bereich der Holzschraube auch elastisch verformt. Die elastischen Verformungsanteile werden nach dem Lösen der Messschrauben wieder abgebaut. Insgesamt wurde die Qualität der jeweiligen Versuche auf Grundlage einer ganzheitlichen Betrachtung beurteilt.

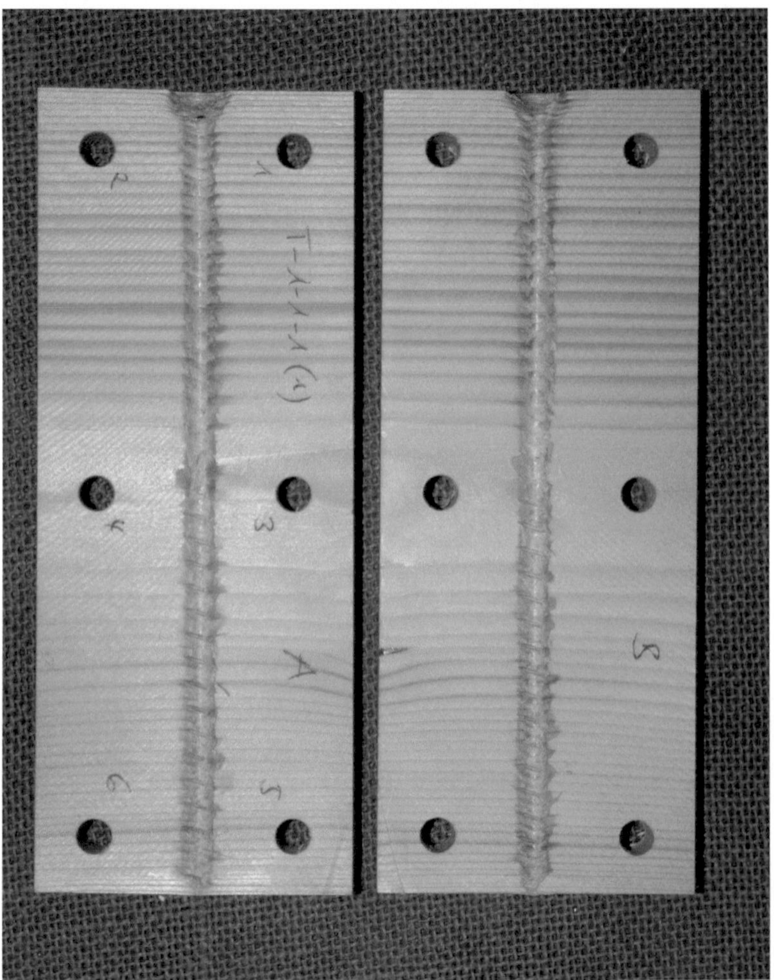

Bild 3-10   Prüfkörper aus Vollholz nach der Versuchsdurchführung

3.3.2   Kenngrößen zur Beurteilung schraubenspezifischer Einflüsse

Bei der vorgestellten Prüfmethode werden während der Versuchsdurchführung die Kräfte an den Messschrauben, der Einschraubweg und das Einschraubdrehmoment kontinuierlich erfasst. In Bild 3-11 sind die an den Messschrauben gemessenen Kräfte über den Einschraubweg für einen typischen Versuch dargestellt. Die Positionen der aufgeführten Messpunkte können Bild 3-5 entnommen werden.

Zur Beurteilung des Spaltverhaltens einer Schraube wird als Vergleichsgröße die mittlere Gesamtkraft $F_{m,tot}$ berechnet. Dies ist die Summe der an den Messschrauben über die Einschraubtiefe gemessenen Kräfte, welche über eine Referenzlänge der Schraube (z. B. die Schraubennennlänge) gemittelt wird, vgl. Gleichung (4). Die Vorspannung der Messschrauben wird bei der Integration nicht berücksichtigt.

$$F_{m,tot} = \frac{1}{\ell_{Sr,ref}} \int_{0}^{\ell_{pd}} \left(F_{MSr,1}(x) + F_{MSr,2}(x) + \ldots + F_{MSr,i}(x) + \ldots + F_{MSr,n}(x) \right) dx \tag{4}$$

mit

ℓ_{pd} Einschraubtiefe bzw. Einschraubweg in mm

$\ell_{Sr,ref}$ Referenzlänge der Schraube, bezogene Schraubenlänge in mm

$F_{MSr,i}(x)$ Wert der gemessenen Kraft an der i-ten Messschraube in N

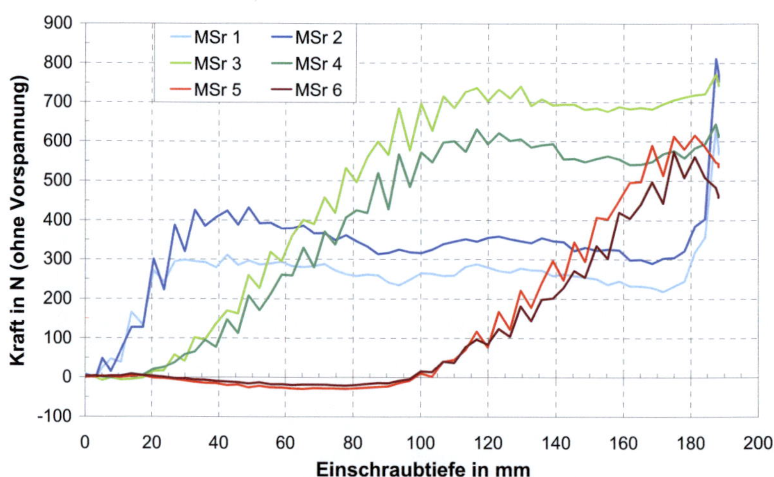

Bild 3-11   Gemessene Kräfte an den Messschrauben 1 bis 6 in Abhängigkeit von der Einschraubtiefe am Beispiel einer Vollgewindeschraube (Typ A)

Als Referenzlänge der Schraube $\ell_{Sr,ref}$ kann die Nennlänge der Schraube $\ell_{Sr,nom}$, die mittlere tatsächliche Länge der Schrauben $\ell_{Sr,real}$ oder die jeweilige Eindringtiefe ℓ_{pd} verwendet werden. Wird die mittlere Gesamtkraft auf die nominelle Schraubenlänge bezogen, so wird diese als $F_{m,tot,n}$ bezeichnet:

$$F_{m,tot,n} = \frac{1}{\ell_{Sr,nom}} \int_0^{\ell_{pd}} \left(F_{MSr,1}(x) + F_{MSr,2}(x) + \dots + F_{MSr,i}(x) + \dots + F_{MSr,n}(x) \right) dx \tag{5}$$

mit

$\ell_{Sr,nom}$ Nennlänge der Holzschraube in mm

Wird die mittlere Gesamtkraft über die tatsächliche Schraubenlänge gemittelt, so gilt für $F_{m,tot,r}$:

$$F_{m,tot,r} = \frac{1}{\ell_{Sr,real}} \int_0^{\ell_{pd}} \left(F_{MSr,1}(x) + F_{MSr,2}(x) + \dots + F_{MSr,i}(x) + \dots + F_{MSr,n}(x) \right) dx \tag{6}$$

mit

$\ell_{Sr,real}$ mittlere tatsächliche Schraubenlänge in mm

Die Längen unterschiedlicher Schraubentypen können sich in ihren tatsächlichen Fertigungstoleranzen bzw. auch bezüglich der zulässigen Toleranzen deutlich unterscheiden. In der Regel ist die tatsächliche Schraubenlänge geringer als die Nennlänge. Bei Schrauben der Hersteller A, B und C der Nenngröße 8,0 x 200 mm konnten Abweichungen zwischen mittlerer tatsächlicher Länge und Nennlänge je nach Schraubentyp zwischen 0,3 % und 4,7 % festgestellt werden.

Eine Auswertung unter Berücksichtigung einer Mittelung über den Einschraubweg ℓ_{pd} wurde nicht explizit durchgeführt, da die Schrauben für die Versuche so ausgewählt wurden, dass die tatsächliche Schraubenlänge $\ell_{Sr,real}$ dem Einschraubweg entsprach:

$$\ell_{Sr,real} \cong \ell_{pd} \tag{7}$$

Hierdurch wird erreicht, dass die Schraubenköpfe gleich tief versenkt werden. Somit wird ein bündiger Abschluss von Schraubenkopf und Holzoberfläche bei jedem Versuch gewährleistet.

Die Berechnung der mittleren Gesamtkraft ($F_{m,tot,n}$ oder $F_{m,tot,r}$) erlaubt es, die Ergebnisse der unterschiedlichen Versuchsreihen zu vergleichen und so das Spaltverhalten eines Schraubentyps direkt zu beurteilen. Hierzu können beispielsweise Vergleichsversuche mit einer Referenzschraube durchgeführt werden, für die das Spaltverhalten des Holzes bekannt ist.

Zur weiteren Charakterisierung des Spaltverhaltens einer Schraube kann der Verlauf der Kräfte an den Messschrauben 1 und 2 (MSr1, MSr2) herangezogen werden. Hierzu wird das Mittel (MSr 1/2) aus beiden Messwerten gebildet. Die Wirkung der Bohrspitze kann durch die Anfangssteigung m_{tip} und das erste lokale Maximum im Kraftverlauf $F_{tip,max}$ beschrieben werden. Die Auswirkung des Versenkens des Schraubenkopfes auf den Verlauf der gemessenen Kräfte am Messschraubenpaar (MSr 1/2) kann durch die Differenz ΔF_{head} beschrieben werden. Dies ist die Differenz zwischen dem Kraftniveau vor dem Versenken des Schraubenkopfes und der maximalen Kraft. Die Definition der aufgeführten Größen ist in Bild 3-12 am konkreten Beispiel eines Versuches mit einer Vollgewindeschraube (Typ A) dargestellt. Für Teilgewindeschrauben mit einem Reibschaft zwischen Gewinde und glattem Schaftbereich lässt sich der Einfluss des Reibschafts mit Hilfe der Differenz ΔF_{rsh} beschreiben. Im Kraftverlauf ist ΔF_{rsh} die Differenz zwischen dem lokalen Maximum und dem Beginn des Kraftanstiegs, welcher auf die Wirkung des Reibschafts zurückgeführt werden kann. In Bild 3-13 ist ΔF_{rsh} am Beispiel des Kraftverlaufs aus einem Versuch mit einer Teilgewindeschraube vom Typ C dargestellt.

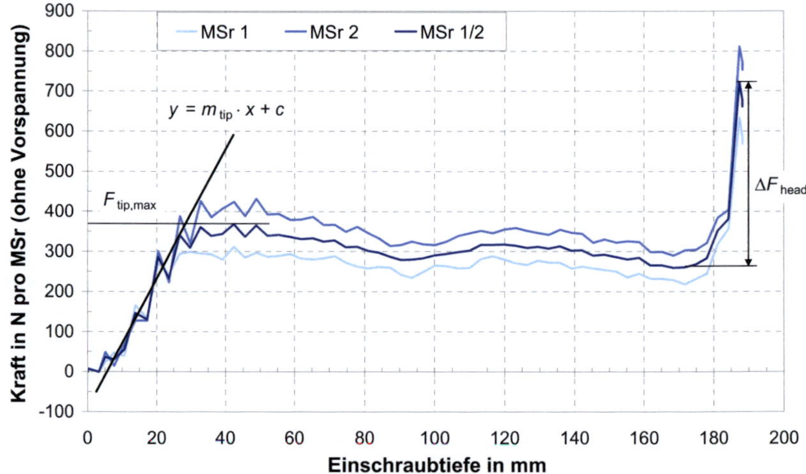

Bild 3-12   Definition der Kenngrößen m_{tip}, $F_{tip,max}$ und ΔF_{head} des Kraftverlaufs an den Messschrauben 1 und 2 am Beispiel einer Vollgewindeschraube (Typ A)

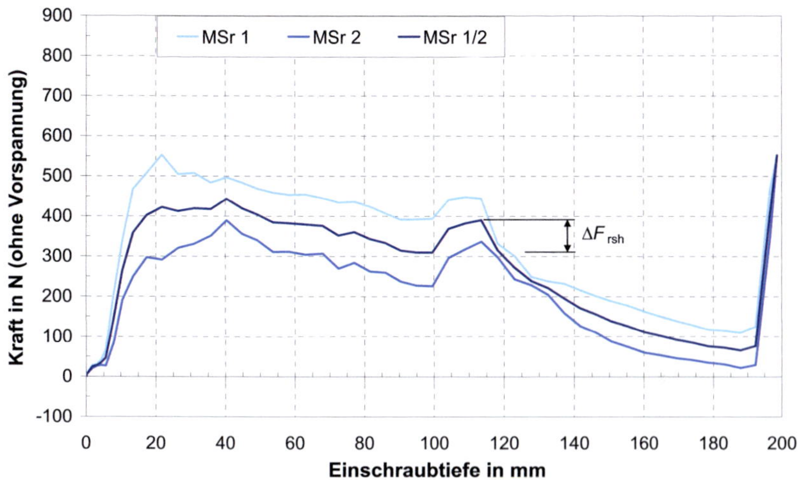

Bild 3-13   Definition der Kenngröße ΔF_{rsh} des Kraftverlaufs an den Mess-schrauben 1 und 2 am Beispiel einer Teilgewindeschraube

3.3.3   Untersuchungen zu Einflussparametern

3.3.3.1   Versuchsprogramm und Versuchsmaterial

Die mit der vorgestellten Versuchseinrichtung ermittelten Kräfte werden in ihrer Größe und ihrem Verlauf über die Einschraubtiefe von verschiedenen Parametern beeinflusst. Zur Identifizierung und Quantifizierung der wesentlichen Einflussparameter wurden umfangreiche experimentelle Untersuchungen durchgeführt und durch numerische Berechnungen ergänzt. Bei der Auswertung wird insbesondere die Beeinflussung der mittleren Gesamtkraft betrachtet, da diese als Kenngröße zur Beurteilung von Schraubenmerkmalen verwendet werden soll. Mit den Erkenntnissen der Untersuchungen werden die Randbedingungen des Prüfverfahrens festgelegt und abgesichert. Außerdem erlaubt die Quantifizierung der Einflüsse der Prüfkörpereigenschaften die Korrektur von Versuchsergebnissen. Im Rahmen der experimentellen Untersuchungen wurden folgende Einflussparameter untersucht:

- Prüfkörpermaterial (Vollholz, Brettschichtholz)

- Rohdichte

- Winkel γ zwischen Schraubenachse und Jahrringtangente,
  s. a. Bild 3-15

- Winkel ε zwischen Schraubenachse und Faserrichtung,
  s. a. Bild 3-19 und Bild 3-20

- Schraubentyp, unterschiedlich ausgebildete Schraubenmerkmale

- Schraubendurchmesser

- Einschraubgeschwindigkeit

- Anzahl der Messschrauben

- Vorspannung der Messschrauben

- Prüfkörpergeometrie

- Schraubenlänge und Prüfkörperhöhe

Insgesamt wurden 655 Versuche in 68 Versuchsreihen durchgeführt. Die Versuchsreihen werden in vier Versuchsserien unterschieden, welche sich durch das Prüfkörpermaterial bzw. dessen Aufbau ergeben. Eine Gesamtübersicht des Versuchsprogramms ist in Tabelle 10-2 bis Tabelle 10-5 des Anhangs 10.2 zusammengestellt. Die verwendeten Variablen für die Prüfkörpermaße sind in Bild 3-5 und Bild 3-6 des Abschnitts 3.3.1 definiert.

Tabelle 10-2 im Anhang 10.2 zeigt die Konfigurationen der ersten Versuchsserie mit insgesamt 384 Versuchen. Die Prüfkörper bestehen aus praxisüblichem Vollholz. Bild 3-14 zeigt typische Querschnitte der Prüfkörper, welche in der Regel aus Halbhölzern hergestellt wurden. In Bild 3-15 ist γ als Winkel zwischen Schraubenachse und Jahrringtangente definiert. Die Querschnittsbreite der Prüfkörper beträgt je nach Versuchsreihe zwischen 48 mm und 72 mm und die Prüfkörperhöhe zwischen 180 mm und 320 mm. Die mechanischen Eigenschaften dieser Vollholz-Prüfkörper können aufgrund ihrer Querschnittsmaße lokal signifikant variieren. Wird die maßgebende Prüfkörperebene betrachtet, so ändern sich insbesondere die Rohdichte und die Jahrringorientierung über die Prüfkörperhöhe. Der Winkel γ ist über die Prüfkörperhöhe nicht konstant und kann zwischen $\gamma_{min} = 0°$ und $\gamma_{max} = 90°$ variieren. Der Winkel zwischen Schraubenachse und Jahrringtangente wird im Bereich des Schraubenkopfes als γ_K und im Bereich der Schraubenspitze als γ_S bezeichnet. Mit der Änderung der Jahrringlage und der Rohdichte des Prüfkörpers entlang des Einschraubwegs verändern sich dessen lokale Steifigkeits- und Festigkeitseigenschaften. Insbesondere ändert sich aufgrund der rhombischen Anisotropie des Holzes der Elastizitätsmodul rechtwinklig zur Faserrichtung in Abhängigkeit von der Jahrringorientierung. In Tangentialrichtung beträgt der Elastizitätsmodul in etwa nur die Hälfte des Elastizitätsmoduls der Radialrichtung ($E_T/E_R \sim 1/2$). Dies wirkt sich auf die lokale Biegesteifigkeit des Prüfkörpers aus. Überdies variiert die Querdruckfestigkeit in Abhängigkeit von Jahrringorientierung und Rohdichte.

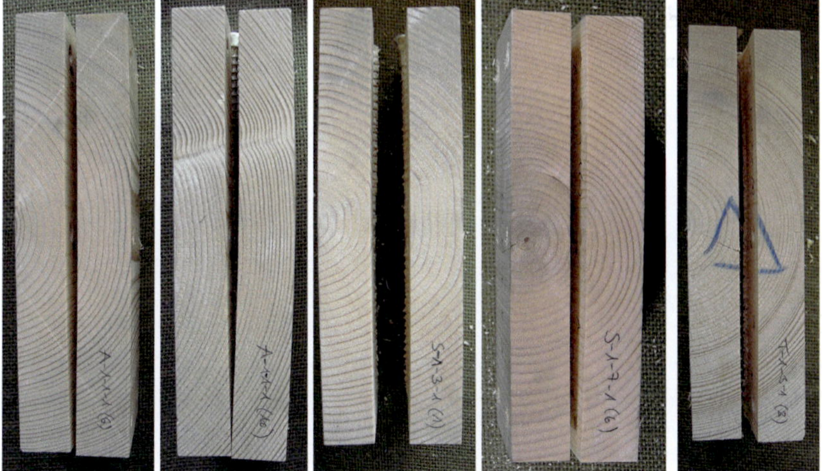

Bild 3-14   Typische Querschnitte von Prüfkörpern aus Vollholz

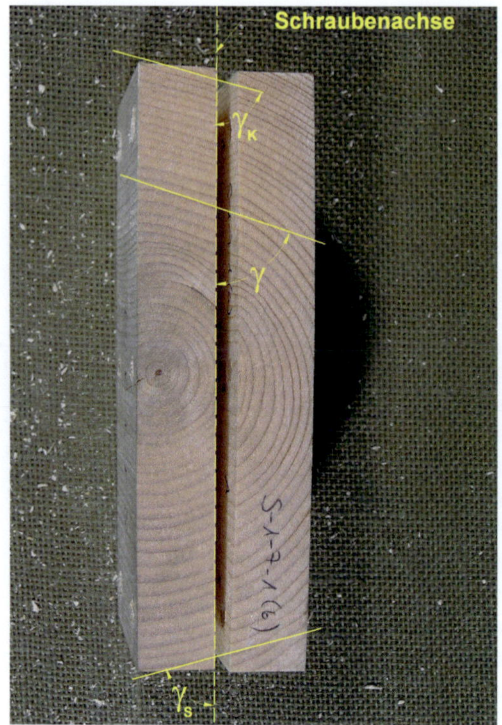

Bild 3-15   Prüfkörper aus Vollholz, Winkel γ zwischen Schraubenachse und Jahrringtangente

Die mit Hilfe der Versuchseinrichtung gemessenen Kräfte können durch die lokalen Änderungen der Steifigkeits- und Festigkeitseigenschaften des Prüfkörpers beeinflusst werden. Eine etwaige Beeinflussung der Versuchsergebnisse ist für vergleichende Betrachtungen unter Verwendung mehrerer Prüfkörper aus demselben Ausgangsmaterial nicht relevant. Um für Vergleichsversuche Prüfkörper mit ähnlichen bzw. gleichen Eigenschaften zu erhalten, wurde ein Kantholz der Länge nach in mehrere Prüfkörper aufgeteilt. Die Verwendung dieser Prüfkörper erlaubt überdies die Ermittlung der Kräfte für praxisübliche Bauteile aus Vollholz unter Berücksichtigung ihrer typischen Materialeigenschaften. Eine direkte Untersuchung des Winkels γ anhand von Versuchen mit Prüfkörpern, bei denen dieser über die Prüfkörperhöhe bzw. den Einschraubweg variiert, ist jedoch nicht möglich. Darüber hinaus ist zu prüfen, ob der an diesen Prüfkörpern ermittelte Rohdichteeinfluss allgemeine Gültigkeit besitzt bzw. inwieweit die Versuchsergebnisse durch die lokalen Änderungen der Steifigkeits- und Festigkeitseigenschaften beeinflusst werden.

In der zweiten Versuchsserie (siehe Tabelle 10-3 in Anhang 10.2) wurden daher zur expliziten Untersuchung des Einflusses der Rohdichte und des Winkels zwischen Schraubenachse und Jahrringtangente besondere Prüfkörper verwendet. Insgesamt wurden in dieser Serie 225 Versuche durchgeführt. Die Prüfkörper verfügen aufgrund der Verwendung von speziellem Brettschichtholz über einen nahezu homogenen Querschnitt. Das Brettschichtholz wurde im Labor so hergestellt, dass der jeweilige Prüfkörper aus demselben Brett besteht. Hierzu wurde ein Brett der Länge nach in Abschnitte aufgeteilt. Anschließend wurden die Abschnitte zu einem Brettschichtholzquerschnitt verklebt. Störstellen wie z. B. Äste oder Harzgallen wurden beim Zuschnitt der Lamellen herausgekappt. Auf diese Weise können Prüfkörper mit über die Höhe gleichmäßig verteilter Rohdichte hergestellt werden. Außerdem ist es so möglich, Prüfkörper zu produzieren, bei denen der Winkel zwischen Schraubenachse und Jahrringtangente über die Einschraubtiefe konstant ist, siehe Bild 3-16 und Bild 3-17. Die Prüfkörper bestehen jeweils aus acht bzw. sieben Lamellenlagen mit einer Dicke von 22,5 mm bzw. 28,6 mm. Es wurden drei grundsätzliche Prüfkörpervarianten mit Winkeln γ zwischen Schraubenachse und Jahrringtangente von $\gamma \sim 0°$ bzw. $0°$ bis $30°$ (Variante I), $\gamma \sim 45°$ bzw. $31°$ bis $60°$ (Variante II) und $\gamma \sim 90°$ bzw. $61°$ bis $90°$ (Variante III) angestrebt. Die Untersuchungen zum Einfluss der Parameter Rohdichte und Winkel zwischen Jahrringtangente und Schraubenachse sind in Abschnitt 3.3.3.2 und 3.3.3.3 dargestellt. Bei der Produktion der Prüfkörper wurden die Lamellenabschnitte so lang gewählt, dass zwei bis drei Prüfkörper aus einem Brettschichtholzabschnitt hergestellt werden konnten, vgl. Bild 3-16. Diese Prüfkörper weisen somit ähnliche bis gleiche mechanische Eigenschaften auf.

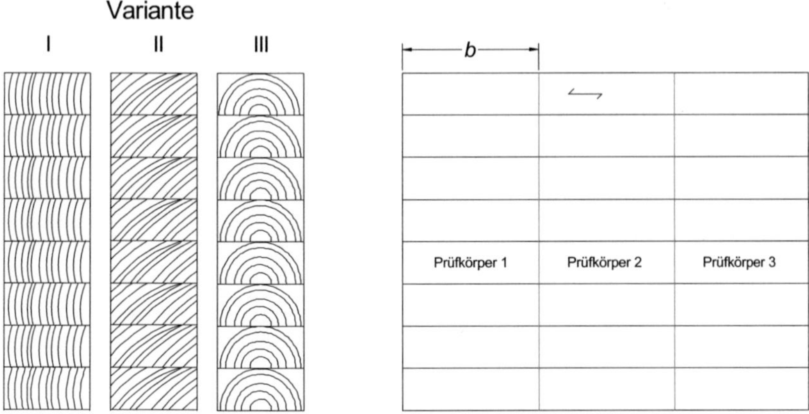

Bild 3-16   Homogenisiertes BSH zur Prüfkörperherstellung für Einschraubversuche, drei Aufbauvarianten, Querschnitte und Seitenansicht (rechts)

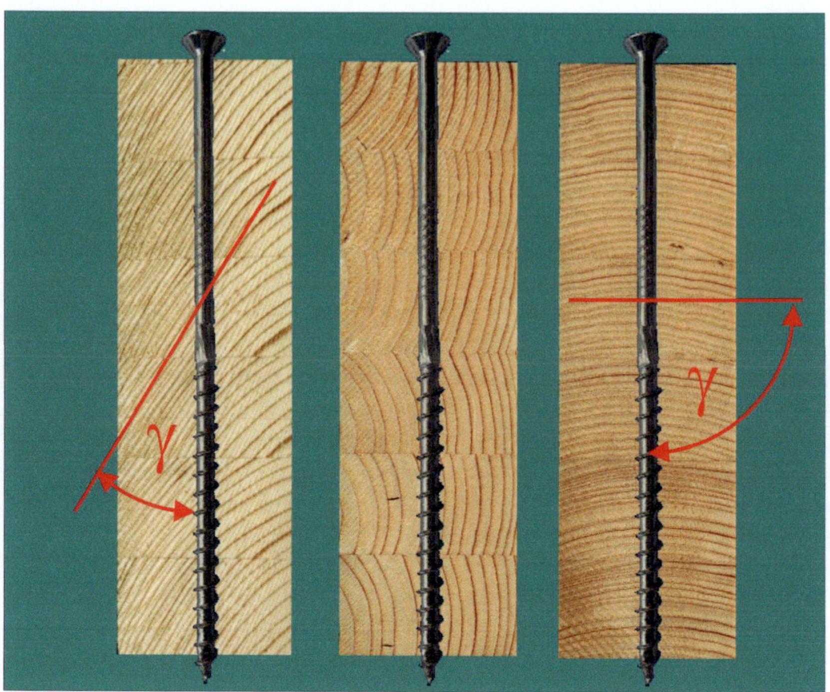

Bild 3-17   Prüfkörpervarianten I, II und III, abweichend zur Darstellung beste-
                   hen die Prüfkörper aus sieben bzw. acht Lamellenlagen

In den ersten beiden Versuchsserien wurden die Schrauben unter einem Winkel von $\varepsilon = 90°$ zwischen Schraubenachse und Faserrichtung eingedreht. In der dritten und vierten Versuchsserie sollte dieser Winkel variiert werden, um den Einfluss des Einschraubwinkels auf die beim Eindrehen entstehenden Kräfte zu ermitteln.

Zur Untersuchung eines Winkels zwischen Schraubenachse und Faserrichtung von $\varepsilon = 45°$ wurden für die dritte Versuchsserie (s. Tabelle 10-4 in Anhang 10.2) spezielle Prüfkörper hergestellt. Entsprechend der Skizze in Bild 3-18 wurde ein Kantholz in mehrere Abschnitte hintereinander unter 45° zur Faserrichtung aufgetrennt. Anschließend wurden diese Abschnitte aufeinander gelegt und zu einem Querschnitt verklebt, aus welchem jeweils zwei Prüfkörper hergestellt werden konnten. Aufgrund der Herstellungsmethode weisen die Prüfkörper über ihre Höhe nahezu homogene Materialeigenschaften auf. Bild 3-19 zeigt einen geöffneten Prüfkörper nach der Versuchsdurchführung.

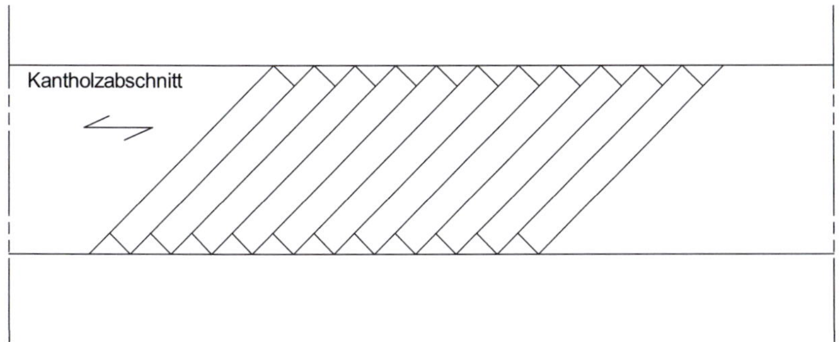

Bild 3-18   Herstellung von Prüfkörpern zur Untersuchung der Einschraub-Spaltkraft von geneigt eingedrehten Schrauben

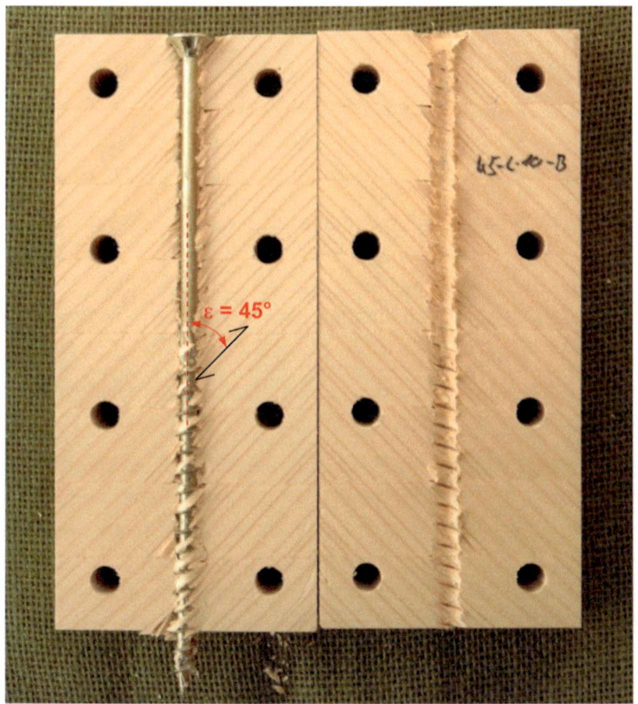

Bild 3-19   Prüfkörper für Versuche mit einem Winkel zwischen Schraubenachse und Faserrichtung von ε = 45° nach der Versuchsdurchführung

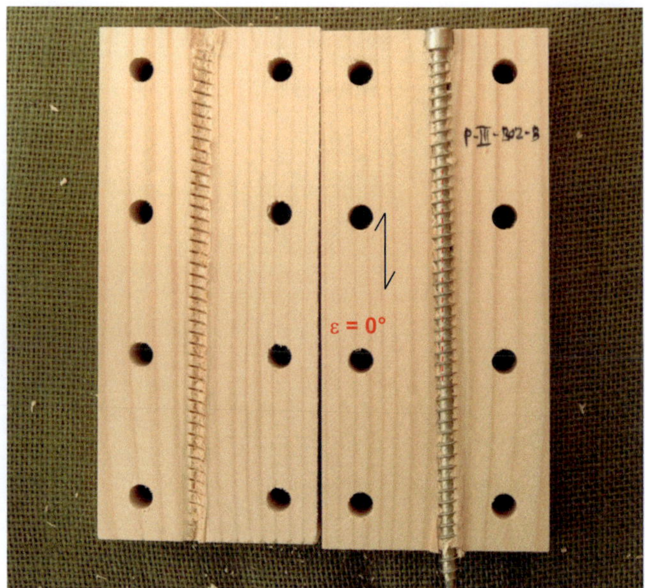

Bild 3-20   Prüfkörper der vierten Versuchsserie für Versuche mit faserparallel eingedrehten Schrauben (ε = 0°) nach der Versuchsdurchführung

In der vierten Versuchsserie (s. Tabelle 10-5 in Anhang 10.2) wurden die Einschraub-Spaltkräfte für das faserparallele Eindrehen ermittelt. Die Prüfkörper wurden aus Vollholz hergestellt. Ein typischer Prüfkörper nach der Versuchsdurchführung ist in Bild 3-20 dargestellt. In den Versuchsreihen standen jeweils mehrere Prüfkörper mit gleichen Eigenschaften zur Verfügung.

Die Untersuchungen zum Einfluss des Winkels ε zwischen Schraubenachse und Faserrichtung sind in Abschnitt 3.3.3.4 zusammengefasst.

Bei allen Versuchsreihen wurden unterschiedliche Schraubentypen eingesetzt, um schraubenspezifische Einflüsse auf die Untersuchungsparameter identifizieren und quantifizieren zu können. Darüber hinaus sollten ggf. vorliegende Korrelationen zwischen schraubenspezifischen Einflüssen und Untersuchungsparametern eingegrenzt werden. In der Regel wurden Vollgewindeschrauben mit unterschiedlicher Spitzen- und Kopfform (Typ A und B) sowie eine Teilgewindeschraube (Typ C) verwendet. Ergänzend wurden Versuche mit Vollgewindeschrauben der Typen E und F sowie einer Doppelgewindeschraube (Typ D-2) durchgeführt. Es wurde angestrebt, die Auswirkungen der verschiedenartigen Schraubengeometrien und Schraubenmerkmale unterschiedlicher Schraubentypen in Abhängigkeit vom jeweiligen Untersuchungsparameter direkt zu vergleichen. Dies wurde erreicht, indem für eine Versuchsreihe Prüfkörper mit gleichen bzw. ähnlichen Eigenschaften auf die jeweiligen Unterreihen mit unterschiedlichen Schraubentypen aufgeteilt wurden. Diese Prüfkörper standen zur Verfügung, da mehrere Prüfkörper aus denselben Hölzern bzw. Lamellen hergestellt wurden. Eine Aufstellung der wesentlichen geometrischen Eigenschaften der untersuchten Schraubentypen ist in Tabelle 10-1 (Anhang 10.1) zusammengestellt.

In Abschnitt 3.3.3.5 sind die Vergleichsuntersuchungen zum Einfluss des Schraubentyps auf die beim Eindrehen entstehenden Kräfte zusammenfassend ausgewertet. Ergänzend werden in Abschnitt 3.3.3.6 exemplarisch für zwei Schraubentypen unterschiedliche Durchmesser betrachtet. In der ersten Versuchsserie mit Prüfkörpern aus Vollholz wurden jeweils sechs Messstellen bzw. Messschrauben angeordnet. Im Rahmen der Verbesserung der Prüfmethode wurde für die Versuchsserien zwei bis vier die Messschraubenanzahl auf acht erhöht. Hierdurch ist es möglich, den Verlauf der Kräfte während des Einschraubvorgangs detaillierter zu erfassen und aufzulösen. Der Einfluss der Messschraubenanzahl auf die Kraftmessung wird in den Reihen 2.2 und 2.3 der Versuchsserie 2 (Tabelle 10-3 in Anhang 10.2) im Rahmen von Vergleichsversuchen untersucht, siehe Abschnitt 3.3.3.7. Die Ergebnisse der Untersuchungen zu den Einflüssen der Messschraubenvorspannung, der Einschraubgeschwindigkeit, der Prüfkörpergeometrie und der Schraubenlänge sind in den Abschnitten 3.3.3.8 bis 3.3.3.11 aufbereitet.

Von den insgesamt 655 durchgeführten Versuchen der vier Versuchsserien konnten 505 für die Auswertung verwendet werden. Bei den anderen Versuchen war die Holzschraube beim Eindrehen so stark in eine der beiden Prüfkörperhälften verlaufen, dass die Messergebnisse signifikant beeinflusst wurden. Die Ergebnisse der vier Versuchsserien sind in Tabelle 10-6 bis Tabelle 10-9 des Anhangs 10.2 zusammengestellt. Die Prüfkörper wurden bis zur Versuchsdurchführung bei Normalklima 20/65 nach DIN 50014 (Lufttemperatur 20°C, relative Luftfeuchtigkeit 65 %) gelagert. Für die Prüfkörper aus Vollholz der ersten Versuchsserie lag in den einzelnen Reihen der Mittelwert der Holzfeuchte zwischen u = 11,7 % und u = 14,0 %. Die mittlere Rohdichte betrug zwischen 377 kg/m³ und 504 kg/m³. In der zweiten Versuchsserie mit Prüfkörpern aus im Labor hergestelltem Brettschichtholz der Holzart Fichte/Tanne konnte eine mittlere Holzfeuchte von u = 10,9 % bis u = 12,6 % festgestellt werden. In den verschiedenen Versuchsreihen betrug die mittlere Rohdichte zwischen 432 kg/m³ und 506 kg/m³. Die Eigenschaften der Prüfkörper der Versuchsserien 3 und 4 sind in Tabelle 10-8 und Tabelle 10-9 des Anhangs 10.2 wiedergegeben. Zusätzlich wurden die Elastizitäts- und Schubmoduln des Versuchsmaterials auf der Grundlage einer Längs- und Biegeschwingungsmessung an den Prüfkörpern bzw. am Ausgangsmaterial ermittelt, vgl. Görlacher (1984) und (2002).

3.3.3.2 Einfluss der Rohdichte

Die Rohdichte gehört zu den wichtigsten materialspezifischen Einflüssen auf das Spaltverhalten von Holz beim Einbringen von Verbindungsmitteln ohne Vorbohren. Dementsprechend groß ist der Einfluss der Rohdichte auf die schraubenspezifischen Kräfte, die mit der Versuchsmethode beim Einschrauben ermittelt werden können. Die Analyse aller weiteren Einflussparameter erfordert daher eine von der Rohdichte abhängige Korrektur der Versuchsergebnisse. Die Rohdichte selbst korreliert mit der Jahrringbreite und dem Früh- bzw. Spätholzanteil, vgl. Kollmann (1951). Somit werden die Einflüsse dieser Parameter indirekt über ihre Korrelation mit der Rohdichte erfasst. Der Einfluss der Rohdichte auf die mittlere Gesamtkraft $F_{m,tot}$ bzw. $F_{m,tot,r}$ (gemäß Abschnitt 3.3.2) wurde in einer ersten Analyse für Prüfkörper aus Vollholz und für homogenisierte Prüfkörper aus speziellem Brettschichtholz getrennt ermittelt. Anschließend wurde eine zusammenfassende Regressionsanalyse durchgeführt.

Für Versuche mit Vollholz wurden zur Ermittlung des Rohdichteeinflusses die Versuchsreihen 1.1 und 1.2 verwendet. Bei diesen Versuchsreihen waren die sonstigen Parameter mit Ausnahme der Prüfkörperhöhe in der Versuchsreihe 1.1 gleich. Für die Versuche wurden Schrauben mit Nenngröße 8 x 200 mm der Typen A, B und C in den entsprechenden Unterreihen verwendet. Die Prüfkörper wurden so ausgewählt, dass Prüfkörper mit gleichen Eigenschaften für Versuche mit unterschiedlichen Schraubentypen eingesetzt wurden. Dies konnte gewährleistet werden, indem drei Prüfkörper unmittelbar hintereinander aus einer Bohle der Holzart Fichte hergestellt und den Unterreihen A, B und C zugeordnet wurden. Daher verfügen diese Prüfkörper über gleiche oder zumindest ähnliche Eigenschaften in Hinblick auf die Rohdichte, die Jahrringbreite, die Jahrringlage sowie auf die daraus folgende Steifigkeit und Festigkeit. Bild 3-21 zeigt die mittlere Gesamtkraft $F_{m,tot,r}$ in Abhängigkeit von der Normalrohdichte (mittlere Holzfeuchte u_{mean} = 13,3 %). Insgesamt konnten 98 Versuche für die statistische Auswertung verwendet werden. Für alle Schraubentypen wurde eine deutliche Korrelation zwischen mittlerer Gesamtkraft und Rohdichte festgestellt. Bereits bei einem linearen Ansatz betragen die Korrelationskoeffizienten je nach Schraubentyp zwischen R = 0,79 (Typ A) und R = 0,87 (Typ B). Die Gleichungen der Regressionsgeraden sind im Diagramm in Bild 3-21 aufgeführt. Die Steigungen m der Regressionsgeraden sind für die drei Schraubentypen unterschiedlich. Somit konnte verifiziert werden, dass der Rohdichteeinfluss auf die mittlere Gesamtkraft abhängig von der Gestaltung der Schraube ist.

Die beste Korrelation zwischen mittlerer Gesamtkraft und Rohdichte kann mit einem nichtlinearen Modellansatz erreicht werden. Die ermittelten Potenzfunktionen sowie die zugehörigen Gleichungen und Korrelationskoeffizienten sind in Bild 3-22 dargestellt.

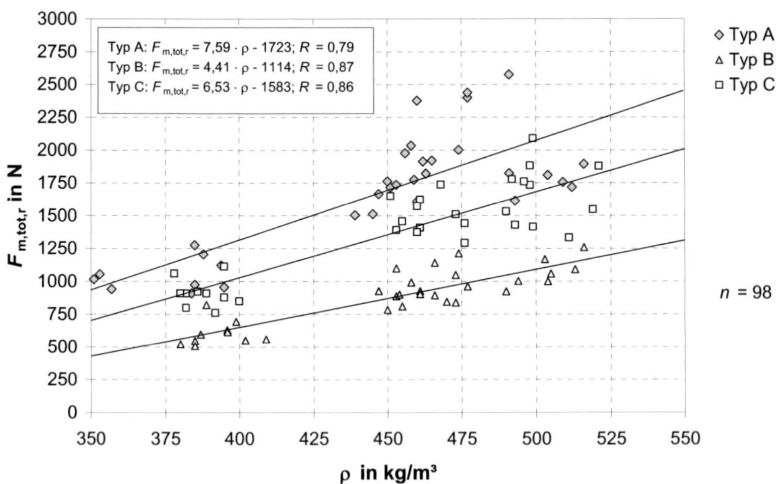

Bild 3-21   Mittlere Gesamtkraft $F_{m,tot,r}$ in Abhängigkeit von der Rohdichte für Prüfkörper aus Vollholz, Schrauben 8 x 200 mm, Reihe 1.1 und 1.2, linearer Modellansatz

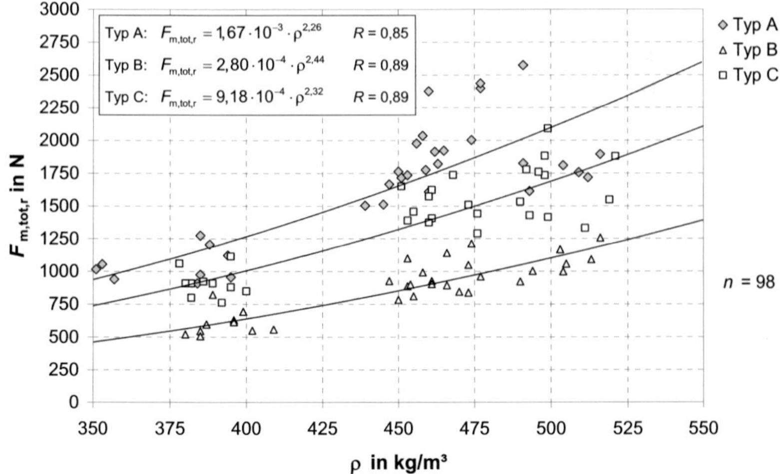

Bild 3-22   Mittlere Gesamtkraft $F_{m,tot,r}$ in Abhängigkeit von der Rohdichte für Prüfkörper aus Vollholz, Schrauben 8 x 200 mm, Reihe 1.1 und 1.2, nichtlinearer Modellansatz

Zur expliziten Ermittlung des Rohdichteeinflusses werden aus der zweiten Versuchsserie die Reihen 2.1 sowie 2.4.1-A und 2.5-A herangezogen. Bei den verwendeten Prüfkörpern aus speziellem, homogenisiertem Brettschichtholz sind die Rohdichte und der Winkel γ zwischen Schraubenachse und Jahrringtangente über die Prüfkörperhöhe nahezu konstant. Die sonstigen Parameter sind im Hinblick auf Prüfkörpergeometrie, Versuchsanordnung und Versuchsdurchführung bei allen Versuchen gleich. Die Versuche wurden mit Schrauben 8 x 200 mm der Typen A, B und C durchgeführt. An den Prüfkörpern wurde für jede Lamellenlage der mittlere Winkel γ ermittelt. Anschließend wurde über die Lagenanzahl das arithmetische Mittel gebildet, so dass sich ein mittlerer Winkel γ pro Prüfkörper ergibt. Die zugehörige Häufigkeitsverteilung für die 140 verwertbaren Prüfkörper ist in Bild 3-23 dargestellt. Die Grundgesamtheit der Prüfkörper wurde so ausgewählt, dass unterschiedliche Winkel von $\gamma \sim 0°$ bis $\gamma \sim 90°$ berücksichtigt werden. Daher ist es möglich, zunächst eine vom Winkel γ unabhängige Regressionsanalyse durchzuführen. In Bild 3-24 ist die mittlere Gesamtkraft über die Normalrohdichte (mittlere Holzfeuchte u_{mean} = 12,3 %) dargestellt. Bereits mit einem linearen Regressionsmodell kann die Korrelation zwischen mittlerer Gesamtkraft und Rohdichte gezeigt werden. Hierbei beträgt der Korrelationskoeffizient je nach Schraubentyp zwischen R = 0,76 (Typ A, C) bzw. R = 0,77 (Typ B). Die beste Korrelation zwischen mittlerer Gesamtkraft und Rohdichte wird mit einer Potenzfunktion erreicht. Die Regressionsgleichungen sowie die Korrelationskoeffizienten R für jeden Schraubentyp sind in Bild 3-24 angegeben.

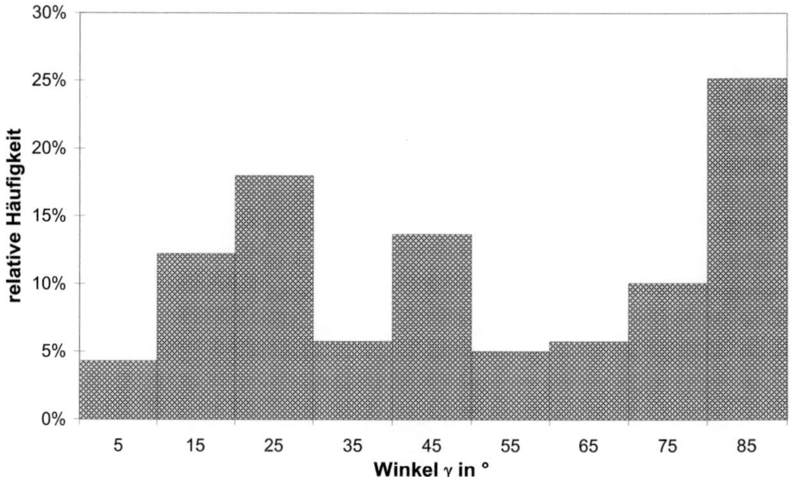

Bild 3-23   Häufigkeitsverteilung für den Winkel γ zwischen Schraubenachse und Jahrringtangente, Reihen 2.1, 2.4.1-A u. 2.5-A, 140 Prüfkörper

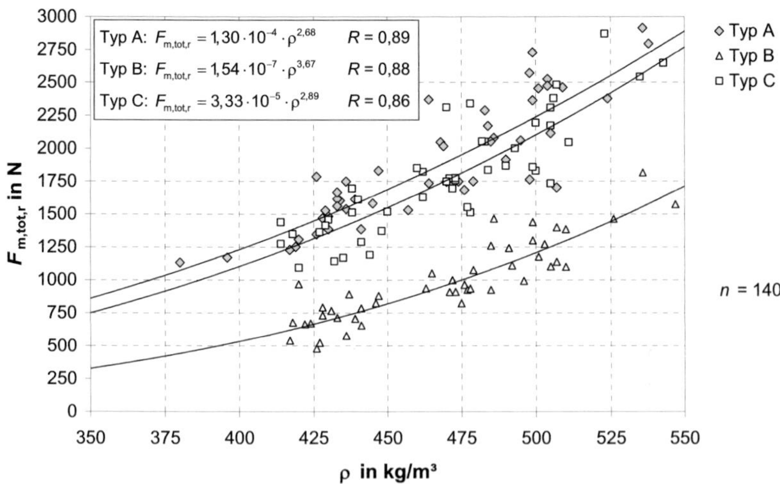

Bild 3-24   Mittlere Gesamtkraft $F_{m,tot,r}$ in Abhängigkeit von der Rohdichte für homogenisierte Prüfkörper aus speziellem Brettschichtholz und Schrauben 8 x 200 mm, Versuchsreihen 2.1, 2.4.1-A und 2.5-A

Der Vergleich der Ergebnisse der Regressionsanalysen für beide Versuchsreihen zeigt teilweise einen signifikanten Unterschied bezüglich des ermittelten Einflusses der Rohdichte auf die mittlere Gesamtkraft. In der zweiten Versuchsserie mit Prüfkörpern aus homogenisiertem Brettschichtholz kann insbesondere für den Schraubentyp B ein stärkerer Rohdichteeinfluss festgestellt werden.

Dieser Unterschied ist auf die Rohdichteverteilung bezüglich der jeweiligen Grundgesamtheit der ausgewerteten Versuche beider Versuchsserien zurückzuführen. In den betrachteten Versuchsreihen mit Prüfkörpern aus Vollholz (Reihen 1.1 und 1.2) sind Prüfkörper mit Rohdichten über 500 kg/m³ unterrepräsentiert. Bei den untersuchten Reihen der zweiten Versuchsserie (2.1, 2.4.1-A und 2.5-A) sind Prüfkörper mit Rohdichten von weniger als 400 kg/m³ deutlich unterrepräsentiert. Dies ist auf die übliche, unterschiedliche Verteilung der Rohdichte bei Vollholz und Brettschichtholz zurückzuführen. Bei Brettschichtholz liegt aufgrund der höheren Rohdichte der Lamellenquerschnitte eine höhere Gesamtrohdichte vor. Vollholzquerschnitte mit den benötigten Prüfkörpermaßen sind mit hohen Rohdichten seltener oder nicht verfügbar. Aufgrund des nichtlinearen Rohdichteeinflusses wirkt sich die jeweilige Unterrepräsentation deutlich auf die Ergebnisse der Regressionsanalyse aus. Durch eine gemeinsame Auswertung der betrachteten Versuche aus beiden Versuchsserien wird die Grundgesamtheit erhöht und die Rohdichteverteilung verbreitert. Eine statistische

Analyse bestätigt, dass die betreffenden Versuche aus den unterschiedlichen Versuchsserien zu einer Grundgesamtheit zusammengefasst werden können.

Im Rahmen einer weiteren Regressionsanalyse wurden die Ergebnisse der Versuche mit Schrauben des Durchmessers d = 8 mm in Prüfkörper aus Vollholz (Reihen 1.1 und 1.2) und in Prüfkörper aus Brettschichtholz (2.1, 2.4.1-A und 2.5-A) zusammenfassend ausgewertet. Voraussetzung hierfür ist, dass bei den Prüfkörpern aus Vollholz keine signifikante Beeinflussung der mittleren Gesamtkraft durch über die Prüfkörperhöhe variierende Winkel γ vorliegt. Außerdem entspricht der mittlere Winkel γ bei den 98 Prüfkörpern aus Vollholz in etwa dem mittleren Winkel γ der Grundgesamtheit der Prüfkörper aus Brettschichtholz. Der Einfluss der unterschiedlichen Messschraubenanzahl kann vernachlässigt werden, wie in Abschnitt 3.3.3.7 gezeigt wird.

Für die Grundgesamtheit von n = 238 Versuchen wurde für jeden Schraubentyp eine Gleichung zur Ermittlung von Vorhersagewerten der mittleren Gesamtkraft $F_{m,tot,r,pred}$ mit folgender Grundform hergeleitet:

$$F_{m,tot,r,pred} = p_1 \cdot \rho^{p_2} \qquad \text{in N} \tag{8}$$

mit

p_1, p_2 Regressionsparameter

ρ Rohdichte in kg/m³

Die aus der Regressionsanalyse resultierenden Parameter p_1 und p_2 für Gleichung (8) sind in Tabelle 3-3 für die Schraubentypen A, B und C aufgeführt. Es zeigt sich jeweils eine gute Korrelation zwischen Vorhersagewerten und Versuchsergebnissen. Die Korrelationskoeffizienten betragen zwischen R = 0,82 und R = 0,87.

Tabelle 3-3   Regressionsparameter, Korrelationskoeffizienten und Gleichungen der Regressionsgeraden für Vorhersagewerte der mittleren Gesamtkraft gemäß Gleichung (8)

Sr.-Typ	Anzahl	Regressions-parameter		Korrelations-koeffizient	Gleichung der Regressionsgeraden für $F_{m,tot,r}$
	n	p_1	p_2	R	
A	82	$4{,}65 \cdot 10^{-4}$	2,47	0,84	$1{,}00 \cdot F_{m,tot,r,pred} + 12{,}1$
B	79	$1{,}04 \cdot 10^{-5}$	2,98	0,87	$1{,}05 \cdot F_{m,tot,r,pred} - 32{,}4$
C	77	$7{,}69 \cdot 10^{-5}$	2,74	0,82	$1{,}00 \cdot F_{m,tot,r,pred} + 18{,}7$

Bild 3-25 zeigt die Versuchsergebnisse über den Vorhersagewerten der mittleren Gesamtkraft gemäß Gleichung (8). Die Versuche sind nach Schraubentypen und Prüfkörperarten durch unterschiedliche Symbole gekennzeichnet. Aus der Darstellung wird deutlich, dass das ermittelte Regressionsmodell gleichermaßen für Versuche mit Prüfkörpern aus Vollholz sowie für solche aus speziellem, homogenem Brettschichtholz zutrifft. Die standardisierten Residuen sind normal verteilt und liegen mit Ausnahme von drei Beobachtungen zwischen -3 und +3. Der in Bild 3-25 im Diagramm angegebene Korrelationskoeffizient gilt für die Grundgesamtheit von 238 Versuchen. Dieser wird nur zu Vergleichszwecken angegeben, da seine Aussagekraft begrenzt ist. Der Regression liegt zwar für die Grundgesamtheit der gleiche Ansatz zu Grunde, jedoch wurden unterschiedliche Parameter für die verschiedenen Schraubentypen ermittelt. Die Gleichung der Regressionsgeraden ist ebenfalls dem Diagramm zu entnehmen. Bild 3-26 bis Bild 3-28 zeigen die experimentell bestimmte mittlere Gesamtkraft in Abhängigkeit von der Rohdichte der Prüfkörper aus Vollholz bzw. Brettschichtholz für die Schraubentypen A, B und C. Der Graph zeigt jeweils die Funktion der Gleichung (8) zur Ermittlung von Vorhersagewerten der mittleren Gesamtkraft. Die Versuchsergebnisse können mit Hilfe des Regressionsmodells für alle Schraubentypen sowohl für Prüfkörper aus Vollholz (VH) als auch aus homogenem Brettschichtholz (BS) zutreffend abgeschätzt werden.

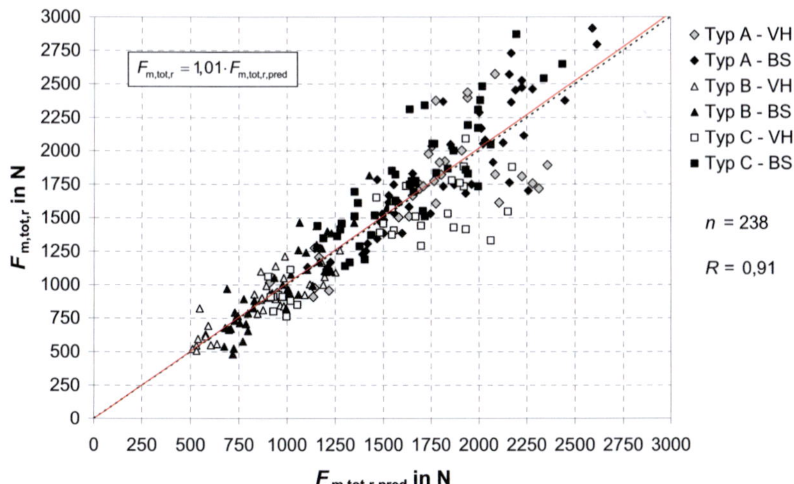

Bild 3-25   Vergleich zwischen den Versuchsergebnissen der mittleren Gesamtkraft für Schrauben 8 x 200 mm der Typen A, B, C und den Erwartungswerten nach Gleichung (8) mit Parametern aus Tabelle 3-3

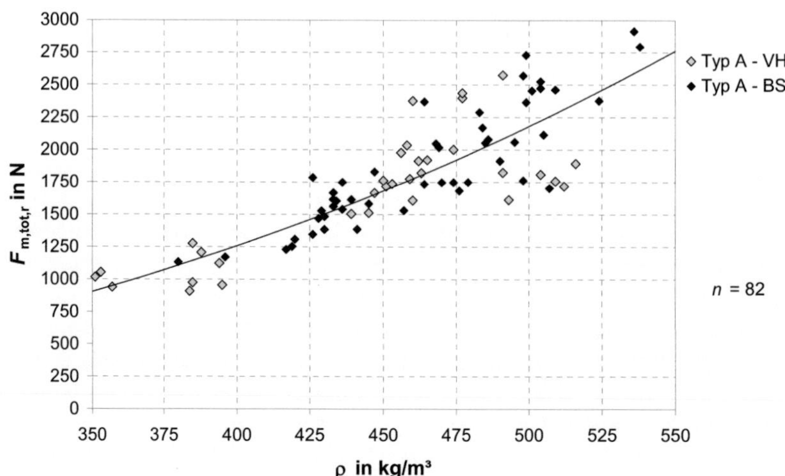

Bild 3-26   Mittlere Gesamtkraft $F_{m,tot,r}$ für Schraubentyp A, 8 x 200 mm, in Abhängigkeit von der Rohdichte für Prüfkörper aus Voll- und Brettschichtholz, Reihen 1.1, 1.2, 2.1, 2.4.1-A und 2.5-A

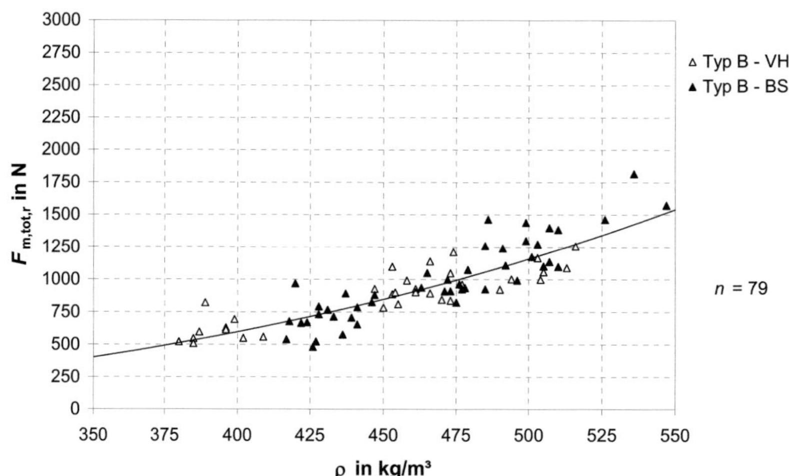

Bild 3-27   Mittlere Gesamtkraft $F_{m,tot,r}$ für Schraubentyp B, 8 x 200 mm, in Abhängigkeit von der Rohdichte für Prüfkörper aus Voll- und Brettschichtholz, Reihen 1.1, 1.2 und 2.1

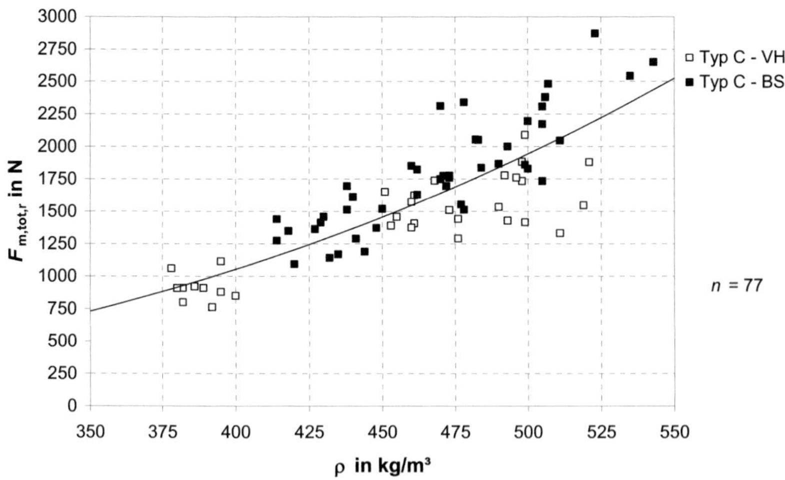

Bild 3-28   Mittlere Gesamtkraft $F_{m,tot,r}$ für Schraubentyp C, 8 x 200 mm, in Abhängigkeit von der Rohdichte für Prüfkörper aus Vollholz und Brettschichtholz, Reihen 1.1, 1.2 und 2.1

Auf der Grundlage der Regressionsanalyse ist es möglich, für die untersuchten Schrauben folgende Gleichung für eine von der Rohdichte abhängige Korrektur der mittleren Gesamtkraft anzugeben:

$$F_{m,tot,r,cor} = k_\rho \cdot F_{m,tot,r} = \left(\frac{\rho_{ref}}{\rho}\right)^{c_1} \cdot F_{m,tot,r} \tag{9}$$

mit

$F_{m,tot,r,cor}$ korrigierte mittlere Gesamtkraft für die Bezugsrohdichte ρ_{ref} in N

$F_{m,tot,r}$ mittlere Gesamtkraft für den Prüfkörper mit Rohdichte ρ in N

k_ρ Korrekturbeiwert für die Rohdichte

ρ_{ref} Bezugsrohdichte in kg/m³

ρ Rohdichte des Prüfkörpers in kg/m³

c_1 $c_1 = 2{,}47$ für Typ A, $c_1 = 2{,}98$ für Typ B, $c_1 = 2{,}74$ für Typ C

Gleichung (9) gilt für Prüfkörper aus Brettschichtholz und Vollholz gleichermaßen und ist somit unabhängig vom Winkel zwischen Schraubenachse und Jahrringtangente anwendbar.

Eine einheitliche Korrektur der mittleren Gesamtkraft $F_{m,tot,r}$ kann für die drei Schraubentypen gemäß Gleichung (9) mit $c_1 = 2{,}7$ vorgeschlagen werden, so dass gilt:

$$k_\rho = \left(\frac{\rho_{ref}}{\rho} \right)^{2,7} \tag{10}$$

Eine Übertragung der Gleichung (10) auf andere Schraubentypen ist als erste Abschätzung möglich. Für genauere Untersuchungen sollte jedoch die Gültigkeit nachgewiesen werden, da der Einfluss der Rohdichte auf die mittlere Gesamtkraft von der Schraubengeometrie und der Ausbildung der Schraubenmerkmale abhängig ist.

Für Prüfkörper aus Vollholz haben Blaß und Uibel (2009) auf der Grundlage erster Untersuchungen eine Rohdichtekorrektur nach Gleichung (9) angegeben, bei der der Exponent $c_1 = 2{,}0$ beträgt. Somit wurde der Rohdichteeinfluss geringer eingeschätzt als in Gleichung (10). Diese Abweichung ist darin begründet, dass lediglich eine Teilmenge von 50 Versuchen der hier aufgeführten Grundgesamtheit von 238 Versuchen zur Verfügung stand. Zudem beruht die erste Auswertung auf Versuchen mit Prüfkörpern aus Vollholz, so dass der Einfluss höherer Rohdichten ($\rho > 500$ kg/m³) nicht zutreffend erfasst werden konnte. Vollholzprüfkörper mit entsprechend hohen Rohdichten waren aufgrund der benötigten Querschnittsmaße nicht verfügbar.

3.3.3.3   Einfluss des Winkels zwischen Jahrringtangente und Schraubenachse

Zur Ermittlung des Einflusses des Winkels γ zwischen Schraubenachse und Jahrringtangente wurden wie im Abschnitt 3.3.3.2 die Reihen 2.1 sowie 2.4.1-A und 2.5-A verwendet. Bei diesen Versuchen mit homogenisierten Prüfkörpern aus Brettschichtholz ist der Winkel γ über die Prüfkörperhöhe nahezu konstant. Alle weiteren Parameter mit Ausnahme der Rohdichte werden innerhalb der angegebenen Versuchsreihen nicht variiert. Dies ermöglicht eine Regressionsanalyse für die mittlere Gesamtkraft in Abhängigkeit von den Parametern Rohdichte und Winkel γ auf Basis von insgesamt 140 verwertbaren Versuchen. Die ermittelten Regressionsmodelle gelten für Schrauben der Typen A, B und C mit einem Durchmesser von $d = 8$ mm und führen auf Gleichung (11) bis (13) zur Berechnung von Erwartungswerten $F_{m,tot,r,pred}$ für die mittlere Gesamtkraft.

$$\text{Typ A:} \qquad F_{m,tot,r,pred} = 6{,}358 \cdot 10^{-4} \frac{\rho^{2,420}}{\left(0{,}6077 \cdot \sin \gamma + \cos \gamma \right)^{0,2703}} \qquad \text{in N} \tag{11}$$

$$\text{Typ B:} \qquad F_{m,tot,r,pred} = 0{,}8731 \cdot 10^{-6} \frac{\rho^{3,377}}{\left(0{,}2387 \cdot \sin \gamma + \cos \gamma \right)^{0,1302}} \qquad \text{in N} \tag{12}$$

Typ C: $\quad F_{m,tot,r,pred} = 0{,}2960 \cdot 10^{-4} \dfrac{\rho^{2,916}}{\left(1{,}144 \cdot \sin\gamma + \cos\gamma\right)^{0,1210}}$ $\quad$ in N $\quad$ (13)

mit

ρ $\qquad$ Rohdichte in kg/m³

γ $\qquad$ Winkel zwischen Schraubenachse und Jahrringtangente

Zur Verifizierung der in Gleichung (11) bis (13) angegebenen Regressionsmodelle ist in Bild 3-29 bis Bild 3-31 ein Vergleich zwischen Versuchsergebnissen und Erwartungswerten der mittleren Gesamtkraft dargestellt.

Die Güte der Korrelation wurde nach der Methode der kleinsten Abstandsquadrate berechnet. Es zeigt sich eine gute Übereinstimmung zwischen den Versuchsergebnissen und den Vorhersagewerten. Die Korrelationskoeffizienten betragen $R = 0{,}91$ für Schraubentyp A, $R = 0{,}92$ für Schraubentyp B und $R = 0{,}87$ für Schraubentyp C. Eine Residualanalyse ergab eine Normalverteilung der standardisierten Residuen innerhalb der Grenzen -3 und +3.

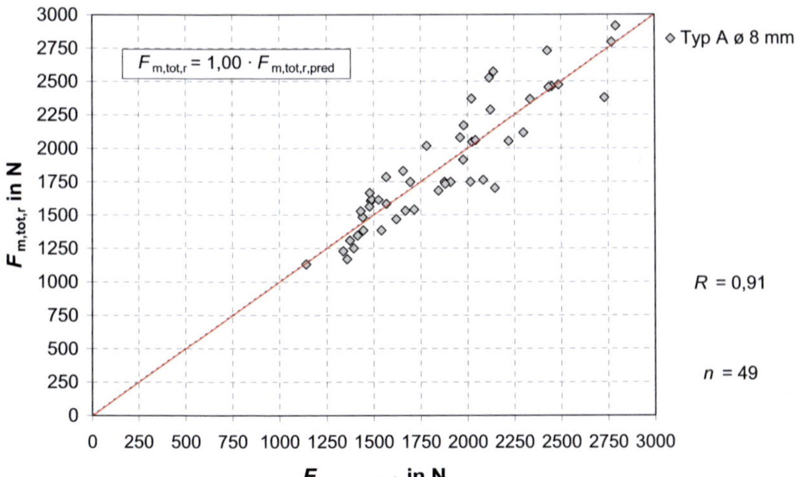

Bild 3-29 $\qquad$ Vergleich zwischen Versuchsergebnissen und Vorhersagewerten der mittleren Gesamtkraft für Schrauben 8 x 200 mm des Typs A

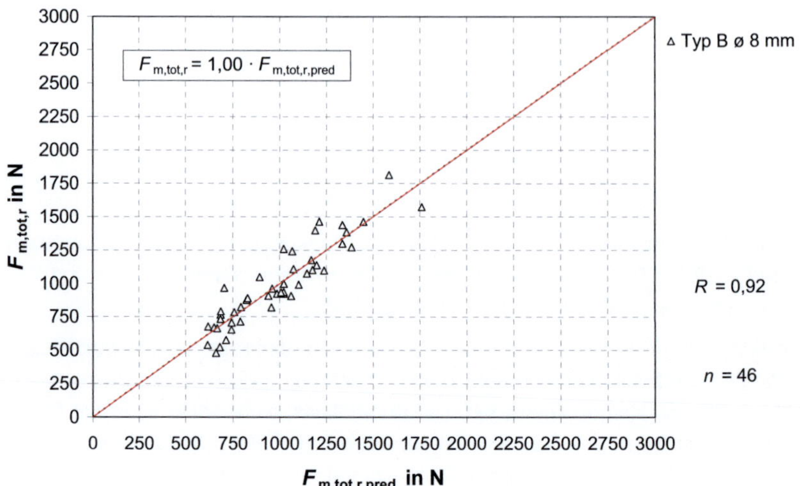

Bild 3-30   Vergleich zwischen Versuchsergebnissen und Vorhersagewerten der mittleren Gesamtkraft für Schrauben 8 x 200 mm des Typs B

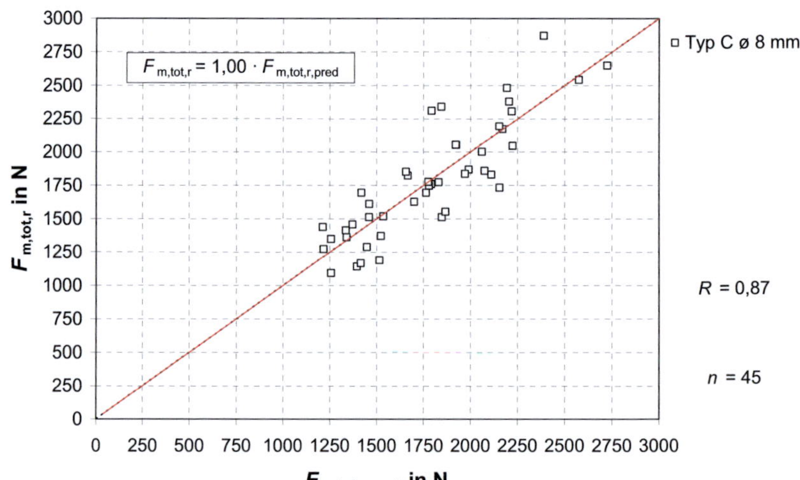

Bild 3-31   Vergleich zwischen Versuchsergebnissen und Vorhersagewerten der mittleren Gesamtkraft für Schrauben 8 x 200 mm des Typs C

Auf Grundlage der Regressionsmodelle aus den Gleichungen (11) bis (13) können korrigierte Werte der mittleren Gesamtkraft $F_{m,tot,r,cor}$ mit folgender Gleichung berechnet werden:

$$F_{m,tot,r,cor} = k_\rho \cdot k_\gamma \cdot F_{m,tot,r} \qquad (14)$$

mit

$F_{m,tot,r}$ mittlere Gesamtkraft in N

k_ρ Korrekturbeiwert für die Rohdichte

k_γ Korrekturbeiwert für den Winkel γ zwischen Schraubenachse und Jahrringtangente

Für den Korrekturbeiwert k_ρ gilt:

$$k_\rho = \left(\frac{\rho_{ref}}{\rho}\right)^{c_1} \qquad (15)$$

mit

ρ_{ref} Bezugsrohdichte in kg/m³

ρ Rohdichte des Prüfkörpers in kg/m³

c_1 $c_1 = 2{,}42$ für Typ A, $c_1 = 3{,}38$ für Typ B, $c_1 = 2{,}92$ für Typ C

Der Korrekturbeiwert k_γ in Gleichung (14) ist je nach Schraubentyp gemäß Gleichung (16), (17) oder (18) zu ermitteln.

Typ A:
$$k_\gamma = \frac{\left(0{,}6077 \cdot \sin \gamma + \cos \gamma\right)^{0{,}2703}}{\left(0{,}6077 \cdot \sin \gamma_{ref} + \cos \gamma_{ref}\right)^{0{,}2703}} \qquad (16)$$

Typ B:
$$k_\gamma = \frac{\left(0{,}2387 \cdot \sin \gamma + \cos \gamma\right)^{0{,}1302}}{\left(0{,}2387 \cdot \sin \gamma_{ref} + \cos \gamma_{ref}\right)^{0{,}1302}} \qquad (17)$$

Typ C:
$$k_\gamma = \frac{\left(1{,}144 \cdot \sin \gamma + \cos \gamma\right)^{0{,}1210}}{\left(1{,}144 \cdot \sin \gamma_{ref} + \cos \gamma_{ref}\right)^{0{,}1210}} \qquad (18)$$

mit

γ vorhandener Winkel zwischen Schraubenachse und Jahrringtangente

γ_{ref} Bezugswinkel zwischen Schraubenachse und Jahrringtangente

Eine Darstellung der Beanspruchung des Holzes beim Einschrauben in Abhängigkeit vom Winkel zwischen Schraubenachse und Jahrringtangente zeigt Bild 3-32. Hierzu sind im Diagramm über die Rohdichte korrigierte Werte der mittleren Gesamtkraft gegenüber dem Winkel γ aufgetragen. Die Rohdichtekorrektur erfolgte nach Gleichung (15) mit einer Bezugsrohdichte von 430 kg/m³. Des Weiteren sind die entsprechenden Funktionen der Erwartungswerte $F_{m,tot,r,pred}$ dargestellt.

Der Einfluss des Winkels γ ist für die drei Schraubentypen unterschiedlich. Bei Schraubentyp A und B liegen die größten Kräfte bei Winkeln zwischen Schraubenachse und Jahrringtangente von $\gamma = 90°$ vor. Für den Schraubentyp C trifft dies für $\gamma = 0°$ zu. Zur Verdeutlichung ist in Bild 3-33 die Änderung der mittleren Gesamtkraft in Abhängigkeit des Winkels γ bezogen auf den Referenzwert für $\gamma = 0°$ dargestellt. Dies entspricht dem jeweiligen Kehrwert des Korrekturbeiwertes k_γ gemäß Gleichung (16), (17) bzw. (18) für $\gamma_{ref} = 0°$. Insgesamt können beim Typ A und B die Unterschiede zwischen Minimalwert und Maximalwert von $F_{m,tot,r}$ bei gleicher Rohdichte in Abhängigkeit von γ bis zu 20 Prozent betragen. Beim Typ C ist der Einfluss der Jahrringlage auf die Einschraub-Spaltkräfte deutlich geringer. Die Differenz beträgt maximal fünf Prozent.

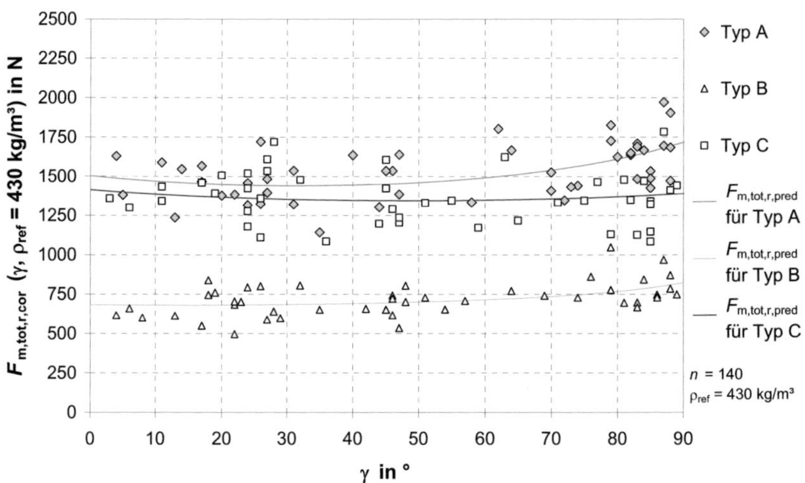

Bild 3-32   Korrigierte Werte und Vorhersagewerte der mittleren Gesamtkraft für eine Bezugsrohdichte von 430 kg/m³ in Abhängigkeit vom Winkel γ für Schrauben der Typen A, B und C mit d = 8 mm

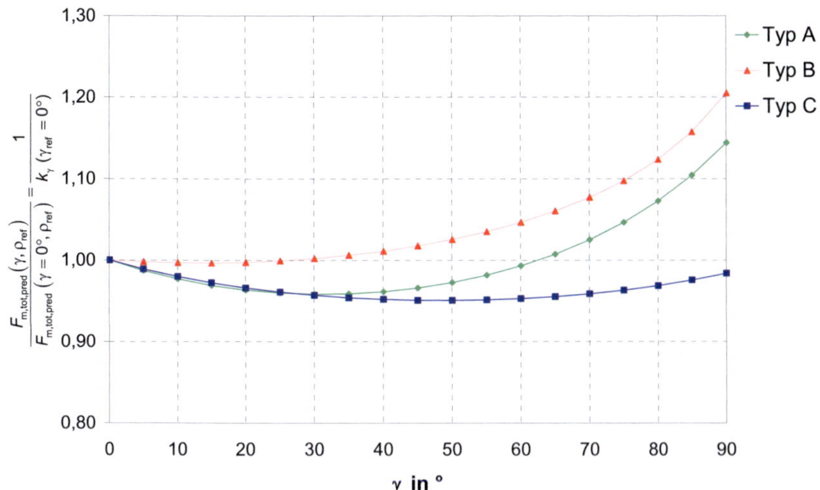

Bild 3-33   Änderung der mittleren Gesamtkraft für Schrauben, 8 x 200 mm, in Abhängigkeit vom Winkel γ, Referenzwinkel $\gamma = 0°$, konstante Rohdichte ρ_{ref}

Die Abweichung bezüglich des Einflusses der Jahrringlage bei den verschiedenen Schraubentypen kann durch die unterschiedliche Ausbildung der Schraubenspitzen erklärt werden. Je nach Vorbohrwirkung dieser Spitze wird die Kraft reduziert, die beim Eindrehen auf das Holz wirkt. Dies zeigt sich insbesondere beim Typ B in den vergleichsweise geringen Werten der mittleren Gesamtkraft.

Die Typen A und B verfügen über deutlich ausgeformte Bohrspitzen, deren Geometrie so ausgebildet ist, dass sie im Querschnitt eine eher gedrungene rhomboide bzw. ovale Form aufweisen. Bei diesen Spitzen ist der Einfluss des Winkels γ größer. Beim Eindrehen in Hölzer mit liegenden Jahrringen ($\gamma = 90°$) bewirkt das Durchdringen des Spätholzes mit der Bohrspitze höhere Kräfte. Bei Hölzern mit stehenden Jahrringen ist im Vergleich hierzu die mittlere Gesamtkraft geringer. Vermutlich verläuft die Schraube mehr in den Bereich des Frühholzes. Aufgrund der geringeren Rohdichte des Frühholzes verursacht die Schraubenspitze beim Bohrvorgang geringere Kräfte. Der Typ C hingegen verfügt über eine im Querschnitt runde Spitze, an der Fräsrippen angeordnet sind. Die Bohrwirkung dieser Spitze wird im Vergleich weniger vom Winkel zwischen Schraubenachse und Jahrringtangente beeinflusst. Die eher konventionelle Spitzenform verursacht beim Durchdringen des Spätholzanteils eines Jahrrings ($\gamma = 90°$) geringere Kräfte als beim Eindrehen in Hölzer mit stehenden Jahrringen. Vermutlich wird von dieser Spitze mehr Holz verdrängt als durch die Fräsrippen zerstört bzw. herausgebohrt wird, so dass aufgrund der höheren Steifigkeit des Holzes in Radialrichtung größere Kräfte entstehen. Die geringsten Kräfte liegen bei allen Schrauben im Bereich $12° < \gamma < 50°$ vor. Neben den Einflüssen aus dem Abtragen und Zerschneiden der Fasern durch die Schraubenspitze und das Gewinde sind die plastischen Verformungen des Holzes infolge des Eindrückens der Schraube relevant. Das Verdrängen der Fasern durch den Schraubenkern führt aber auch zu elastischen Verformungen des Holzes entlang der Schraubenachse. Für $\gamma = 45°$ ist der Elastizitätsmodul rechtwinklig zur Faserrichtung am kleinsten, vgl. z. B. Görlacher (2002), so dass hieraus geringere Kräfte infolge der elastischen Verformungsanteile resultieren. Für Nägel bei Stahlblech-Holz-Verbindungen konnten bereits Ehlbeck und Görlacher (1982) ein ähnliches Verhalten feststellen. Die geringste Spaltgefahr bestand beim Einschlagen der Nägel unter einem Winkel $0° << \gamma << 90°$ zu den Jahrringen.

Im Vergleich zum Einfluss der Rohdichte und der verbleibenden Reststreuung ist der durch den Winkel γ erklärbare Einfluss gering. Bei den betrachteten Versuchen betragen die Variationskoeffizienten der mittleren Gesamtkraft nach einer Korrektur mit der Rohdichte und dem Winkel γ je nach Schraubentyp zwischen 9,73 % und 12,9 %.

3.3.3.4   Einfluss des Winkels zwischen Schraubenachse und Faserrichtung

In den Versuchsserien 1 und 2 wurden die Einschraub-Spaltkräfte für das Eindrehen der Schrauben rechtwinklig zur Faserrichtung bestimmt. Der Einfluss des Winkels ε zwischen Schraubenachse und Faserrichtung wurde explizit in den Versuchsserien 3 und 4 untersucht. Die Ergebnisse der beiden Versuchsserien sind in Tabelle 10-8 und Tabelle 10-9 des Anhangs 10.2 zusammengefasst. Bild 3-34 zeigt die Einzelwerte der mittleren Gesamtkraft aus den Versuchsserien 3 und 4 ($\varepsilon = 45°$ bzw. $\varepsilon = 0°$) im Vergleich mit Ergebnissen aus der Versuchsserie 2 ($\varepsilon = 90°$) für Schrauben 8 x 200 mm der Typen B und C. Bild 3-35 zeigt für diese Versuchsreihen jeweils die Mittelwerte der korrigierten mittleren Gesamtkraft in Abhängigkeit vom Winkel ε. Für Versuche mit $\varepsilon = 90°$ sind die Mittelwerte jeweils in Abhängigkeit vom Winkel γ zwischen Jahrringtangente und Schraubenachse unterschieden. Für den Schraubentyp C beträgt die mittlere Gesamtkraft bei Winkel ε von $0°$ und $45°$ das ca. 0,6-fache der Werte, die beim Eindrehen rechtwinklig zur Faserrichtung festgestellt werden können. Der Schraubentyp B verfügt über eine sehr wirkungsvolle Bohrspitze. Für $\varepsilon = 90°$ beträgt die mittlere Gesamtkraft im Vergleich zum Typ C nur etwa 50 Prozent. Beim Typ B bewirken die Schraubenmerkmale bereits beim Eindrehen rechtwinklig zur Faserrichtung ($\varepsilon = 90°$) eine deutliche Reduzierung der Einschraub-Spaltkräfte. Es wird somit vermutlich bereits ein Minimum dieser Kräfte erreicht, so dass für $\varepsilon = 45°$ und $\varepsilon = 0°$ keine weitere Verringerung beobachtet werden kann.

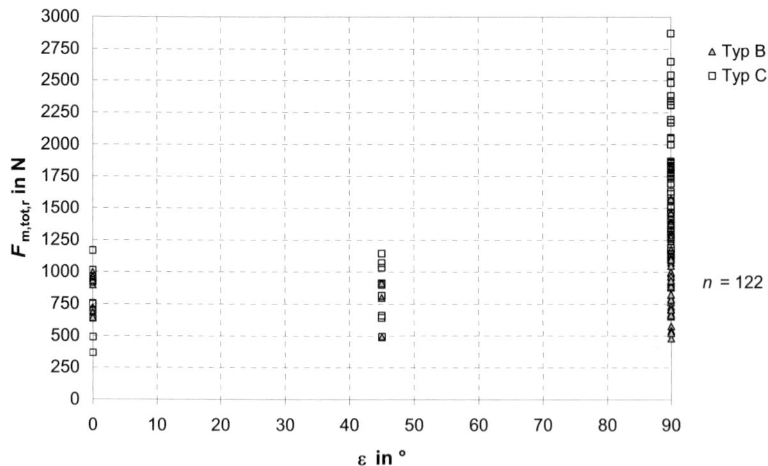

Bild 3-34   Mittlere Gesamtkraft in Abhängigkeit vom Winkel ε zwischen Schraubenachse und Faserrichtung für die Schraubentypen B und C, 8 x 200 mm

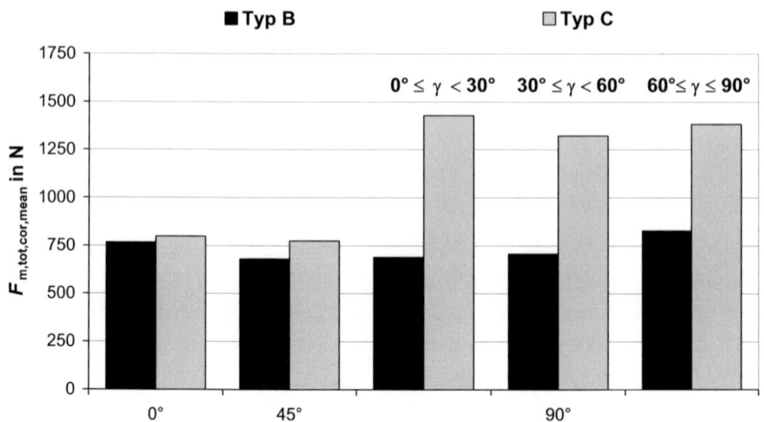

Bild 3-35   Mittelwert der korrigierten, mittleren Gesamtkraft in Abhängigkeit vom Winkel ε zwischen Schraubenachse und Faserrichtung für die Schraubentypen B und C, 8 x 200 mm, ρ_{ref} = 430 kg/m³, Korrektur mit Gleichung (9), für ε = 0° und ε = 45° wurde c_1 = 2,0 angenommen

3.3.3.5   Einfluss des Schraubentyps

Das Spaltverhalten von Holzbauteilen beim Eindrehen einer Schraube wird maßgebend durch die Schraubengeometrie bzw. die Geometrieverhältnisse und die Ausbildung der Schraubenmerkmale (z. B. Kopf-, Schaft-, Gewinde- und Spitzenausführung) beeinflusst. Selbst bei Schrauben mit gleichen Nennmaßen können deutliche Differenzen bezüglich der Kräfte festgestellt werden, die beim Eindrehen auf das Holz wirken. Diese Unterschiede können auf die genannten verbindungsmittelspezifischen Einflüsse zurückgeführt werden. Daher wurden bei allen Untersuchungen zu den Einflussgrößen mehrere Schraubentypen berücksichtigt. In der Regel handelte es sich hierbei um die Typen A, B und C, welche sich bezüglich der Ausbildung der Schraubenmerkmale deutlich unterscheiden. Darüber hinausgehend wurden in den Reihen 1.7-D, 2.5-E und 2.5-F explizit die Einschraub-Spaltkräfte für drei weitere Schraubentypen ermittelt. Die wichtigsten geometrischen Größen der Schrauben werden üblicherweise in den bauaufsichtlichen Zulassungen aufgeführt. Die sich daraus ergebenden Geometrieverhältnisse sind in Tabelle 10-1 des Anhangs 10.1 zusammengestellt. Die Ausführung der besonderen Schraubenmerkmale an Spitze, Gewinde, Schaft und Kopf, die die Spaltgefahr beim Eindrehen reduzieren sollen, werden aufgrund ihrer komplexen Gestaltung zumeist nicht explizit durch geometrische Größen beschrieben.

Der Verlauf der an den Messschrauben über den Einschraubweg gemessenen Kräfte unterscheidet sich für die sechs untersuchten Schraubentypen mit verschiedenartig ausgeprägten Merkmalen signifikant.

Für Schrauben der Typen A, B und C, 8 x 200 mm, sind in Bild 3-36 bis Bild 3-38 die Messwerte an den Messschrauben über den Einschraubweg am Beispiel von je einem typischen Versuch dargestellt. Es handelt sich um Versuche aus der ersten Versuchsserie mit 6 Messschrauben und Prüfkörpern aus Vollholz.

Die oszillierenden Verläufe der Kräfte in den Messschrauben bei den Versuchen mit den Typen A und B (siehe Bild 3-36 und Bild 3-37) sind auf die Ausbildung der Schraubenspitze zurückzuführen. Diese Schrauben verfügen über eine ausgeprägte Bohrspitze, deren Geometrie so ausgebildet ist, dass sie im Querschnitt eher eine gedrungene rhomboide bzw. ovale Form aufweist. Folglich werden je nach Position der Bohrspitze unterschiedlich große Kräfte rechtwinklig zur Faserrichtung auf das Holz ausgeübt. An den Spitzen der Schrauben des Typs C sind lediglich Fräsrippen ausgebildet, so dass die Querschnittsfläche der Schraube in diesem Bereich kreisförmig ist. Die Graphen der Kräfte beim Eindrehen zeigen einen im Vergleich glatteren Verlauf.

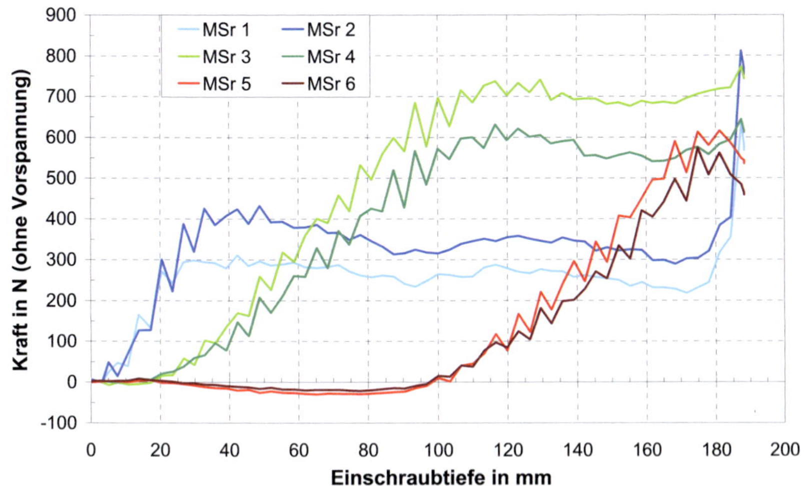

Bild 3-36   Gemessene Kräfte an den Messschrauben 1 bis 6 in Abhängigkeit von der Einschraubtiefe für Schraubentyp A, Vollgewindeschraube mit Bohrspitze und Senkkopf, 8 x 200 mm, hier: Versuch 1.1-A-09

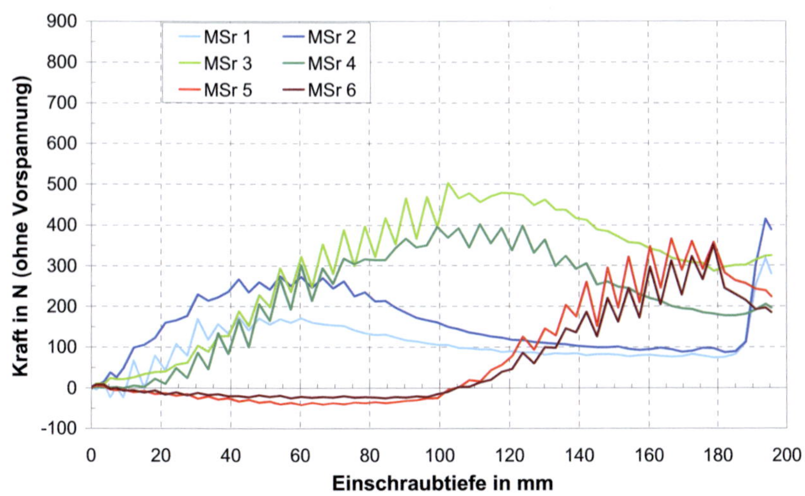

Bild 3-37   Kräfteverlauf an den Messschrauben 1 bis 6 für Schraubentyp B, Vollgewindeschraube mit Bohrspitze und Zylinderkopf, 8 x 200 mm, hier: Versuch 1.1-B-08

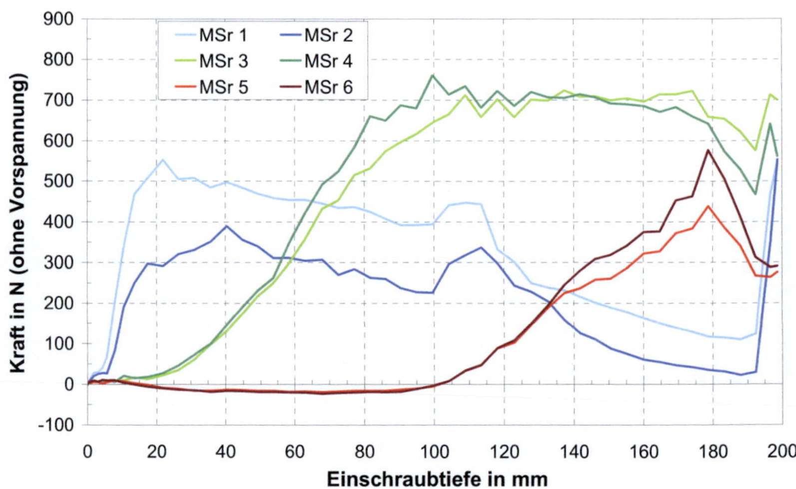

Bild 3-38   Kräfteverlauf an den Messschrauben 1 bis 6 für Schraubentyp C, Teilgewindeschraube mit Spitzenrippen, Reibschaft und Senkkopf, 8 x 200 mm, hier: Versuch 1.1-C-05

Im Bereich einer Einschraubtiefe von 100 bis 120 mm weisen die Messkurven für die Messpunkte 1 und 2 ein lokales Maximum auf, siehe Bild 3-38. Dies ist die Auswirkung eines Reibschaftes, der bei dieser Schraube zwischen Gewinde und glattem Schaftbereich angeordnet ist.

Für die Messschrauben 5/6 kann bei allen Versuchen bis zu einer Einschraubtiefe von 100 mm ein geringfügiges Absinken der Kräfte beobachtet werden. Durch das Einschrauben wird der Prüfkörper zunächst im oberen Bereich auseinander gedrückt. Hieraus resultiert eine leichte Verdrehung der Prüfköperhälften. Im unteren Bereich werden die Prüfkörperhälften entsprechend gegeneinander gedrückt, so dass die Kräfte in den Messschrauben leicht unter das Vorspannungsniveau von 100 N absinken.

Auf den letzten 5 bis 10 mm vor Erreichen der maximalen Einschraubtiefe kann ein signifikanter Anstieg der Kräfte an den Messstellen 1 und 2 beobachtet werden, in Abschnitt 3.3.2 als ΔF_{head} definiert. Dieser Anstieg ist auf das Versenken des Schraubenkopfes zurückzuführen und kann bei allen Schraubentypen beobachtet werden. Die Größe des Anstieges ist abhängig von der Kopfform und der Ausbildung spaltkraftreduzierender Merkmale wie z. B. Kopfrippen.

Bei den Schrauben mit Senkkopf (Typ A und C) ist der Zuwachs deutlich größer als bei den Schrauben des Typs B, die über einen Zylinderkopf verfügen. Dieser verdrängt beim Versenken weniger Holz und stanzt sich stattdessen unter Abscheren der Fasern in die Holzoberfläche ein.

Der typische Kräfteverlauf für den Schraubentyp D-2 aus der ersten Versuchsserie (Reihe 1.7-D) ist am Beispiel eines Versuchs im Bild 3-39 dargestellt. Es zeigt sich, dass bereits beim Eindrehen der Spitze im Vergleich zu den Typen A bis C größere Kräfte entstehen, was darauf hindeutet, dass die Bohrspitze eine geringere Wirkung aufweist. Bei dieser Doppelgewindeschraube sind zudem die Kerndurchmesser der beiden Gewindebereiche und der Schaftdurchmesser im Vergleich größer. Das zweite lokale Maximum im Kraftverlauf des ersten Messschraubenpaares (MSr 1/2) bei einer Einschraubtiefe von 110 bis 120 mm ist auf den Schaftbereich zwischen den beiden Gewinden zurückzuführen. Die geringere Bohrwirkung der Spitze zeigt sich auch im deutlichen Anstieg der Kräfte an den Messschrauben MSr 3/4. Das Versenken des Schraubenkopfs wirkt sich kaum auf die Kräfte am ersten Messschraubenpaar aus. Das Verhältnis von Kopfdurchmesser zu Außen- bzw. Kerndurchmesser ist relativ gering. Insgesamt können jedoch an allen sechs Messstellen deutlich größere Kräfte gemessen werden als bei den Typen A, B und C.

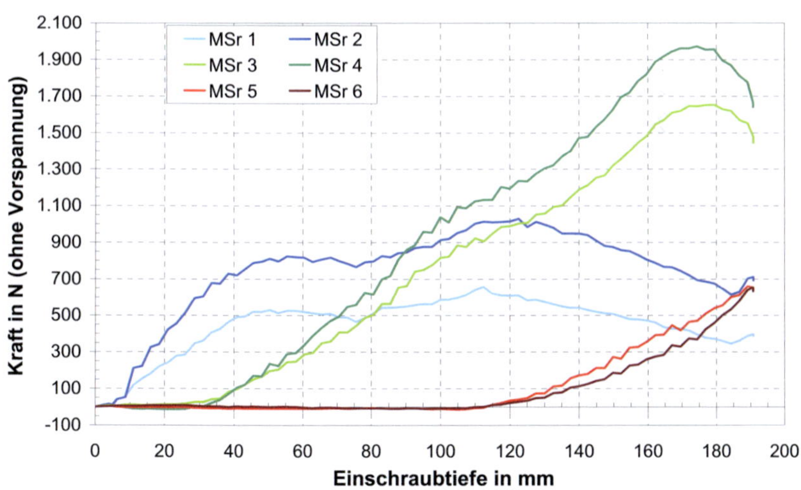

Bild 3-39   Kräfteverlauf an den Messschrauben 1 bis 6 für Schraubentyp D-2, Doppelgewindeschraube mit Bohrspitze und glattem Zwischenschaft, 8,2 x 190 mm, hier: Versuch 1.7-D-05

Typische Kraftverläufe für die Schraubentypen E und F sind jeweils am Beispiel eines Einzelversuchs aus der zweiten Versuchsserie (Reihe 2.5) mit Prüfkörpern aus Brettschichtholz in Bild 3-40 und Bild 3-41 dargestellt. Bei diesen Versuchen wurden acht Messstellen angeordnet. Zu Vergleichszwecken wird in Bild 3-42 ein Versuch mit Schraubentyp A aus der gleichen Versuchsreihe gezeigt.

Bei allen drei Typen können oszillierende Verläufe der Kräfte in allen Messschrauben festgestellt werden. Dies ist auf die Ausführung der Schraubenspitze zurückzuführen. Ansonsten zeigen die Spitzen ein unterschiedliches Verhalten, in dem sich die Wirksamkeit der jeweiligen Ausführung widerspiegelt.

Die Spitze des Schraubentyps E verursacht selbst beim Eindrehen größere Kräfte, die an allen vier Messschraubenpaaren festgestellt werden können. Das Versenken des Schraubenkopfes ist für alle Schraubentypen an den Messstellen MSr 1/2 ablesbar und wirkt sich ähnlich aus. Beim Typ E ist die Differenz ΔF_{head} geringer, welches zum Teil auf die Ausführung als Zylinderkopf zurückgeführt werden kann. Allerdings herrscht bei diesem Schraubentyp bereits vor dem Versenken der Schraube ein höheres Kraftniveau, wodurch die Differenz zum Maximum beim Versenken des Kopfes beeinflusst werden kann.

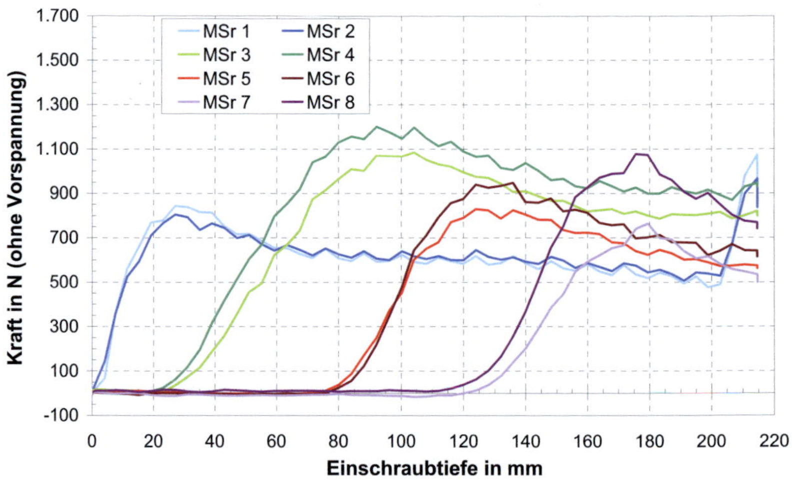

Bild 3-40   Kräfteverlauf an den Messschrauben 1 bis 8 für Schraubentyp E, Vollgewindeschraube, Spitze mit Einschnitt als Fräskerve, Zylinderkopf, 8 x 220 mm, hier: Versuch 2.5-E-01

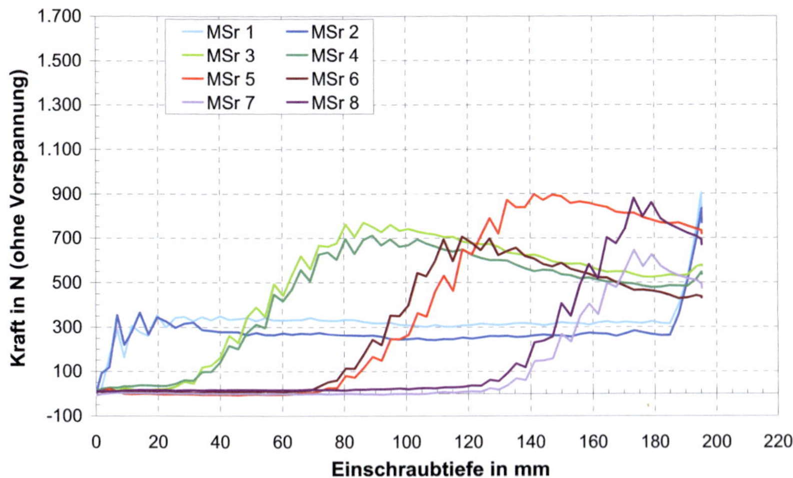

Bild 3-41 Kräfteverlauf an den Messschrauben 1 bis 8 für Schraubentyp F, Vollgewindeschraube, Spitze als Halbspitze, Senkkopf, 8 x 200 mm, hier: Versuch 2.5-F-02

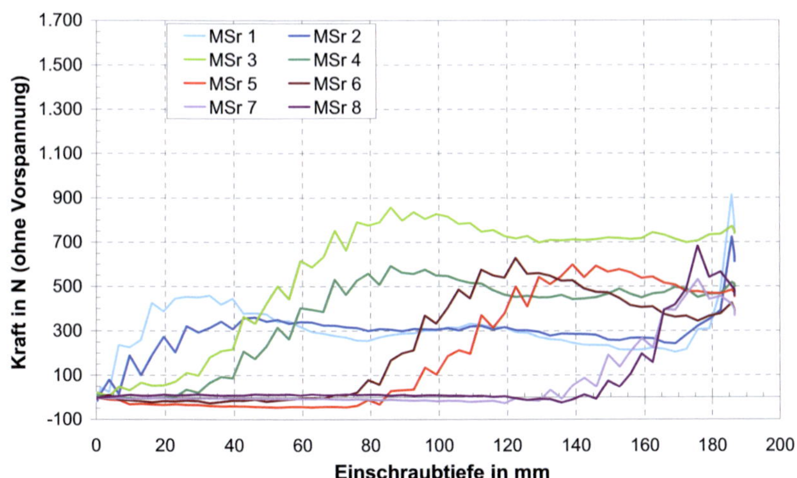

Bild 3-42 Kräfteverlauf an den Messschrauben 1 bis 8 für Schraubentyp A, Vollgewindeschraube mit Bohrspitze und Senkkopf, 8 x 200 mm, hier: Versuch 2.5-A-01

In Bild 3-43 ist die mittlere Gesamtkraft für Schrauben der Typen A bis F in Abhängigkeit von der Rohdichte dargestellt. Der Nenndurchmesser der Schrauben beträgt 8,0 mm bzw. 8,2 mm (Typ D-2). Es wurden Schrauben mit Nennlängen von 190 mm (Typ D-2), 200 mm (Typ A, B, C, F) und 220 mm (Typ E) verwendet. Auf eine Korrektur in Abhängigkeit der Prüfkörperhöhe wurde in Anlehnung an Abschnitt 3.3.3.11 verzichtet, da die Vergleichbarkeit gewährleistet ist. Vergleiche der Einschraub-Spaltkräfte auf der Basis von Mittelwerten korrigierter mittlerer Gesamtkräfte sind für die sechs Schraubentypen in Bild 3-44 angegeben. Zur Bildung der arithmetischen Mittel wurden die Versuchsergebnisse auf Referenzwerte der Rohdichte von 430 kg/m³ bzw. 480 kg/m³ bezogen. Die Rohdichtekorrektur wurde anhand von Gleichung (9) durchgeführt. Für die Typen A bis C wurden jeweils die zu Gleichung (9) angegebenen Exponenten c_1 verwendet. Bei den weiteren Schraubentypen (D-2 bis F) konnte der Exponent aufgrund des geringen Versuchsumfangs lediglich abgeschätzt werden. Üblicherweise variiert der Exponent je nach Schraubentyp zwischen $c_1 = 1,0$ und $c_1 = 3,5$. Auf eine Differenzierung in Abhängigkeit vom Winkel γ zwischen Jahrringtangente und Schraubenachse wurde in diesen Darstellungen verzichtet. Eine vergleichende Betrachtung in einer Indexdarstellung ist möglich, indem der Mittelwert der korrigierten mittleren Gesamtkraft für den Typ A als Basis verwendet wird. In Bild 3-45 wurde hierbei nach Referenzrohdichten getrennt ausgewertet.

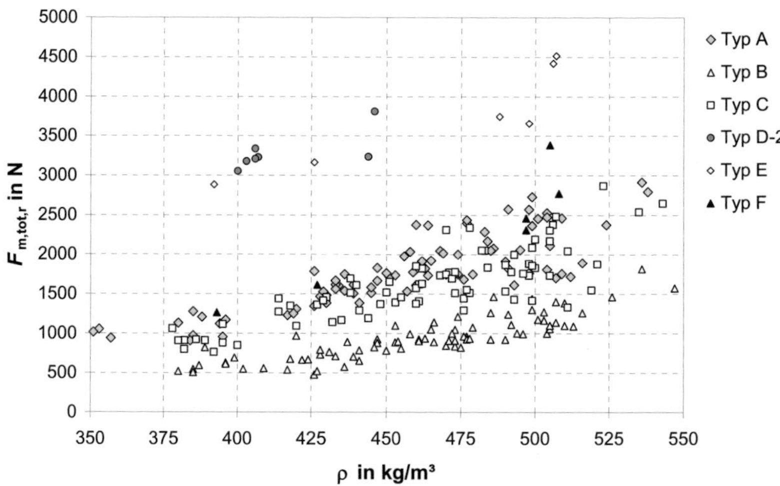

Bild 3-43   Mittlere Gesamtkraft in Abhängigkeit von der Rohdichte für Schraubentypen A bis F, $d = 8$ mm bzw. $d = 8,2$ mm (Typ D-2)

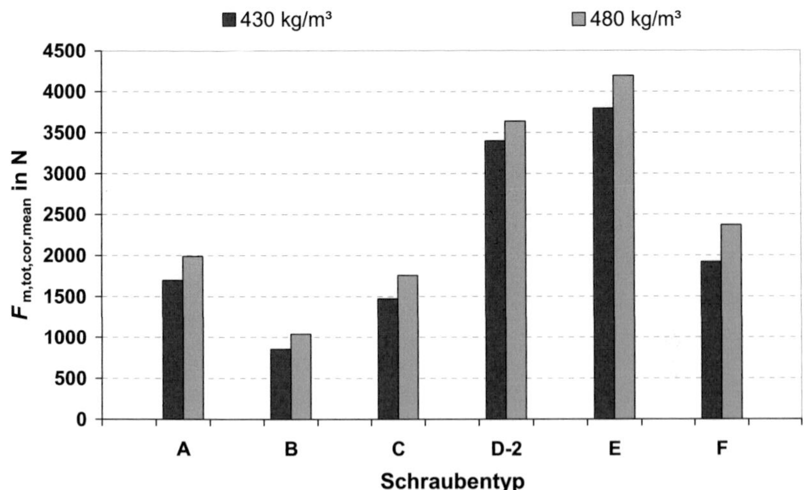

Bild 3-44   Vergleich korrigierter Werte der mittleren Gesamtkraft für Schrauben-typen A bis F, d = 8 bzw. 8,2 mm, ρ_{ref} = 430 bzw. 480 kg/m³

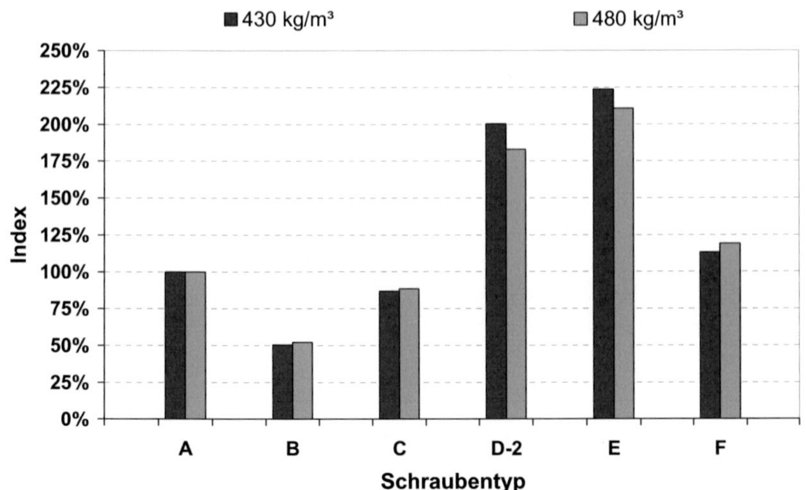

Bild 3-45   Vergleich korrigierter Werte der mittleren Gesamtkraft für Schrauben-typen A bis F, d = 8 mm, ρ_{ref} = 430 bzw. 480 kg/m³, Indexdarstellung mit Typ A als Referenzwert

Die korrigierten Werte der mittleren Gesamtkräfte für die betrachteten Schraubentypen unterscheiden sich z. T. deutlich. Der Größtwert der korrigierten mittleren Gesamtkraft kann mehr als das Vierfache des Kleinstwertes betragen.

Die betrachteten Schrauben besitzen bis auf den Typ D-2 den gleichen Nenndurchmesser von 8,0 mm. Beim Typ D-2 beträgt der Durchmesser 8,2 mm am unteren Gewinde und 8,9 mm beim Kopfgewinde.

Die Abweichungen lassen sich zum Teil auf unterschiedliche Geometrieverhältnisse bzw. Maße der Schrauben zurückführen. Vielmehr liegt der Grund jedoch in der unterschiedlichen Gestaltung der Schrauben. Insbesondere die Ausführung der Schraubenspitze und weiterer Merkmale ist von besonderer Bedeutung für die beim Eindrehen entstehenden Kräfte rechtwinklig zur Faserrichtung. Die Wirksamkeit dieser Merkmale ist somit entscheidend für die Beanspruchung der Holzbauteile, die ein Versagen durch Rissbildung und Aufspalten hervorrufen kann.

Durch die Darstellung in Bild 3-45 wird überdies der unterschiedliche Rohdichteeinfluss für verschiedene Schraubentypen ersichtlich. In Abhängigkeit von der Rohdichte bzw. dem Spätholzanteil kann durch die Schraubenmerkmale (Bohrspitze, Fräsrippen, Schaftfräser etc.) mehr oder weniger Holz herausgefräst oder verdrängt werden. Je geringer die Wirkung der Bohrspitze ist, desto mehr Holz muss beim Eindrehen verdrängt werden. Bei Schrauben mit voneinander abweichenden Merkmalen wie z. B. Spitzenform bzw. Bohrspitzenausbildung ist dieser Einfluss auf die Wirksamkeit der Merkmale offenbar unterschiedlich stark von der Rohdichte abhängig.

3.3.3.6 Einfluss des Schraubendurchmessers

Der Durchmesser eines Verbindungsmittels beeinflusst das beim Einbringen zu verdrängende Volumen des Holzes. Mit zunehmendem Schraubendurchmesser können entsprechend größere Kräfte beim Eindrehen auf das Holz wirken. Der resultierende Einfluss auf das Spaltverhalten des Holzes spiegelt sich in der Durchmesserabhängigkeit der üblichen Regelungen für Mindestabstände und Holzdicken wieder. Hierbei wird üblicherweise eine lineare Abhängigkeit angenommen. Für Verbindungsmittel wie Nägel oder genormte Holzschrauben (z. B. nach DIN 7997), die für alle Durchmesser in etwa einheitliche Geometrieverhältnisse aufweisen, ist die Grundannahme der Durchmesserabhängigkeit zutreffend. Jedoch ist statt von einer normalen Proportionalität eher von einem überproportionalen Zusammenhang auszugehen. Dies führt bei einer Auswertung in Hinblick auf Abstände und Holzdicken, basierend auf Versuchsergebnissen für den größten Durchmesser, zu konservativen Annahmen bei kleineren Durchmessern.

Auf selbstbohrende Holzschrauben kann dieser Zusammenhang nicht uneingeschränkt übertragen werden. Die Wirkung spezieller Schraubenmerkmale hat einen großen Einfluss auf die Spaltgefahr beim Eindrehen und korreliert nicht in allen Fällen mit dem Durchmesser. Ferner können durchaus signifikante Abweichungen bezüglich der Geometrieverhältnisse vorliegen, deren Auswirkungen bereits bei der Auswertung konventioneller Einschraubversuche in Abschnitt 3.1 deutlich wurden.

In Bild 3-46 sind für den Schraubentyp A korrigierte Werte der mittleren Gesamtkraft in Abhängigkeit vom Durchmesser dargestellt. Die Korrektur über die Rohdichte und den Winkel γ zwischen Jahrringtangente und Schraubenachse wurde gemäß Gleichung (11) durchgeführt. Die Auswertung beruht auf den Ergebnissen von insgesamt 62 Versuchen aus den Reihen 2.1 und 2.4. Es zeigt sich, dass die mittleren Gesamtkräfte für Schrauben des Nenndurchmessers $d = 12$ mm geringer sind als für Schrauben mit $d = 10$ mm. Dieser Unterschied ist auf abweichende Geometrieverhältnisse zurückzuführen. Die Geometrieverhältnisse der verwendeten Schrauben sind in Tabelle 10-1 in Anhang 10.1 auf Basis der Nenngrößen aufgeführt.

Unter anderem ist bei 12er Schrauben dieses Typs das Verhältnis von Kopfdurchmesser zu Außendurchmesser deutlich geringer ($d_k/d = 1{,}55$) als bei 8er und 10er Schrauben ($d_k/d = 1{,}89$ bzw. $1{,}86$). Entsprechend verhält es sich mit dem Verhältnis von Kopfhöhe zu Durchmesser ($\ell_k/d = 0{,}46$ für 12er Schrauben und $\ell_k/d = 0{,}63$ bzw. $0{,}60$ für 8er und 10er Schrauben). Der Einfluss der Schraubenkopfgeometrie auf die mittlere Gesamtkraft kann durch die Betrachtung der in Abschnitt 3.3.2 definierten Kenngröße ΔF_{head} verdeutlicht werden. Die Darstellung korrigierter Werte von ΔF_{head} in Bild 3-47 bestätigt den Einfluss der Kopfgeometrie. Die Korrektur erfolgt analog zur

Korrektur der mittleren Gesamtkraft auf der Grundlage der Zusammenhänge in Gleichung (11).

Der Anteil der mittleren Gesamtkraft, der aus dem Versenken des Kopfes resultiert, ist bezogen auf ihren Gesamtbetrag jedoch nicht so groß, dass sich die Unterschiede für die verschiedenen Durchmesser allein durch den Einfluss der abweichenden Kopfgeometrie erklären lassen. Das bedeutet, dass auch weitere Schraubenmerkmale die Gesamtkräfte für die verschiedenen Schraubendurchmesser unterschiedlich stark beeinflussen. Zu diesen Merkmalen zählt insbesondere die Schraubenspitze, deren Wirkung mit Hilfe der Kenngröße $F_{tip,max}$ quantifiziert werden kann, vgl. Abschnitt 3.3.2. Bild 3-48 zeigt korrigierte Werte $F_{tip,max,cor}$ für Schraubentyp A bei Durchmessern von 8, 10 und 12 mm. Der Vergleich belegt, dass die Bohrspitze bei Schrauben mit d = 12 mm eine bessere Wirkung in Hinblick auf eine Reduzierung der beim Eindrehen entstehenden Kräfte aufweist als bei Schrauben mit d = 10 mm.

Die aufgeführten Vergleichsbetrachtungen bestätigen die Ergebnisse der konventionellen Einschraubversuche, bei denen für den Typ A deutliche Unterschiede bezüglich der Mindestholzdicke festgestellt werden konnten. Die Ergebnisse von konventionellen Einschraubversuchen mit Schrauben unterschiedlicher Durchmesser des Typs A sind in Abschnitt 3.1 dokumentiert.

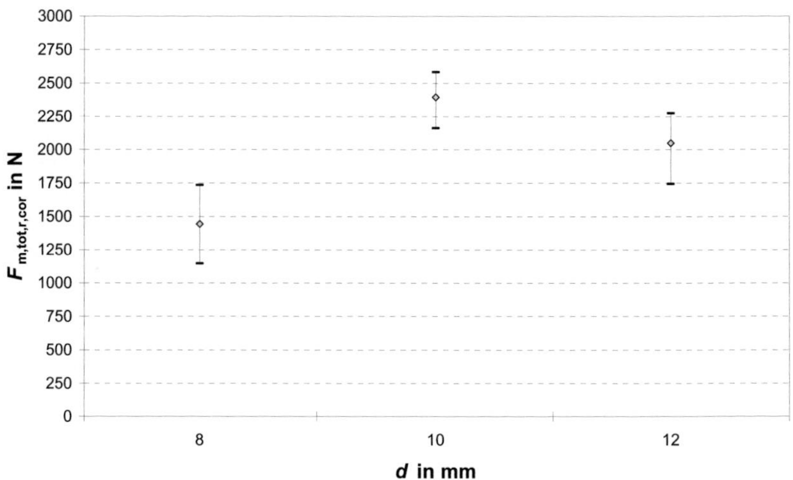

Bild 3-46   Korrigierte Mittelwerte, Minimal- und Maximalwerte $F_{m,tot,r,cor}$ in Abhängigkeit vom Durchmesser für Typ A, ρ_{ref} = 430 kg/m³, γ_{ref} = 45°

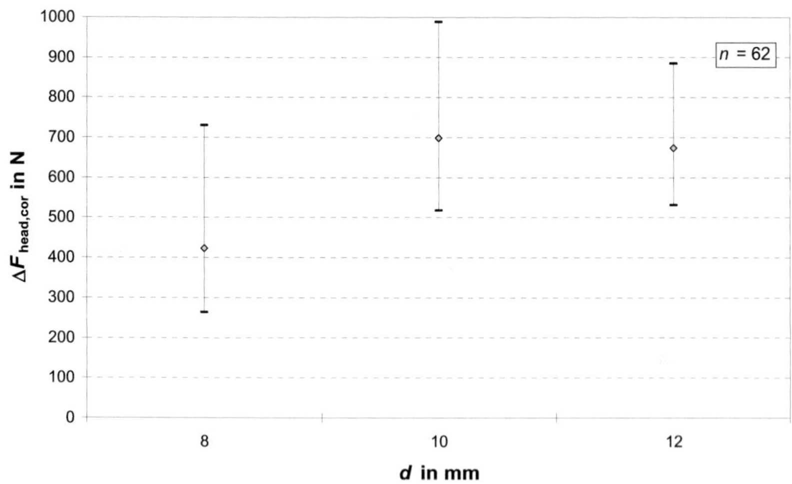

Bild 3-47 Korrigierte Mittelwerte, Minimal- und Maximalwerte $\Delta F_{head,cor}$ in Abhängigkeit vom Durchmesser für Typ A, $\rho_{ref} = 430$ kg/m³, $\gamma_{ref} = 45°$

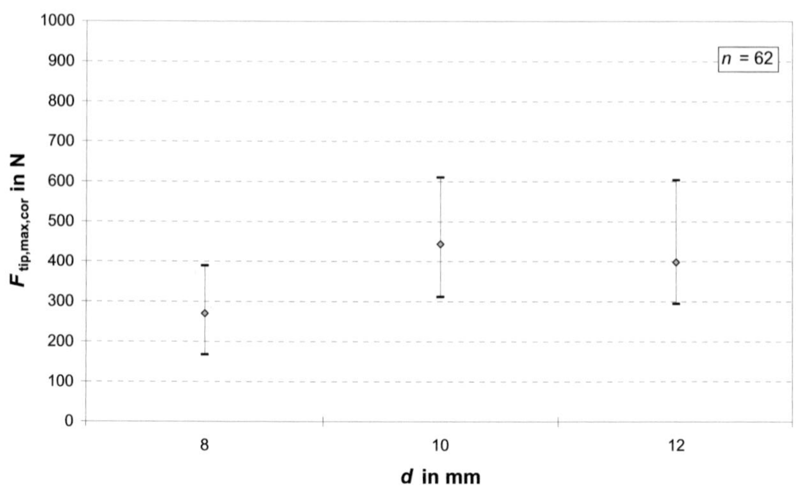

Bild 3-48 Korrigierte Mittelwerte, Minimal- und Maximalwerte $F_{tip,max,cor}$ in Abhängigkeit vom Durchmesser für Typ A, $\rho_{ref} = 430$ kg/m³, $\gamma_{ref} = 45°$

Bei Schrauben, die unabhängig vom Durchmesser über ungefähr konstante Geometrieverhältnisse verfügen, sind mit zunehmendem Durchmesser größere mittlere Gesamtkräfte $F_{m,tot}$ feststellbar. Voraussetzung ist eine zum Durchmesser äquivalente Wirkung der Schraubenmerkmale wie u. a. Bohrspitze oder Fräsrippen an Schaft und Kopf. Diese Eigenschaften treffen auf den Schraubentyp C zu. In Bild 3-49 ist die mittlere Gesamtkraft für diese Schrauben mit Durchmessern von 6, 8 und 10 mm dargestellt. Grundlage dieser Vergleiche sind Versuchsergebnisse mit Prüfkörpern aus Vollholz der Reihen 1.1, 1.2, 1.6.1 und 1.6.3 (siehe Tabelle 10-2 in Anhang 10.2). Für die Vergleiche wurden die Versuchsergebnisse mit Gleichung (9) auf eine Rohdichte von 430 kg/m³ bezogen. Für den direkten Vergleich der Ergebnisse für Schrauben mit den Dimensionen 8 x 200 mm und Schrauben mit den Dimensionen 6 x 180 mm sowie 10 x 180 mm wurde eine zusätzliche lineare Korrektur über das Längenverhältnis bzw. die Prüfkörperhöhe durchgeführt (vgl. Abschnitt 3.3.3.11). Die Darstellung in Bild 3-49 zeigt einen in etwa linearen Zusammenhang zwischen mittlerer Gesamtkraft und Durchmesser. Für die Kenngrößen ΔF_{head} und $F_{tip,max}$ können ebenfalls mit zunehmendem Durchmesser größere Werte beobachtet werden, siehe Bild 10-1 und Bild 10-2 in Anhang 10.2. Die Veränderung ist jedoch nicht durchweg linear zum Durchmesser. Ein linearer Zusammenhang zwischen mittlerer Gesamtkraft und Schraubendurchmesser ist auch bei gleichen Geometrieverhältnissen nicht unbedingt gegeben, so dass eine Extrapolation oder Interpolation nicht immer zutreffende Ergebnisse liefert.

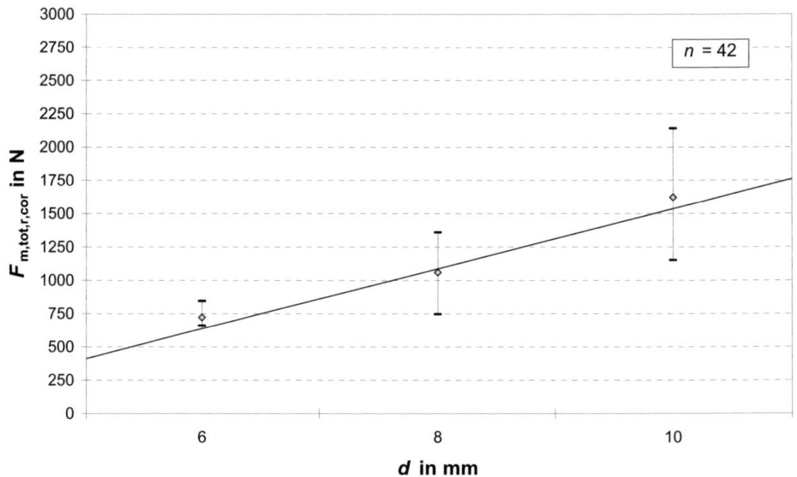

Bild 3-49   Korrigierte Mittelwerte, Minimal- und Maximalwerte $F_{m,tot,r,cor}$ in Abhängigkeit vom Durchmesser für Typ C, ρ_{ref} = 430 kg/m³

3.3.3.7 Einfluss der Messschraubenanzahl

In der ersten Versuchsserie wurden zur Messung der Kräfte beim Eindrehen von Holzschrauben jeweils sechs Messschrauben pro Prüfkörper angeordnet. Im Rahmen der Weiterentwicklung der Prüfmethode wurde die Messschraubenanzahl auf acht erhöht. Hierdurch kann der Kraftverlauf während des Einschraubvorgangs detaillierter erfasst werden. Allerdings ändert sich je nach Messschraubenanzahl das statische System, welches bei der Prüfanordnung vorliegt. Dieses führt zu unterschiedlichen Verformungen des Prüfkörpers beim Eindrehen der Holzschraube. Die Messschrauben werden weiterhin mit der gleichen Kraft ($F_{MSr,p}$ = 100 N) vorgespannt. Daher ändert sich mit der Erhöhung der Messschraubenanzahl auch die Größe und die Verteilung der resultierenden Vorspannung, die auf den Prüfkörper wirkt. Dies kann Auswirkungen auf das Verhalten der Holzschraube beim Eindrehen haben. Insbesondere kann die Wirksamkeit der schraubenspezifischen Merkmale wie zum Beispiel Bohrspitzen, Fräsrippen oder Reibschäfte beeinflusst werden.

In den Versuchsreihen 2.2 und 2.3 der zweiten Versuchsserie (Tabelle 10-3 in Anhang 10.2) wurde der Einfluss der Messschraubenanzahl auf die gemessenen Kräfte explizit untersucht. In der Reihe 2.2 wurde die Anordnung von sechs und zehn Messschrauben miteinander verglichen. In der Reihe 2.3 wurde ein Vergleich für die Verwendung von sechs und acht Messschrauben durchgeführt. Für die Einschraub-Spaltkraft-Versuche wurden je zwei Prüfkörper aus einem Abschnitt des speziellen, homogenisierten Brettschichtholzes hergestellt. Diese wurden innerhalb der Versuchsreihe so zugeordnet, dass sie mit unterschiedlicher Messschraubenanzahl bestückt wurden. Aufgrund der nahezu gleichen Eigenschaften der beiden Prüfkörper ist ein direkter Vergleich der Versuchsergebnisse möglich. Bei den zueinandergehörigen Vergleichsprüfkörpern beträgt die Abweichung bezüglich der Rohdichte maximal ein Prozent. Für den mittleren Winkel γ zwischen Schraubenachse und Jahrringtangente konnten Unterschiede von maximal 3° festgestellt werden. Bei allen Versuchen wurden Schrauben des Typs A in den Dimensionen 8 x 240 mm eingesetzt. Die Prüfkörperhöhe betrug jeweils 200 mm. Insgesamt wurden 30 Versuche in den beiden Versuchsreihen durchgeführt, von denen 25 auswertbar waren. In der Folge stehen für einen direkten Vergleich der Ergebnisse an Prüfkörpern mit gleichen Eigenschaften nur 22 (2 x 11) Wertepaare zur Verfügung. In Bild 3-50 sind die mittleren Gesamtkräfte, die mit acht bzw. zehn Messschrauben ermittelt wurden, den Versuchsergebnissen an den Referenzprüfkörpern mit sechs Messschrauben gegenübergestellt.

Bild 3-51 zeigt zum genaueren Vergleich der Versuchsreihe die korrigierten Werte der mittleren Gesamtkraft in Abhängigkeit von der Messschraubenanzahl. Neben den Einzelwerten der Versuche sind auch die Reihenmittel angegeben. Die Korrektur wurde mit Gleichung (14) aus Abschnitt 3.3.3.3 für eine Bezugsrohdichte von 430 kg/m³ und einem Referenzwinkel von 45° durchgeführt. Für Versuche mit zehn Messschrauben konnte im Mittel kein Unterschied zur Verwendung von sechs Messschrauben festgestellt werden. Bei den Versuchen mit acht Messschrauben wurden etwas höhere Kräfte festgestellt, die jedoch unter Berücksichtigung der festgestellten Reststreuung nicht als signifikant zu bezeichnen sind.

Außer den Vergleichen der mittleren Gesamtkraft wurde auch die Vergleichbarkeit des Kraftverlaufs über den Einschraubweg in Abhängigkeit von der Messschraubenanzahl überprüft. Bild 10-3 bis Bild 10-6 in Anhang 10.2 zeigen für die vier Versuchsreihen den Verlauf der gemessenen Kräfte über den Einschraubweg. Es ergeben sich für jede Messschraubenanordnung signifikante Kraftverläufe. Bei allen Anordnungen ist der Verlauf für das erste Messschraubenpaar (MSr 1/2) sehr ähnlich. Zur Verdeutlichung wurde der Kraftverlauf über die Beziehungen aus Gleichung (14) auf eine Referenzrohdichte und einen Referenzwinkel γ angepasst, siehe Bild 3-52. Es zeigt sich eine sehr gute qualitative und quantitative Übereinstimmung. Neben der mittleren Gesamtkraft $F_{m,tot}$ werden zur Beschreibung des Spaltverhaltens die Kenngrößen m_{tip}, $F_{tip,max}$, ΔF_{head} und ΔF_{rsh} verwendet. Diese werden gemäß ihrer Definition in Abschnitt 3.3.2 am Verlauf der Kräfte des ersten Messschraubenpaares bestimmt. Daher ist eine Vergleichbarkeit der Versuchsergebnisse aus Prüfanordnungen mit unterschiedlicher Messschraubenanzahl auch auf Basis dieser weiteren Kenngrößen möglich. In Bild 3-53 ist der kumulierte Verlauf der korrigierten Kräfte dargestellt. Alle untersuchten Varianten zeigen qualitativ einen weitgehend gleichen Verlauf. Die quantitativen Unterschiede sind gering und bestätigen die vorangegangenen Vergleiche anhand der mittleren Gesamtkraft. Zur Absicherung der Vergleichsbetrachtungen wurden zusätzlich für Prüfanordnungen mit sechs und acht Messschrauben vergleichende numerische Berechnungen durchgeführt. Hierzu wurde das in Abschnitt 3.5.2 beschriebene FE-Modell eingesetzt. Die Berechnungen wurden unter Berücksichtigung unterschiedlicher Parameter für die Biegesteifigkeit verschiedener Prüfkörper durchgeführt. Damit wurde der Einfluss von Rohdichte und Jahrringorientierung auf das Verformungsverhalten einbezogen. Als Ergebnis der numerischen Untersuchungen konnte nur ein geringer Einfluss durch die unterschiedliche Messschraubenanzahl festgestellt werden. Die Abweichungen betrugen bezüglich der mittleren Gesamtkraft zwischen 4,56 % und 10,6 %. Der Vergleich der Kraft-Weg-Diagramme aus den Berechnungen ergibt für die kumulierten mittleren Kräfte kaum einen Unterschied. Lediglich für die Messschrauben 1/2 waren Abweichungen feststellbar.

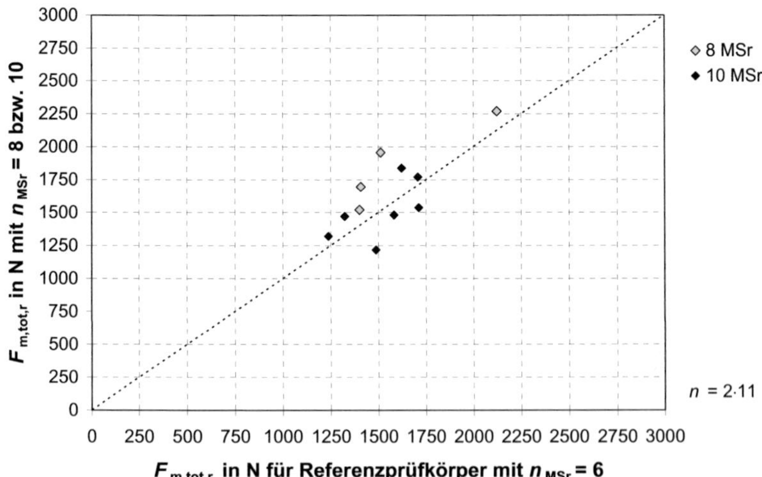

Bild 3-50   Mittlere Gesamtkraft ermittelt mit acht bzw. zehn Messschrauben im direkten Vergleich zur Messung mit sechs Messschrauben

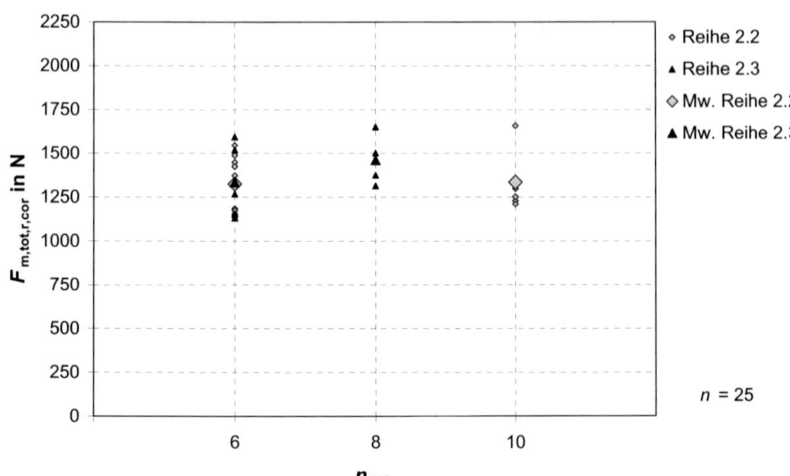

Bild 3-51   Korrigierte Werte der mittleren Gesamtkraft in Abhängigkeit von der Messschraubenanzahl, $\rho_{ref} = 430$ kg/m³, $\gamma_{ref} = 45°$

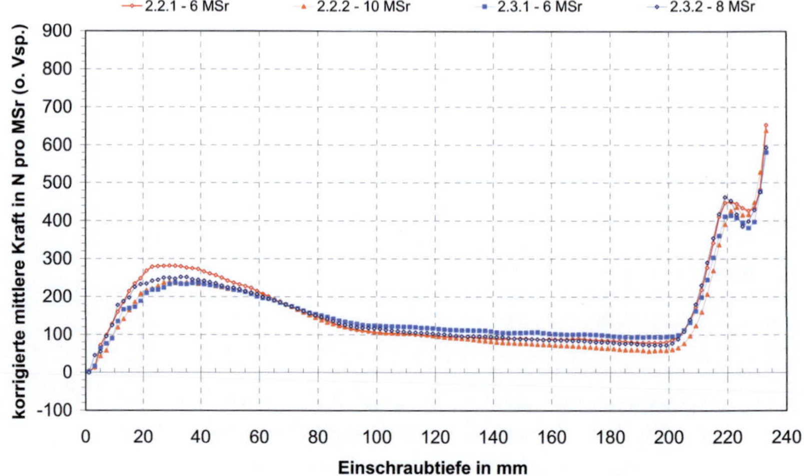

Bild 3-52   Kräfte am ersten Messschraubenpaar (MSr 1/2) für Versuchsanordnungen mit sechs, acht und zehn Messschrauben, korrigierter Verlauf für ρ_{ref} = 430 kg/m³ und γ_{ref} = 45°, n = 25

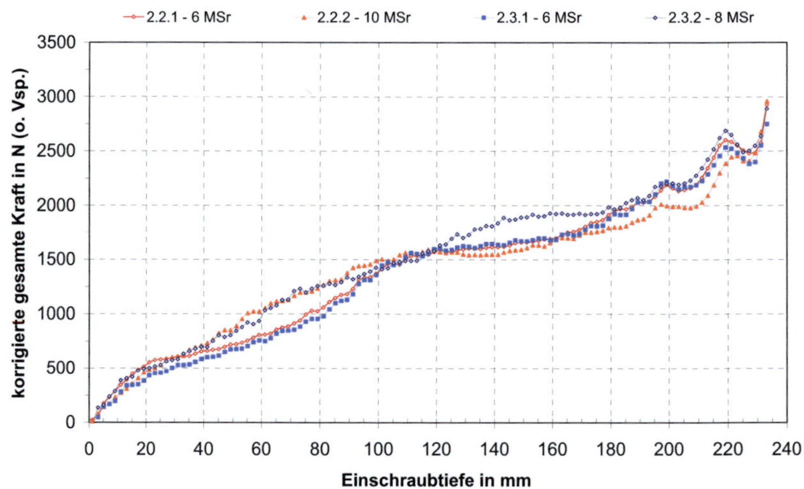

Bild 3-53   Korrigierter Verlauf der kumulierten Gesamtkräfte für Versuche mit sechs, acht und zehn Messschrauben, ρ_{ref} = 430 kg/m³, γ_{ref} = 45°, n = 25

3.3.3.8   Einfluss der Messschraubenvorspannung

Im Rahmen der Entwicklung des Prüfverfahrens wurde durch Vorversuche ermittelt, welche Vorspannkraft zur Verbindung der beiden Prüfkörperhälften notwendig ist. Die Messschrauben werden unmittelbar vor der Versuchsdurchführung soweit angezogen, dass jeweils planmäßig eine Vorspannkraft von $F_{MSr,p}$ = 100 N anliegt. Das hierfür benötigte Drehmoment kann mittels einfacher Werkzeuge von Hand aufgebracht werden. Dieses ist für eine effiziente Versuchsdurchführung von Vorteil, da das genaue Einstellen der Vorspannkraft aufwändig ist. Der Grund hierfür liegt in der gegenseitigen Beeinflussung der Vorspannkräfte beim Anziehen der Messschrauben.

Die gewählte Vorspannkraft ist ausreichend, um zu gewährleisten, dass die beiden Prüfkörperhälften vollflächig aneinander gedrückt werden. Insbesondere bei Prüfkörpern aus Vollholz können durch Eigenspannungen (bzw. Schwindspannungen) nach dem Auftrennen in zwei Prüfkörperhälften leichte Imperfektionen bezüglich der Ebenheit entstehen. Zudem muss durch die Vorspannung erreicht werden, dass während des Eindrehens der Holzschraube eine übermäßige Öffnung der beiden Prüfkörperhälften verhindert wird. Eine größere Öffnung oder ein Aufklaffen des Prüfkörpers während des Einschraubens würde das Verhalten der Schraube beim Eindrehen deutlich beeinflussen. Unter anderem wird die Wirkung schraubenspezifischer Merkmale wie Bohrspitzen und Fräsrippen beeinträchtigt. Die gemessenen Kraftverläufe könnten hierdurch signifikant von den beim Einschrauben in Holzbauteilen vorherrschenden Kräfteverhältnissen abweichen.

Damit beim Einschraub-Spaltkraft-Versuch realistische Randbedingungen vorliegen, darf jedoch die Spannung in der Berührungsfläche der Bauteile auch nicht zu groß sein. Diese sollte deutlich weniger als die Querzugfestigkeit des Holzes betragen. Bei acht Messschrauben und Prüfkörpermaßen von $b\,/\,h$ = 80 / 180 mm beträgt die rechnerische Querdruckspannung aus der Vorspannkraft in der Berührungsfläche der Prüfkörperhälften 0,055 N/mm². Bei Prüfkörpern mit $b\,/\,h$ = 80 / 180 mm und sechs Messschrauben ergeben sich 0,042 N/mm². Dies entspricht in etwa einem Achtel bzw. bis zu einem Zwölftel des Rechenwertes der in Bemessungsnormen angegebenen charakteristischen Werte für die Querzugspannung (vgl. z. B: DIN 1052).

Bei der Berechnung der mittleren Gesamtkraft wird gemäß ihrer Definition (Abschnitt 3.3.2) die Größe der Vorspannkraft nicht berücksichtigt. Jedoch können die genannten Effekte sowohl den Verlauf der gemessenen Kräfte als auch den Wert der mittleren Gesamtkraft beeinflussen. Dies gilt insbesondere bezüglich der Bohrwirkung der Spitze. Bereits durch eine geringfügige Verschlechterung der Bohrwirkung können deutlich größere Kräfte auf das Holz wirken.

Zusätzlich zu den Versuchsreihen mit der üblichen Vorspannung von 100 N pro Messschraube wurden in der Reihe 1.4 Versuche mit Vorspannkräften von 75 N und 150 N pro Messschraube durchgeführt. Ziel der Vergleichsversuche war es, die Beeinflussung des Verlaufs der gemessenen Kräfte und der mittleren Gesamtkraft durch die Größe der Vorspannkraft zu quantifizieren. Bei den Versuchen der Reihe 1.4 aus der ersten Versuchsserie mit Prüfkörpern aus Vollholz betrug die Prüfkörperhöhe 200 mm. Es wurden Holzschrauben der Typen A und B, 8 x 200 mm, verwendet. Für den direkten Vergleich zur Vorspannkraft von $F_{MSr,p}$ = 100 N wurden Versuchsreihen der ersten Serie mit ansonsten gleichen Parametern ausgewählt. Dies trifft auf Versuche der Reihen 1.1 und 1.2 mit den Schraubentypen A und B zu.

Bild 3-54 zeigt korrigierte Einzel- und Mittelwerte der mittleren Gesamtkraft in Abhängigkeit von der Vorspannkraft $F_{MSr,p}$ pro Messschraube. Die Korrektur der mittleren Gesamtkraft erfolgte mit Gleichung (9) für einen Referenzwert der Rohdichte von 430 kg/m³. Die mittlere Gesamtkraft $F_{m,tot,r,cor}$ ist für Versuche mit einer Vorspannkraft von 75 N pro Messschraube im Vergleich signifikant größer. Die Querdruckspannung in der Berührungsfläche beträgt ca. 0,028 N/mm². Die beiden Prüfkörperhälften werden mit zu geringen Kräften zusammengedrückt, so dass die Wirksamkeit der Schraubenmerkmale beeinträchtigt wird. Beim Eindrehen einiger Schraubentypen konnte beobachtet werden, dass die Prüfkörperhälften durch die Bohrspitzen auseinandergedrückt werden. Dies gilt für Bohrspitzen mit einer in etwa elliptischen bzw. rhomboiden Querschnittsform und tritt auf, wenn sich die Spitze quer zur Einschraubebene stellt.

Ein Vergleich der mittleren Gesamtkraft für Versuche mit Vorspannkräften von 100 N und 150 N zeigt dagegen kaum Unterschiede. Somit ist davon auszugehen, dass für Prüfkörper von einer maximalen Größe b / h = 80 / 200 mm und bei Anordnung von sechs Messschrauben mit einer Vorspannkraft von $F_{MSr,p}$ = 100 N die Wirkung der Schraubenmerkmale nicht signifikant beeinflusst wird. In diesem Fall beträgt die rechnerische Querdruckspannung im Ausgangszustand 0,038 N/mm². Vorspannkräfte von mehr als 150 N pro Messschraube wurden nicht untersucht. Eine Aussage für die Auswirkung deutlich größerer Vorspannungen auf die Prüfmethode ist somit nicht möglich. Eine Vorspannung der Messschrauben mit größeren Kräften ist nicht erforderlich. Sie führt zudem bezüglich der Spannungsverteilung im Vergleich zum Einschrauben in ein Holzbauteil zu unrealistischen Verhältnissen.

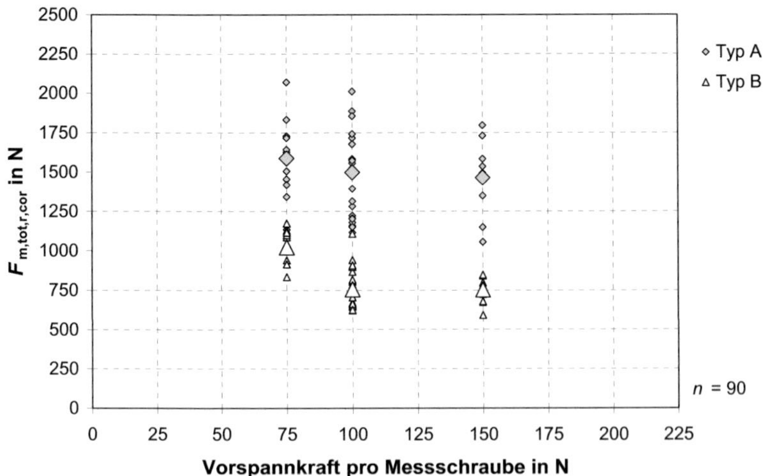

Bild 3-54   Korrigierte mittlere Gesamtkraft $F_{m,tot,r,cor}$ in Abhängigkeit von der Vorspannkraft der Messschrauben, Bezugsrohdichte ρ_{ref} = 430 kg/m³

3.3.3.9 Einfluss der Einschraubgeschwindigkeit

Bei der Versuchsdurchführung wird zum Eindrehen der Holzschraube in den Prüfkörper ein Drehmoment-Analyse-System eingesetzt. Hierdurch wird eine konstante Einschraubgeschwindigkeit gewährleistet. Die Drehzahl kann zwischen $1\ \text{min}^{-1}$ und $100\ \text{min}^{-1}$ gewählt werden. Für die Versuchsdurchführung ist eine Drehzahl von $50\ \text{min}^{-1}$ am besten geeignet. Bei dieser Geschwindigkeit ist die Führung der Schraube gut möglich und die Kraftverläufe können messtechnisch mit sehr guter Genauigkeit erfasst werden. Eine weitere Reduzierung der Drehzahl würde zu einem unverhältnismäßig großen Unterschied zur in der Baupraxis üblichen Schraubenmontage führen.

Zur Untersuchung des Einflusses der Einschraubgeschwindigkeit auf die Kräfte, die beim Eindrehen einer Schraube auf das Holz wirken, wurden in der Reihe 1.3 Versuche mit einer Drehzahl von $U = 10\ \text{min}^{-1}$ und $U = 100\ \text{min}^{-1}$ durchgeführt. Anschließend wurden die Versuchsergebnisse zusammenfassend mit den Versuchen der Reihen 1.1 und 1.2 ausgewertet, bei denen mit einer Drehzahl von $U = 50\ \text{min}^{-1}$ eingeschraubt wurde. Unter Berücksichtigung der Rohdichte wurde die mittlere Gesamtkraft mit Hilfe von Gleichung (9) korrigiert und in Abhängigkeit von der Einschraubgeschwindigkeit betrachtet, siehe Bild 3-55 bis Bild 3-57.

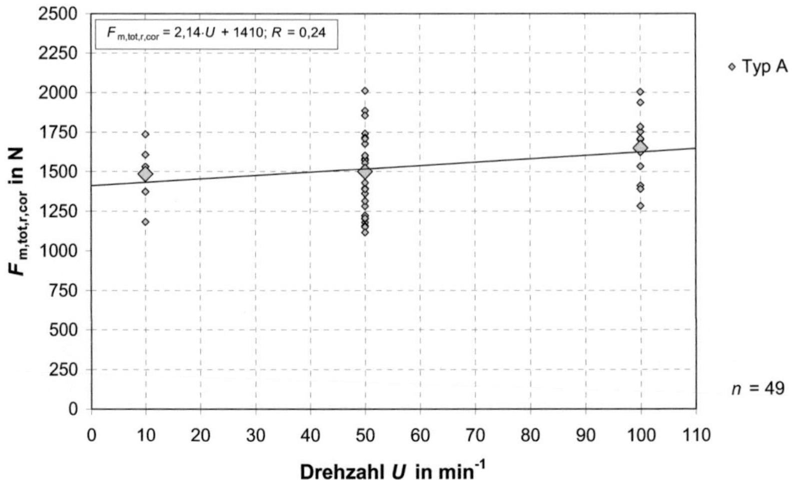

Bild 3-55   Einzel- und Mittelwerte der korrigierten mittleren Gesamtkraft in Ab-
                   hängigkeit von der Drehzahl für Schraubentyp A, Reihen 1.1 bis 1.3

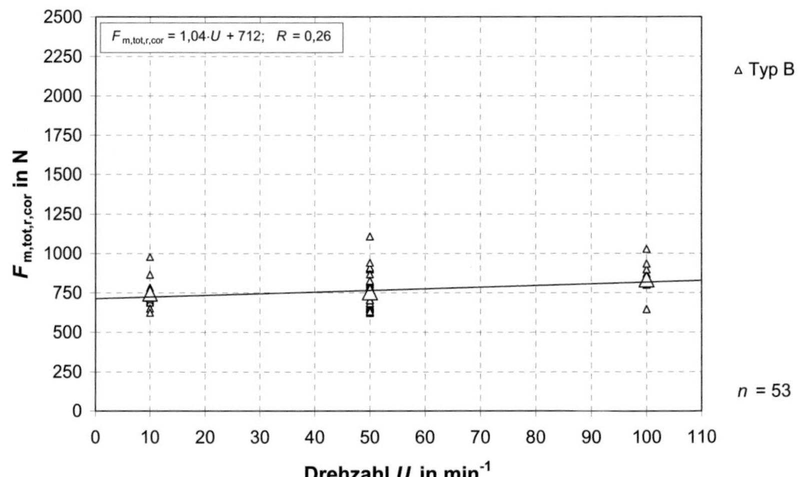

Bild 3-56   Einzel- und Mittelwerte der korrigierten mittleren Gesamtkraft in Ab-
                   hängigkeit von der Drehzahl beim Einschrauben für Schraubentyp B,
                   Reihen 1.1 bis 1.3

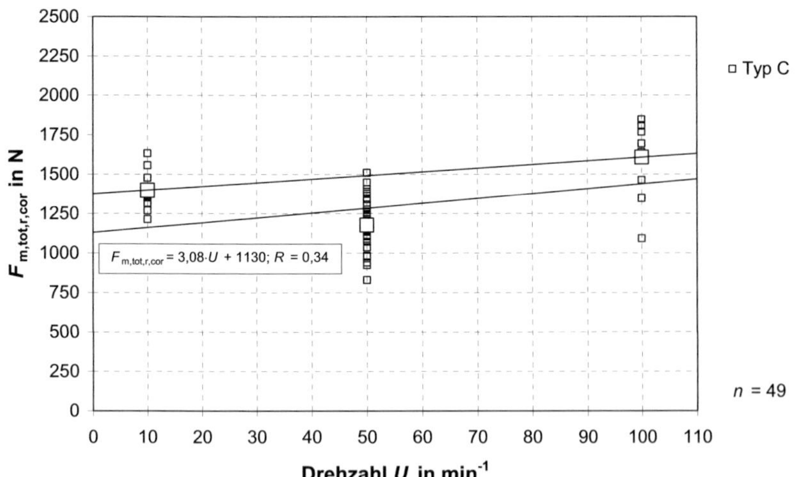

Bild 3-57   Einzel- und Mittelwerte der korrigierten mittleren Gesamtkraft in Abhängigkeit von der Drehzahl beim Einschrauben für Schraubentyp C, Reihen 1.1 bis 1.3

Die Vollholzprüfkörper für die Versuche der Reihe 1.3 (Drehgeschwindigkeiten U = 10 min⁻¹ bzw. U = 100 min⁻¹) wurden aus den gleichen Ausgangshölzern hergestellt. Die hieraus resultierenden nahezu gleichen Holzeigenschaften führen in den betreffenden Reihen zu ähnlichen Streuungen der ermittelten Kräfte und erlauben eine bessere Vergleichbarkeit. Für die Schraubentypen A und B ist mit steigender Drehzahl eine Zunahme der mittleren Gesamtdrehzahl feststellbar. Beim Schraubentyp C bestätigt sich diese Tendenz zwar für U = 10 min⁻¹ und U = 100 min⁻¹, jedoch liegt für eine Drehzahl von 50 min⁻¹ eine signifikante Abweichung vor. Diese Abweichung kann nur bedingt durch die abweichenden Prüfkörpereigenschaften erklärt werden. Ein Grund für die Differenzen könnte ggf. darin liegen, dass die verwendeten Schrauben aus zwei unterschiedlichen Produktionschargen stammten. Bei einer Charge wiesen die Fräsrippen der Bohrspitze und des Reibschaftes geringe Unterschiede in ihrer Ausprägung auf. Diese Abweichungen sind geometrisch nahezu marginal und vermutlich auf unterschiedlich stark abgenutzte Walzbacken bei der Schraubenproduktion zurückzuführen. Allerdings können bereits geringe Abweichungen in der Geometrie der Bohrspitze (z. B. eine Verringerung des Spitzendurchmessers um 1/10 mm) zu signifikant größeren Kräften beim Eindrehen führen. Unter Vernachlässigung der Versuche mit U = 50 min⁻¹ beim Schraubentyp C (obere Gerade im Bild 3-57) zeigt sich für alle untersuchten Schraubentypen ein nahezu äquivalenter Einfluss des Parameters Einschraubdrehzahl.

Auf der Grundlage einer statistischen Auswertung wurde die Abhängigkeit der mittleren Gesamtkraft $F_{m,tot}$ von der Einschraubgeschwindigkeit bestimmt. Hieraus ergibt sich die Korrektur der mittleren Gesamtkraft $F_{m,tot}$ in Abhängigkeit von der Drehzahl mit dem Beiwert k_r wie folgt:

$$F_{m,tot,r,cor} = k_r \cdot F_{m,tot,r} = \left(\frac{U_{ref}}{U_{SpK}}\right)^{0,063} \cdot F_{m,tot,r} \tag{19}$$

mit

U_{SpK} Drehzahl beim Einschraub-Spaltkraft-Versuch

U_{ref} Referenzdrehzahl bzw. Bezugsdrehzahl

k_r Korrekturbeiwert für die Drehzahl beim Einschrauben

Für handelsübliche, elektrisch angetriebene Einschraubgeräte liegt die erreichbare Drehzahl i. d. R. deutlich über 50 min^{-1} bzw. 100 min^{-1}. Bei den Herstellerangaben zu den maximalen Nenndrehzahlen handelt es sich jedoch meist um Werte, die im Leerlauf ohne Last erreicht werden. Die mittels handelsüblicher Einschraubgeräte erreichbare Drehzahl ist nicht nur von der Motorleistung und der Übersetzung abhängig, sondern auch von der Rohdichte des Holzes bzw. vom erforderlichen Einschraubdrehmoment. Die erreichbare Drehzahl ist somit vom Schraubentyp abhängig. Sie ist nicht konstant und liegt unterhalb der Angabe des Einschraubgerätes. Zur Abschätzung der tatsächlichen Einschraub-Drehzahl eines handelsüblichen Einschraubgerätes mit einer maximalen Leerlauf-Nenndrehzahl von 600 min^{-1} wurden 18 Einschraubversuche durchgeführt. Hierzu wurden Schrauben der Typen A, B und C, 8 x 200 mm, mit höchstmöglicher Eindrehgeschwindigkeit in Hölzer unterschiedlicher Rohdichte eingeschraubt. Die Drehzahl wurde je nach Schraubentyp über eine konstante Messlänge von 60, 110 bzw. 112 mm bestimmt. Die Versuchsergebnisse sind in Bild 3-58 dargestellt. Das arithmetische Mittel der Messwerte beträgt für jeden Schraubentyp in etwa 440 Umdrehungen pro Minute. Mit höherer Rohdichte und somit zunehmendem Einschraubdrehmoment verringert sich die erreichbare Drehzahl. Die Gültigkeit der Gleichung (19) über den untersuchten Wertebereich von $U = \{U \mid 10$ min$^{-1} \leq U \leq 100$ min$^{-1}\}$ hinaus wurde nicht geprüft. Versuche mit größeren Drehzahlen ($U > 100$ min^{-1}) waren aufgrund der höchstmöglichen Messrate und der Einschraubmethode mittels einer Schraubenprüfmaschine nicht möglich. Eine Durchführung von Einschraub-Spaltkraft-Versuchen mit handelsüblichen Einschraubgeräten ist aufgrund der nicht einzuhaltenden Konstanz bezüglich Drehzahl und Vorschubkraft problematisch. Ebenfalls wäre eine exakte Führung der Schraube beim Eindrehen deutlich schwieriger.

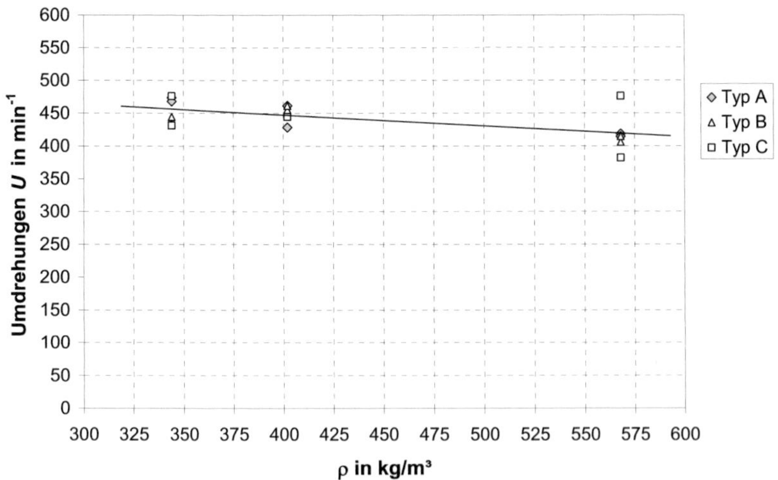

Bild 3-58   Einschraubgeschwindigkeit in Abhängigkeit der Rohdichte für ein handelsübliches Einschraubgerät, Herstellerangaben: 230 V, 710 W, maximale Leerlauf-Nenndrehzahl 600 min^{-1}

3.3.3.10 Einfluss der Prüfkörpergeometrie

Im Rahmen der ersten Versuchsserie wurde der Einfluss der Prüfkörpergeometrie auf die mittlere Gesamtkraft untersucht. Hierzu wurden die Dicke a der Prüfkörperhälften und deren Breite b (Bezeichnungen gemäß Bild 3-5 in Abschnitt 3.3.1) in Abhängigkeit des Durchmessers der Holzschraube variiert. Entsprechend ändern sich die Biegesteifigkeit und die Biegemomentenbeanspruchung des Prüfkörpers in Höhen- und Breitenrichtung (b und h). Unter Beibehaltung des Abstands c der Messschrauben zu den Prüfkörperrändern wird hierdurch auch der Abstand e ($e = b - 2c$) der Messschrauben untereinander bzw. der Abstand zu der zu prüfenden Holzschraube variiert. Hieraus folgt eine Beeinflussung der Größe des Biegemoments bzw. der Biegelängsspannung für die jeweilige Prüfkörperhälfte. Es ist jedoch zu betrachten, dass die Verformungen des Prüfkörpers durch die Anordnung der Kalotten und Stahlbleche im Bereich der Messschrauben bzw. zwischen den Messschrauben beeinflusst werden. Die Verformungen des Prüfkörpers können wiederum die Wirkung der Bohrspitze und weiterer Merkmale beeinträchtigen. Daher muss die Geometrie der Prüfkörper bzw. deren Steifigkeit die Bedingungen widerspiegeln, die bei der Schraubenmontage in einem Holzbauteil vorliegen.

In Tabelle 3-4 sind die innerhalb der Versuchsreihe 1.6 untersuchten Parameter zusammengestellt, siehe auch Tabelle 10-2 in Anhang 10.2. Die gewählten Parameter für die Dicke a der Prüfkörperhälften sind im Vergleich zur Anordnung von Schrauben in einem Bauteil praxisüblich gewählt. Die Dicke a entspricht dem Abstand rechtwinklig zur Faserrichtung $a_{2,c}$ bei einem Holzbauteil. Bisher können mit selbstbohrenden Holzschrauben zumeist Mindestwerte für $a_{2,c}$ erreicht werden, die im Bereich zwischen $2{,}3 \cdot d$ und $4 \cdot d$ liegen. Am häufigsten kann ein Abstand von $a_{2,c} = 3 \cdot d$ realisiert werden.

Eine weitere Reduzierung des Abstands $a_{2,c}$ war bislang nicht möglich und ist im Hinblick auf eine zuverlässige Umsetzung in der Baupraxis kritisch zu sehen. Beim Eindrehen einer Schraube kann ein Abweichen von der vorgesehenen Einschraubrichtung bzw. ein Verlaufen entlang der Jahrringe nicht ausgeschlossen werden. Daher besteht bei geringen Abständen die Gefahr, dass die Schrauben zur Bauteilseite verlaufen und dort die Holzoberfläche durchdringen.

Bild 3-59 und Bild 3-60 zeigen korrigierte Einzelwerte der mittleren Gesamtkraft in Abhängigkeit der betrachteten Prüfkörperparameter (Dicke a bzw. Messschraubenabstand e). Zusätzlich sind die jeweiligen Mittelwerte der Versuchsreihen dargestellt. Für die Vergleiche wurden die mittleren Gesamtkräfte für Schrauben unterschiedlicher Länge in Anlehnung an Abschnitt 3.3.3.11 über das Längenverhältnis korrigiert. Die Bezugslänge wurde zu 200 mm gewählt.

Tabelle 3-4   Untersuchte Parameter der Prüfkörpergeometrie

Sr.-Typ	d in mm	$\ell_{Sr,nom}$ in mm	a in mm		b in mm		h in mm
A	12	200	$2 \cdot d$	24	$6{,}67 \cdot d$	80	200
			$3 \cdot d$	36	$10 \cdot d$	120	
B	6	200	$3 \cdot d$	18	$10 \cdot d$	60	200
			$4 \cdot d$	24	$13{,}3 \cdot d$	80	
C	6	180	$3 \cdot d$	18	$10 \cdot d$	60	180
			$4 \cdot d$	24	$13{,}3 \cdot d$	80	
	10	180	$2{,}4 \cdot d$	24	$8 \cdot d$	80	180
			$3 \cdot d$	30	$10 \cdot d$	100	

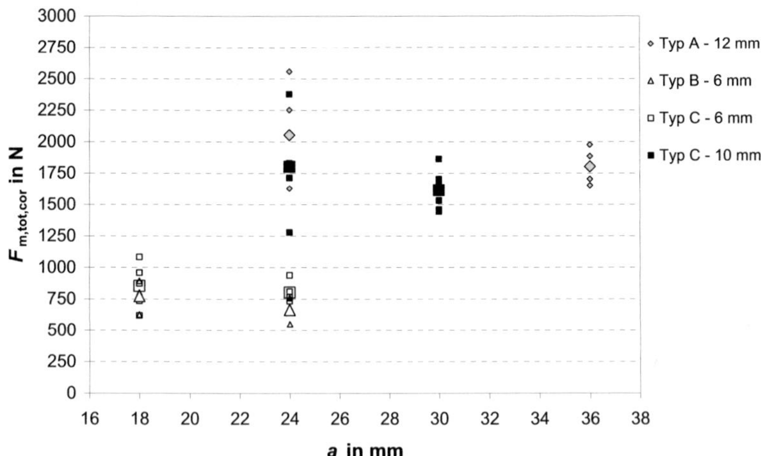

Bild 3-59   Einfluss der Prüfkörpergeometrie auf korrigierte Einzel- und Mittelwerte $F_{m,tot,r,cor}$ für Schraubentyp A, B und C, ρ_{ref} = 430 kg/m³, hier: Abhängigkeit von der Dicke a der Prüfkörperhälfte

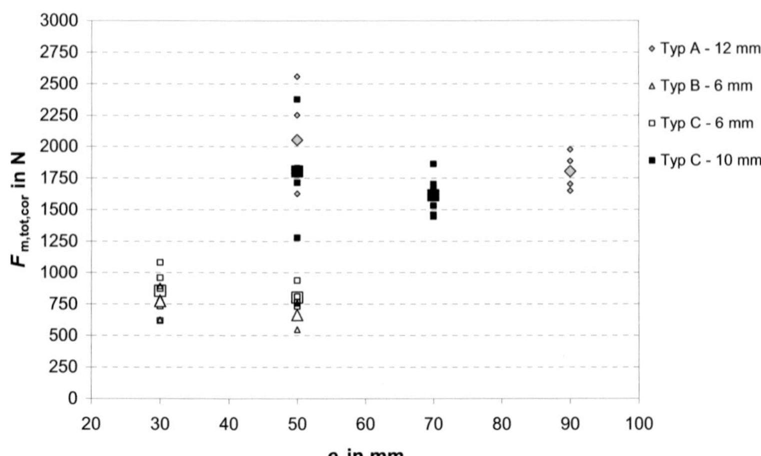

Bild 3-60   Einfluss der Prüfkörpergeometrie auf korrigierte Einzel- und Mittelwerte $F_{m,tot,r,cor}$ für Schraubentyp A, B und C, ρ_{ref} = 430 kg/m³, hier: Abhängigkeit vom Abstand e ($e = b - 30$ mm) der Messschrauben in Faserrichtung

Es wird ersichtlich, dass die korrigierte mittlere Gesamtkraft mit zunehmender Größe der betrachteten Geometrieparameter tendenziell geringer wird. Die direkten Unterschiede betragen je nach Konfiguration aus Schraubentyp und Durchmesser zwischen 6,3 % und 16,3 % bezogen auf den Mittelwert.

Bei der Bewertung der festgestellten Abweichung ist zu berücksichtigen, dass die sich in der Geometrie unterscheidenden Prüfkörper nicht aus dem gleichen Ausgangsholz hergestellt wurden. Zudem wurde die mittlere Gesamtkraft für die Prüfkörper aus Vollholz lediglich über die Rohdichte korrigiert.

Die festgestellten Einflüsse der Prüfkörpergeometrie auf die mittlere Gesamtkraft sind innerhalb der untersuchten Grenzen der Geometrieparameter von untergeordneter Bedeutung. Üblicherweise kann mit selbstbohrenden Holzschrauben ein Mindestabstand $a_{2,c} = 3 \cdot d$ erreicht werden, so dass die gewählten Prüfkörperdicken $(2 \cdot d \leq a \leq 4 \cdot d)$ diesen Randbedingungen gut entsprechen. Um die direkte Vergleichbarkeit zu gewährleisten, wird für alle Schrauben mit einem Durchmesser zwischen 6 mm und 12 mm die Verwendung einheitlicher Prüfkörperdimensionen vorgeschlagen. Die Prüfkörperdicke sollte $a = 24$ mm und die Prüfkörperbreite $b = 80$ mm betragen. Bei der Rissflächensimulation werden die festgestellten Differenzen im Rahmen der Kalibrierung der Ersatzlastfunktion berücksichtigt, vergleiche Abschnitt 3.5.2.

3.3.3.11 Einfluss von Schraubenlänge und Prüfkörperhöhe

Bei Einschraub-Spaltkraft-Versuchen können die auf den Prüfkörper wirkenden Kräfte durch Schraubenlänge und Prüfkörperhöhe sowie durch das Verhältnis von Schraubenlänge zu Prüfkörperhöhe beeinflusst werden.

Bei der Ermittlung der mittleren Gesamtkraft $F_{m,tot}$ mit Gleichung (4), (5) bzw. (6) wird die Summe der Kräfte an den Messstellen über den Einschraubweg gebildet. Anschließend wird über die Referenzlänge (Schraubenlänge bzw. Einschraubweg) gemittelt, so dass $F_{m,tot}$ unabhängig von der Schraubenlänge angegeben wird. Die Summe der an den Messschrauben gemessenen Kräfte selbst ist jedoch nicht unabhängig von der Schraubenlänge. Sie nimmt mit der Schraubenlänge zu. Außerdem wird diese Summe durch die Kraftanteile beeinflusst, die auf Schraubenmerkmale zurückzuführen sind. Insbesondere zu benennen sind hier lokale Maxima durch die Auswirkungen der Schraubenspitze, eines Reibschaftes oder durch das Kopfversenken. Der absolute, betragsmäßige Anteil an der Summe der Kräfte, der durch diese Schraubenmerkmale beeinflusst wird, bleibt unabhängig von der Schraubenlänge in etwa gleich. Der prozentuale Anteil an der Gesamtkraft ändert sich jedoch in Abhängigkeit von der Schraubenlänge.

Bei kleineren Unterschieden bezüglich Prüfkörperhöhe und Schraubenlänge sind diese Einflüsse vernachlässigbar, wie in Bild 3-61 ersichtlich. Für größere Differenzen trifft dies sicherlich nicht mehr zu, wurde aber in dieser Arbeit nicht explizit untersucht. Durch die verwendeten vergleichsweise kurzen Schrauben (ℓ_{Sr} = 200 mm) ergeben sich konservative Werte für $F_{m,tot}$ bei der Übertragung auf längere Schrauben. Bei den durchgeführten Vergleichsversuchen wurden die Parameter Schraubenlänge und Prüfkörperhöhe außerdem konstant gehalten oder nur geringe Unterschiede ausgewählt, um die direkte Vergleichbarkeit der Versuche sicherzustellen.

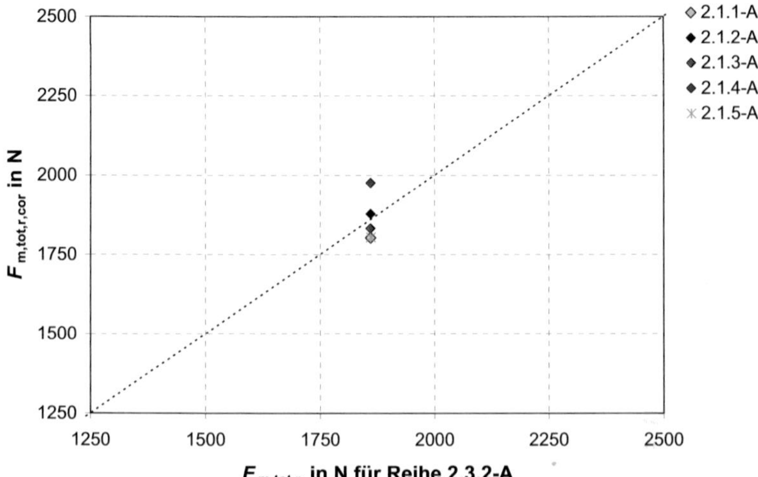

Bild 3-61   Mittlere Gesamtkraft für 8er Schrauben vom Typ A mit Längen von 200 mm bei 180 mm Prüfkörperhöhe (Reihen 2.1.1-A bis 2.1.5-A) im Vergleich zu 240 mm Schraubenlänge bei 200 mm Prüfkörperhöhe (2.3.2-A), ρ_{ref} = 451 kg/m³, γ_{ref} = 83°

3.3.4   Direkte Beurteilung des Spaltverhaltens

Die entwickelte Prüfmethode kann eingesetzt werden, um das Spaltverhalten beim Einschrauben für eine Schraube direkt zu beurteilen. Hierzu ist es erforderlich, Vergleichsversuche mit einer Referenzschraube durchzuführen, für die das Spaltverhalten des Holzes bereits ermittelt wurde. Das heißt, dass die erforderlichen Mindestabstände und die zugehörige Mindestholzdicke für die Referenzschraube bekannt sein müssen. Bisher wurden diese Randbedingungen durch konventionelle Einschraubversuche ermittelt. Für die Schraubentypen A bis D konnte nachgewiesen werden, dass eine Verwendung von Mindestabständen wie für Nägel in vorgebohrten Hölzern nach DIN 1052 möglich ist, vgl. Abschnitt 3.1. Die hierfür erforderlichen Mindestholzdicken sind in Tabelle 3-1 nebst ggf. notwendigen Einschränkungen bezüglich der Abstände angegeben.

Eine Betrachtung der Schraube des Herstellers A als Referenzschraube ermöglicht einen Vergleich zwischen den mittleren Gesamtkräften und den ermittelten Mindestholzdicken. Hierzu werden die Gesamtkraft und die Mindestholzdicke für den Schraubentyp A als Referenzwerte herangezogen und jeweils im Index zu 100 % gesetzt. Tabelle 3-5 zeigt einen Vergleich von Einzelreihen mit Schrauben der Typen A, B und C in der Dimension 8 x 200 mm aus der ersten Versuchsserie (Reihen 1.1, 1.2) mit Prüfkörpern aus Vollholz. Des Weiteren ist in Tabelle 3-5 der Quotient $F_{m,tot}$ / t aufgeführt. Bereits die Auswertung der Einzelreihen zeigt eine gute Übereinstimmung der Ergebnisse der beiden experimentellen Methoden. Zur Verdeutlichung ist eine graphische Aufbereitung der Indexdarstellung dem Balkendiagramm in Bild 3-62 zu entnehmen. Für die direkten Vergleiche ist es nicht notwendig, die Versuchsergebnisse in Abhängigkeit von den Prüfkörpereigenschaften zu korrigieren. Die Qualität dieser Betrachtung ist jedoch signifikant davon abhängig, ob in den Unterreihen verwertbare Versuche an gleichen Prüfkörpern vorliegen.

In der zweiten Versuchsserie liegt diese Voraussetzung nicht für alle Versuchsreihen vor. Daher werden für den Vergleich in Bild 3-63 die mittleren Gesamtkräfte für den Winkel γ von 0°, 45° und 90° mit den Regressionsgleichungen aus Abschnitt 3.3.3.3 bestimmt. Die Referenzrohdichte wird einheitlich zu 480 kg/m³ angenommen. Es zeigt sich eine recht gute Übereinstimmung. Nur beim Schraubentyp C wirkt sich der Einfluss des Winkels zwischen Jahrringtangente und Schraubenachse deutlich aus. Die Darstellung in Bild 3-64 zeigt die Indexdarstellung als Funktion in Abhängigkeit von γ. Für die Mindestholzdicke aus den konventionellen Einschraubversuchen wird jeweils ein mittlerer Wert angenommen. Bei diesen Einschraubversuchen wurden unterschiedliche Winkel γ für die Festlegung der Mindestholzdicke geprüft.

Insgesamt zeigt sich eine gute Übereinstimmung zwischen den Ergebnissen der beiden Methoden. Durch Vergleich der gemessenen Kräfte mit den Messwerten für eine Referenzschraube, deren Spaltwirkung bekannt ist, kann somit direkt auf die erforderlichen Mindestholzdicken geschlossen werden. Voraussetzung hierfür ist, dass die Prüfkörper für die Referenzversuche die gleichen Eigenschaften (Rohdichte, Elastizitäts- und Schubmodul sowie Jahrringlage und Jahrringweite) aufweisen. Alternativ kann für den Vergleich auch eine Korrektur der Referenzwerte der mittleren Gesamtkraft in Abhängigkeit der relevanten Eigenschaften vorgenommen werden. Hierzu muss der Einfluss der Parameter aber statistisch abgesichert bekannt sein. Die Vergleichsbetrachtungen sollten unter Berücksichtigung einer höheren Rohdichte (z. B. $\rho \geq 450 \ldots 480$ kg/m³ für die Holzarten Fichte und Tanne) durchgeführt werden, da der Einfluss der Rohdichte auf das Spaltverhalten für verschiedene Schraubentypen unterschiedlich stark ausgeprägt ist. Die Referenzschraube und die zu prüfende Schraube sollten in etwa die gleiche Nennlänge und den gleichen oder einen ähnlichen Nenndurchmesser aufweisen. Ebenso sollten keine gravierenden Geometrieunterschiede bezüglich der Kopf- und Spitzenausbildung vorliegen, damit beim Einschrauben die lokalen Maxima der gemessenen Kräfte qualitativ in einer ähnlichen Position bezüglich des Einschraubwegs auftreten.

Tabelle 3-5   Vergleich zwischen mittlerer Gesamtkraft und Mindestholzdicke für die Versuchsreihen 1.1 und 1.2

Reihe	mittlere Gesamtkraft		Mindestholzdicke		$F_{m,tot,r} / t$ in N/mm
	$F_{m,tot,r}$ in N	Index für $F_{m,tot,r}$	t in mm	Index für t	
1.1-A	1724	100%	$10 \cdot d$	100 %	21,55
1.1-B	900	52%	$5 \cdot d$	50 %	22,50
1.1-C	1473	85%	$8 \cdot d$	80 %	23,02
1.2.1-A	1051	100%	$10 \cdot d$	100 %	13,14
1.2.1-B	604	57%	$5 \cdot d$	50 %	15,10
1.2.1-C	912	87%	$8 \cdot d$	80 %	14,25
1.2.2-A	2136	100%	$10 \cdot d$	100 %	26,70
1.2.2-B	1034	48%	$5 \cdot d$	50 %	25,85
1.2.2-C	1694	79%	$8 \cdot d$	80 %	26,47
1.2.3-A	1769	100%	$10 \cdot d$	100 %	22,11
1.2.3-B	1029	58%	$5 \cdot d$	50 %	25,73
1.2.3-C	1584	90%	$8 \cdot d$	80 %	24,75

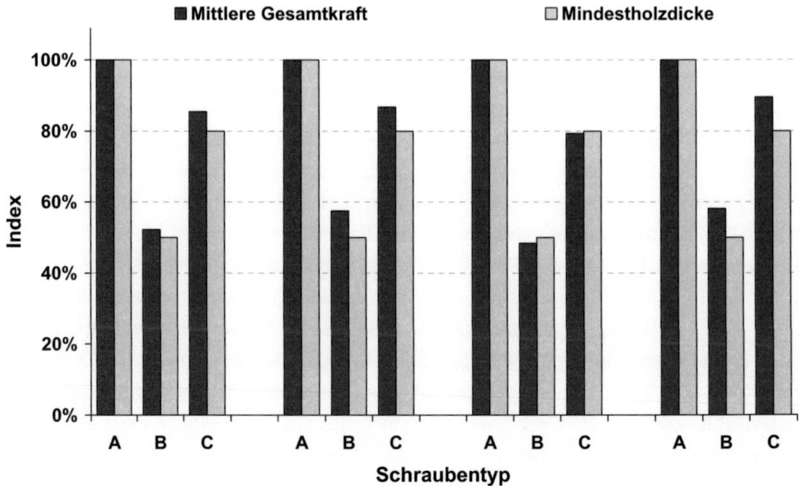

Bild 3-62   Vergleich zwischen mittlerer Gesamtkraft und Mindestholzdicke für die Reihen 1.1, 1.2.1, 1.2.2 und 1.2.3 (von links nach rechts), Index-darstellung bezogen auf Typ A

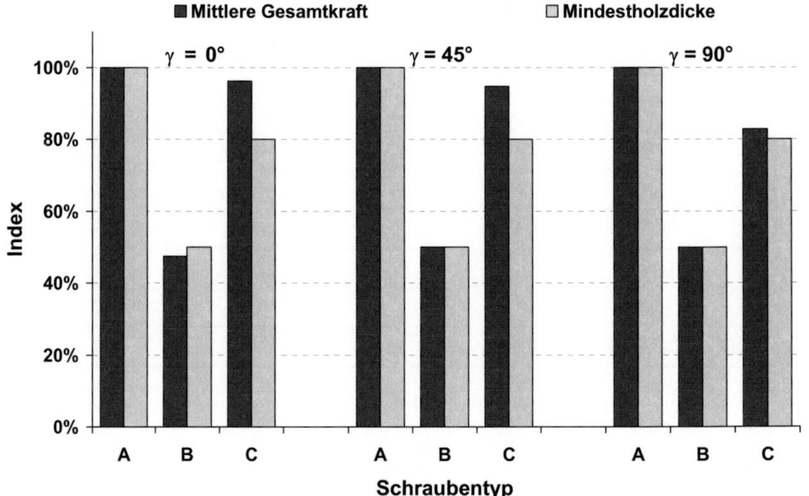

Bild 3-63   Vergleich zwischen korrigierter mittlerer Gesamtkraft und Mindestholzdicke in Abhängigkeit vom Winkel γ, Schraubentypen A, B und C, 8 x 200 mm, Auswertung mit Gleichung (11) bis (13), $\rho_{ref} = 480$ kg/m³

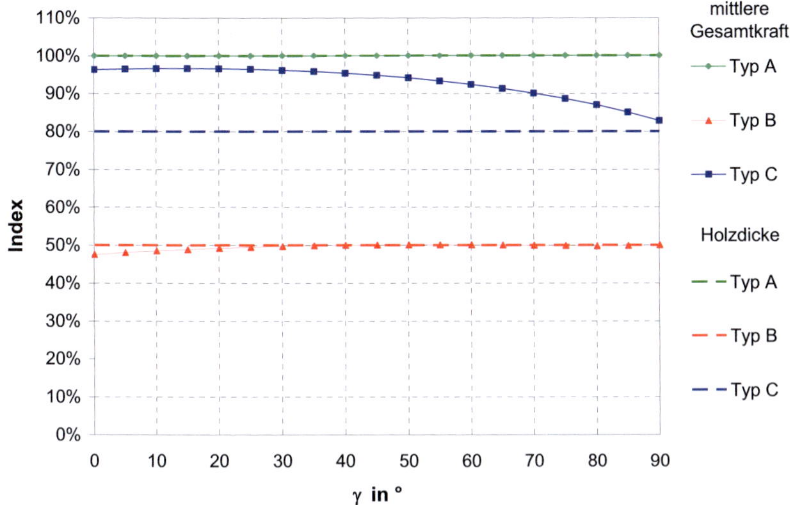

Bild 3-64   Vergleich zwischen mittlerer Gesamtkraft und Mindestholzdicke in Abhängigkeit vom Winkel γ, Schraubentypen A, B und C, 8 x 200 mm in Indexdarstellung bezogen auf Typ A, ρ_{ref} = 480 kg/m³

Im Folgenden werden in Abweichung zu den vorgenannten Voraussetzungen Vergleichsbetrachtungen zwischen Schrauben unterschiedlicher Durchmesser durchgeführt. Überdies unterscheiden sich die Schrauben teilweise deutlich bezüglich ihrer Geometrie.

Für die Schrauben des Herstellers D wird die mittlere Gesamtkraft und die Mindestholzdicke in Relation zu Typ A mit d = 8 mm als Referenz verglichen, siehe Bild 3-65. Hierbei ist zu beachten, dass für die konventionellen Einschraubversuche der Typ D-1 (Vollgewinde mit Nenndurchmesser d = 8,9 mm) und für die Einschraub-Spaltkraft-Versuche der Typ D-2 (Doppelgewindeschraube, Spitzengewinde d = 8,2 mm, Kopfgewinde d = 8,9 mm) verwendet wurde. Mit konventionellen Einschraubversuchen konnte an Prüfkörpern mit einer mittleren Rohdichte von 494 kg/m³ die erforderliche Mindestholzdicke zu t = 127 mm ermittelt werden. In Bezug zum Typ A entspricht dies einem Faktor von 1,59. Dieser wird durch einen Faktor von 1,86 beim Vergleich der mittleren Gesamtkräfte zwischen den Schraubentypen D-2 und A unter Berücksichtigung einer Korrektur für ρ = 480 kg/m³ etwas überschätzt.

Ferner sind in Bild 3-65 Vergleichsbetrachtungen zwischen Schrauben des Typs A mit Durchmessern von 8, 10 und 12 mm visualisiert. Eine Beurteilung der Mindestholzdicke auf der Basis der gezeigten Gegenüberstellung der mittleren Gesamtkräfte würde zu einer Überschätzung der erforderlichen Mindestwerte der Holzdicke führen. Dies ist u. a. dadurch begründbar, dass bei diesen Schrauben insbesondere bezüglich der Schraubenköpfe geometrische Abweichungen bestehen, vgl. Tabelle 10-1. Für die Mindestabstände $a_{1,c}$ und a_1 bei 10er und 12er Schrauben werden zusätzliche Einschränkungen bei den konventionellen Einschraubversuchen festgestellt.

Das Ausmaß der bisher in Vergleichsbetrachtungen festgestellten Abweichungen ist i. d. R. akzeptabel. Somit können auch Mindestholzdicken für unterschiedliche Schraubengeometrien und Durchmesser auf der Grundlage von Einschraub-Spaltkraft-Versuchen abgeschätzt werden. Bisher führten diese ausschließlich zu konservativen Werten für die Mindestholzdicken und liefern somit einen oberen Grenzwert für weitere Untersuchungen.

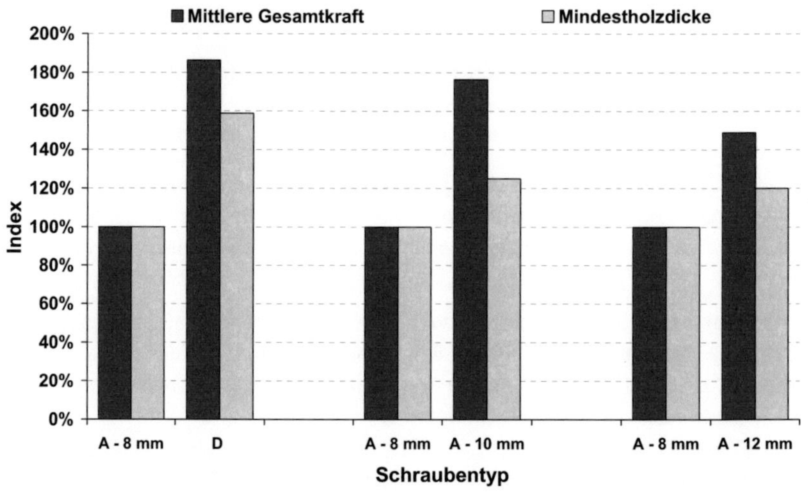

Bild 3-65   Vergleich zwischen mittlerer Gesamtkraft und Mindestholzdicke für Schraubentyp D (d = 8,2 bzw. 8,9 mm) sowie Typ A (d = 10 mm bzw. d = 12 mm) bezogen auf Typ A, 8 x 200 mm, ρ_{ref} = 480 kg/m³

3.3.5 Festlegung der Parameter des Prüfverfahrens

Eine Vergleichbarkeit der Ergebnisse von Versuchen, die mit der neuen Prüfmethode durchgeführt werden, kann durch die Festlegung der wesentlichen Parameter des Prüfverfahrens gewährleistet werden. Dies erlaubt eine direkte Gegenüberstellung der ermittelten Kraftverläufe und Werte für die mittlere Gesamtkraft aus verschiedenen Versuchsreihen. Die Vereinheitlichung der Prüfmethode eröffnet außerdem die Möglichkeit einer direkten Beurteilung des Spaltverhaltens gemäß Abschnitt 3.3.4 ohne separate Durchführung von parallelen Einschraub-Spaltkraft-Versuchen mit Referenzschrauben. Hierzu sollte auf die Ergebnisse bereits durchgeführter Referenzversuche zurückgegriffen werden, welche entsprechend der Materialparameter (Rohdichte ρ und Winkel γ zwischen Jahrringtangente und Schraubenachse) zu korrigieren sind. Dies setzt für die mittlere Gesamtkraft der Referenzschrauben statistisch abgesicherte Aussagen zum Einfluss der genannten Parameter auf Basis einer hinreichenden Grundgesamtheit voraus.

Für die Vereinheitlichung der Prüfmethode sind Anforderungen an den Prüfkörper, die Dimension der zu prüfenden Schraube (Länge), die Anordnung der Messstellen und die Versuchsdurchführung festzulegen. Für die Holzschrauben mit einem Durchmesser von 6 bis 12 mm werden folgende Randbedingungen vorgeschlagen:

- Prüfkörpermaße: $a/b/h$ = 24/80/180 mm, s. Bild 3-5/Bild 3-6 in Abschnitt 3.3.1
- Homogene Prüfkörper, $\gamma \sim$ const., $\rho \sim$ const.
- Anzahl: mindestens 10 Versuche (ggf. je 5 Prüfkörper mit $\gamma = 0°$ und $\gamma = 90°$)
- Schraubenlänge: 200 mm
- 8 Messschrauben, Anordnung gemäß Bild 3-6 in Abschnitt 3.3.1
- Vorspannung der Messschrauben: 100 N
- Einschraubgeschwindigkeit: 50 min^{-1}

In Abschnitt 3.3.3.1 bis 3.3.3.11 konnte gezeigt werden, dass diese Parameter für die Durchführung von Einschraub-Spaltkraft-Versuchen geeignet sind. Es können reproduzierbare Versuchsergebnisse erreicht werden, die auch für eine direkte Beurteilung des Spaltverhaltens herangezogen werden können.

Unter Einhaltung dieser Parameter wurden mit 8er Schrauben der Typen A bis C bereits umfangreiche Versuchsreihen durchgeführt und statistisch ausgewertet. Daher können diese Schraubentypen unter Verwendung der in Abschnitt 3.3.3.2 und 3.3.3.3 angegebenen Regressionsgleichungen als Referenzschrauben verwendet werden. Eine Umrechnung der mittleren Gesamtkraft in Abhängigkeit der Parameter ρ und γ ist durch die Korrekturfunktion in Gleichung (14) mit den Korrekturbeiwerten der Gleichungen (15) bis (18) möglich, siehe Abschnitt 3.3.3.3.

3.3.6 Modifizierung des Prüfverfahrens

In den vorangegangenen Abschnitten konnte gezeigt werden, dass die Prüfmethode zur Ermittlung von Kräften, die beim Einschrauben rechtwinklig zur Faserrichtung auf das Holz wirken, eine Abschätzung der erforderlichen Mindestabstände und Mindestholzdicken erlaubt. Der Einsatz dieses Prüfverfahrens bei der Schraubenentwicklung durch den Herstellerbetrieb bzw. im Rahmen von Zulassungsversuchen durch Prüfstellen ist daher durchaus denkbar. Derartige Einsatzfelder erfordern jedoch eine wirtschaftliche Herstellung der benötigten Prüfkörper. Prüfkörper aus Vollholz lassen sich kostengünstig herstellen. Sie können aus den astfreien Bereichen eines auf Prüfkörpermaße gehobelten Kantholzes herausgeschnitten werden. Der Nachteil dieser Prüfkörper besteht in ihrer Inhomogenität bezüglich der Rohdichte und des Winkels zwischen Schraubenachse und Jahrringtangente. Diese beiden Parameter ändern sich über die Querschnittshöhe des Prüfkörpers.

Die in Abschnitt 3.3.3.1 vorgestellten Prüfkörper aus Brettschichtholz zeichnen sich durch eine deutlich homogenere Rohdichte aus und verfügen in jeder Lamelle über ein nahezu gleiches Jahrringprofil. Die Herstellung dieser Spezialprüfkörper, die im Labor erfolgt, ist aufgrund der Holzauswahl und der erforderlichen Verklebung der Lamellen jedoch aufwändig und kostenintensiv. Durch die Verwendung von Furnierschichtholz (FSH) lässt sich der Aufwand bei der Prüfkörperherstellung deutlich reduzieren. Furnierschichtholz ist als plattenförmiger Holzwerkstoff auch mit größeren Plattendicken verfügbar, so dass sich die Anzahl der erforderlichen Klebefugen bei der Prüfkörperherstellung im Labor reduzieren lässt. Zudem besitzt Furnierschichtholz homogene Materialeigenschaften. Die Rohdichte weist eine geringe Streuung auf und ist vergleichsweise hoch. Besteht Furnierschichtholz aus Schälfurnieren, beträgt der Winkel zwischen Jahrringtangente und Schraubenachse in den einzelnen Furnierlagen des Prüfkörpers i. d. R. $\gamma \sim 90°$.

In Bild 3-66 ist ein Prüfkörper aus Furnierschichtholz abgebildet. Für die Prüfkörper wird ausschließlich Furnierschichtholz verwendet, das über keine Querlagen verfügt. Im Vergleich zur Verwendung von Prüfkörpern aus Voll- oder Brettschichtholz tritt bei der Versuchsdurchführung mit Prüfkörpern aus Furnierschichtholz ein Verlaufen der Schrauben nur selten auf. Die Anzahl der verwertbaren Versuche ist daher deutlich höher. Bild 3-67 zeigt geöffnete Prüfkörper nach der Versuchsdurchführung. Die Schrauben sind gleichmäßig in beide Prüfkörperhälften eingedreht. Mit Prüfkörpern aus Furnierschichtholz wurden die Versuchsreihen F-1 und F-2 durchgeführt. Die Konfigurationen und Ergebnisse der Versuche sind in Tabelle 3-6 zusammengefasst. Mit diesen Versuchen soll untersucht werden, ob sich die ermittelten Einschraub-Spaltkräfte $F_{m,tot,r}$ bei der Verwendung von Prüfkörpern aus Furnierschichtholz signifikant von den Versuchen an Brettschichtholzprüfkörpern unterscheiden.

Bild 3-66   Prüfkörper für Einschraub-Spaltkraft-Versuche aus Furnierschicht-holz vor dem Auftrennen (links), nach dem Auftrennen (Mitte) und mit Messschrauben verbunden (rechts)

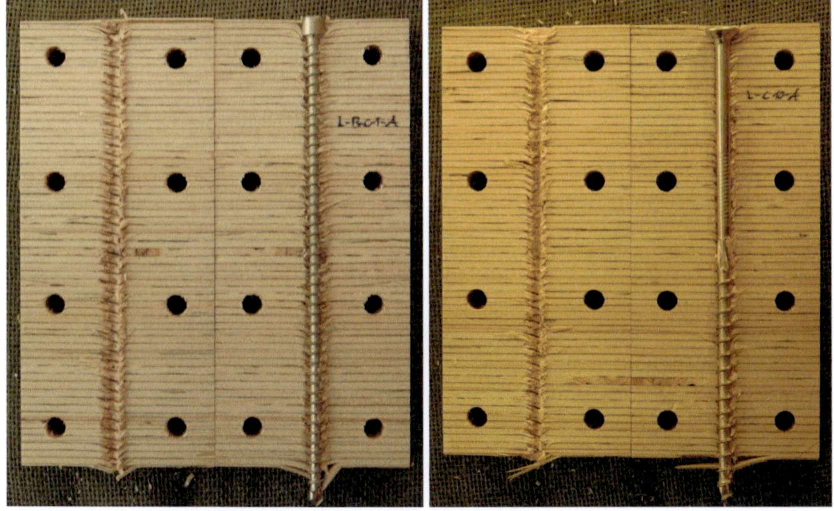

Bild 3-67   Geöffnete Prüfkörper nach der Versuchsdurchführung, hier: Prüfkör-per von Versuchen mit Schraubentyp B und C

Tabelle 3-6   Ergebnisse der Einschraub-Spaltkraft-Versuche mit Prüfkörpern aus Furnierschichtholz

Reihe	Anzahl		Holzschraube			Prüfkörper					Ergebnisse		
	ges.	verw.	Typ	d	ℓ	a	b	h	ρ_{mean}	u_{mean}	$F_{m,tot,n}$	$F_{m,tot,r}$	CoV
				mm	mm	mm	mm	mm	kg/m³	%	N	N	%
F-1	10	10	B	8	200	24	80	180	515	10,4	1355	1376	10,1
F-2	10	10	C	8	200	24	80	180	516	10,1	2139	2150	11,1

Für die Reihen F-1 und F-2 sind die Einzelwerte der mittleren Gesamtkraft in Abhängigkeit von der Rohdichte in Bild 3-68 dargestellt. Die Rohdichte der einzelnen Prüfkörper variiert lediglich zwischen 508 kg/m³ und 521 kg/m³. Der Variationskoeffizient in den beiden Versuchsreihen beträgt 10,1 % bzw. 11,1 % und ist somit im Vergleich zu den Versuchen mit Vollholz und Brettschichtholz gering. Der Versuchsumfang der beiden Reihen beträgt insgesamt 20 Einzelversuche, so dass die Aussagekraft der Versuchsergebnisse im Vergleich zu den umfangreichen Versuchsreihen mit Vollholz und Brettschichtholz eo ipso beschränkt ist. Ein tendenzieller, qualitativer und quantitativer Vergleich erscheint aufgrund der geringeren Streuung der Versuchsergebnisse jedoch gerechtfertigt. Die geringere Streuung ist durch die homogeneren Materialeigenschaften zu erklären. Außerdem ist in einen Prüfkörper aus Furnierschichtholz ein präziseres Einschrauben möglich. Dies reduziert Messfehler, die durch ein unsymmetrisches Verlaufen der Schraube innerhalb der hierfür festgelegten Grenzwerte bedingt werden.

Um die Komparabilität zwischen den an Prüfkörpern aus Furnierschichtholz und Brettschichtholz ermittelten Einschraub-Spaltkräften nachzuweisen, müssen Vergleichswerte unter Berücksichtigung der Prüfkörpereigenschaften vorliegen. Als Vergleichswerte können zum Beispiel die Vorhersagewerte der Einschraub-Spaltkräfte für Brettschichtholz gemäß Gleichungen (11) bis (13) in Abschnitt 3.3.3.3 dienen. Bei der Berechnung wird die Rohdichte des jeweiligen Prüfkörpers aus Furnierschichtholz verwendet. Der Winkel γ zwischen Jahrringtangente und Schraubenachse wird vereinfacht zu $\gamma = 90°$ angenommen.

Bild 3-69 zeigt die Versuchsergebnisse der Reihen F-1 und F-2 über den Vorhersagewerten nach Gleichung (12) bzw. (13). Es wird unterstellt, dass die Versuchswerte für $F_{m,tot,r}$ im Mittel unterschätzt werden. Dies deutet auch unter Berücksichtigung der statistischen Verteilung der Ergebnisse auf eine systematische Abweichung zwischen den Versuchen mit Furnierschichtholz und Brettschichtholz hin. Diese Hypothese kann jedoch erst durch weitere Versuche abschließend bestätigt werden, da der Stichprobenumfang zu gering ist.

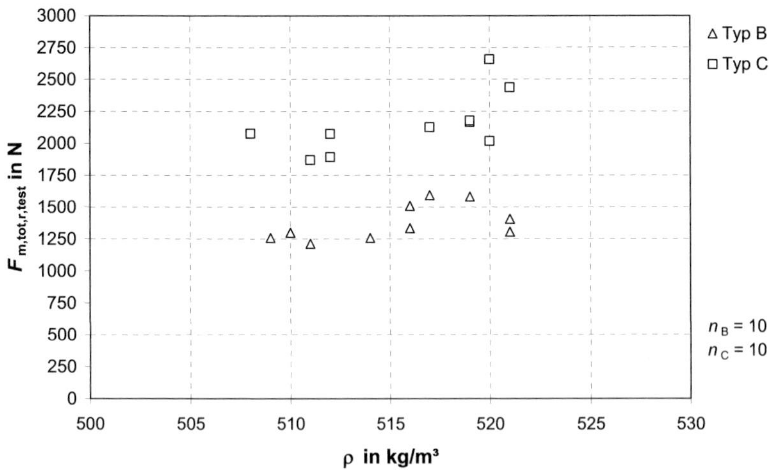

Bild 3-68   Ergebnisse von Einschraub-Spaltkraft-Versuchen mit Prüfkörpern aus Furnierschichtholz in Abhängigkeit von der Rohdichte für Typ B (Reihe F-1) und Typ C (Reihe F-2), d = 8 mm, $\ell_{Sr,nom}$ = 200 mm

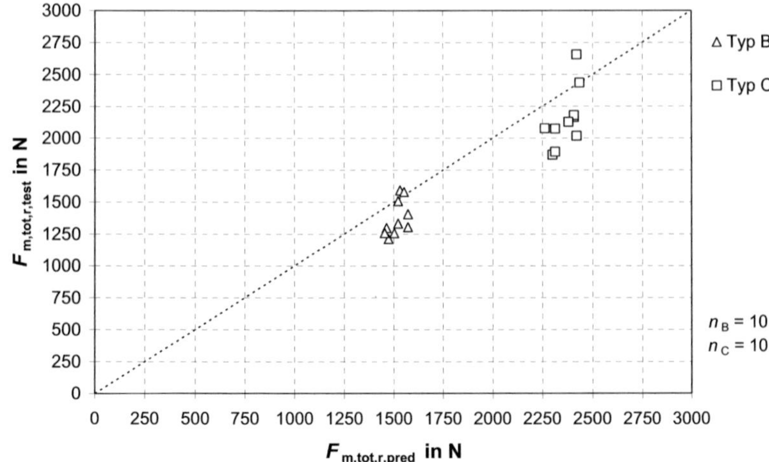

Bild 3-69   Ergebnisse von Einschraub-Spaltkraft-Versuchen mit Prüfkörpern aus Furnierschichtholz über Vorhersagewerten für Prüfkörper aus Brettschichtholz für Typ B bzw. C gem. Gleichung (12) bzw. (13)

Auf der Grundlage der bisherigen Vergleichsbetrachtungen wird empfohlen, zur Übertragung von Ergebnissen bei der Ermittlung von Einschraub-Spaltkräften unter Verwendung von Prüfkörpern aus Furnierschichtholz folgende Korrektur vorzunehmen:

$$F_{m,tot,r} = c_{LVL} \cdot F_{m,tot,LVL} = 1{,}1 \cdot F_{m,tot,r,LVL} \tag{20}$$

mit

$F_{m,tot,r}$ mittlere Gesamtkraft zur Beurteilung des Spaltverhaltens in Vollholz oder Brettschichtholz in N

c_{LVL} Korrekturbeiwert

$F_{m,tot,r,LVL}$ mittlere Gesamtkraft ermittelt mit Prüfkörpern aus Furnierschichtholz in N

Die vorgeschlagene Korrektur in Form einer Erhöhung der Kräfte um 10 % wurde auf die Versuchsreihen F-1 und F-2 angewendet, wie aus Bild 3-70 hervorgeht. Für die Gegenüberstellung wurden die Versuchsergebnisse gemäß Gleichung (20) korrigiert. Die Vorhersagewerte wurden mit dem Regressionsmodell für Brettschichtholz aus Gleichung (12) bzw. (13) berechnet. Es ergibt sich eine sehr gute Korrelation zwischen den modifizierten Versuchsergebnissen und den prädiktiven Werten mit einem Korrelationskoeffizienten von $R = 0{,}93$.

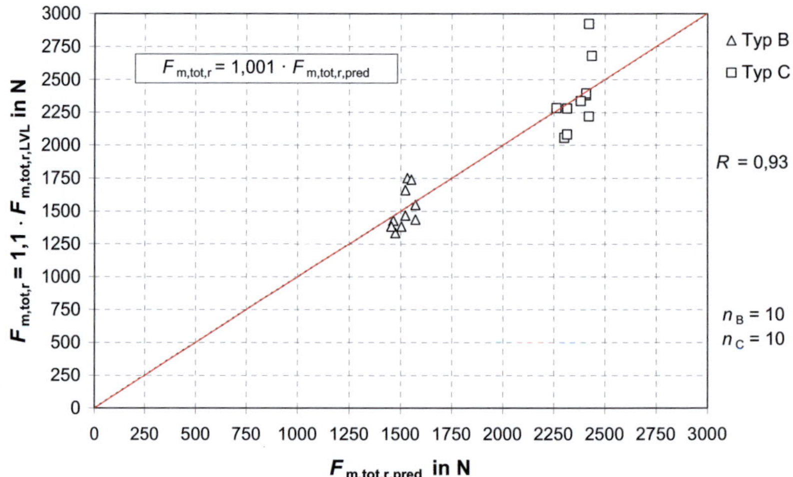

Bild 3-70   Einschraub-Spaltkraft für Prüfkörper aus Furnierschichtholz, modifizierte Versuchsergebnisse nach Gleichung (20) über Vorhersagewerte für Brettschichtholz nach Gleichung (12) bzw. (13)

Die pauschale Erhöhung der Kräfte um 10 % gemäß Gleichung (20) bedeutet, dass eine entsprechende Korrektur ebenso auf die jeweiligen Kräfte $F_{MSr,i}$ an den Messschrauben übertragbar sein muss. Hieraus ergeben sich demnach korrigierte Verläufe der Kräfte, die mit denen für Brettschichtholz quantitativ und qualitativ übereinstimmen sollten. Exemplarisch ist ein Vergleich zwischen Verläufen der Kräfte an den Messschrauben für Versuche mit Prüfkörpern aus Brettschichtholz und Furnierschichtholz in Bild 3-71 und Bild 3-72 dargestellt. Hierzu wird aus der Versuchsreihe 2.1 (vgl. Abschnitt 3.3.3 und Anhang 10.2) für Schraubentyp B und C je ein Kollektiv ausgewählt, welches bezüglich der Eigenschaften der Brettschichtholz-Prüfkörper folgende Bedingungen erfüllt:

$$\rho \geq 450 \, \text{kg/m}^3 \quad \text{und} \quad 60° < \gamma \leq 90° \tag{21}$$

Dies trifft auf insgesamt 12 Versuche mit dem Schraubentyp B zu, wobei die Rohdichte im Mittel ρ_{mean} = 499 kg/m³ und der Winkel zwischen Schraubenachse und Jahrringtangente im Mittel γ_{mean} = 82° beträgt. Beim Schraubentyp C erfüllen ebenfalls 12 Versuche mit ρ_{mean} = 496 kg/m³ und γ_{mean} = 81° die Randbedingungen aus Gleichung (21). Zum Vergleich der Kraftverläufe werden die mittleren Verläufe der Kollektive mit der Rohdichte und dem Winkel γ über die Beiwerte k_ρ gemäß Gleichung (15) und k_γ gemäß Gleichung (17) bzw. (18) in Abschnitt 3.3.3.3 korrigiert.

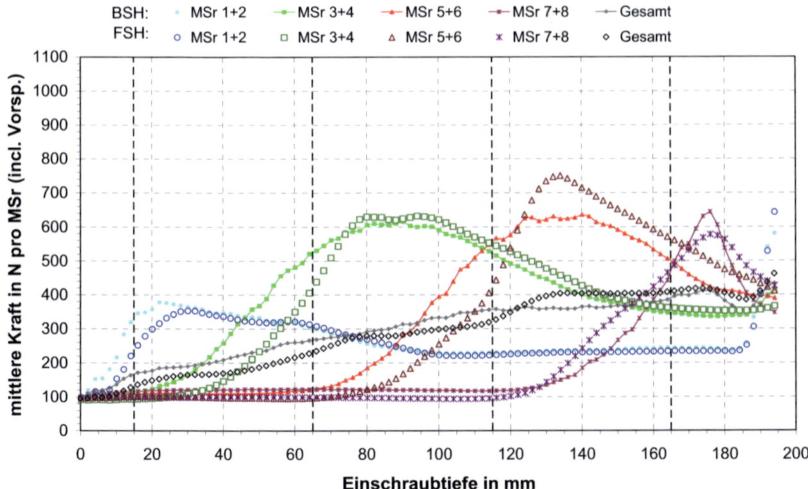

Bild 3-71   Kraftverlauf für Versuche mit Schraubentyp B an Prüfkörpern aus Brettschichtholz, korrigiert mit k_ρ und k_γ gem. Gleichung (15) bzw. (18), und Furnierschichtholz, korrigiert mit c_{LVL} nach Gleichung (20)

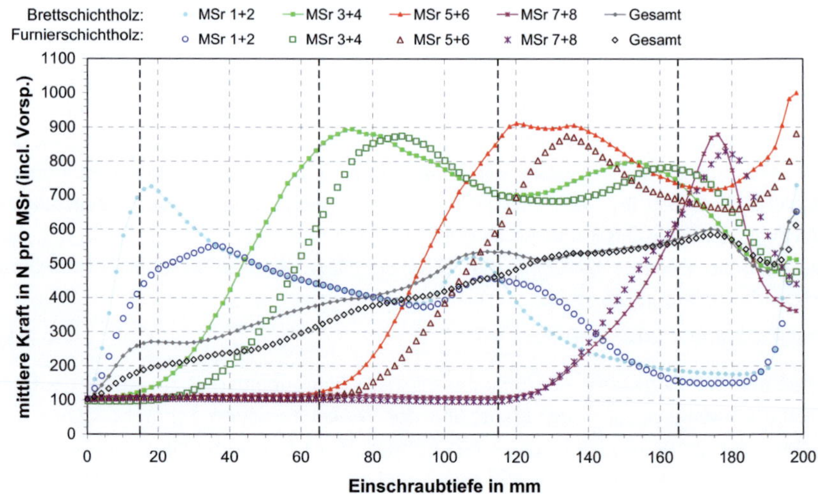

Bild 3-72   Kraftverlauf für Versuche mit Schraubentyp C an Prüfkörpern aus Brettschichtholz, korrigiert mit k_ρ und k_γ gem. Gleichung (15) bzw. (17), und Furnierschichtholz, korrigiert mit c_{LVL} nach Gleichung (20)

Die korrigierten Verläufe der Kräfte an den Messschrauben für Versuche mit Prüfkörpern aus Furnierschichtholz und Brettschichtholz weisen eine weitgehende qualitative und quantitative Übereinstimmung auf. Hierbei sind die Verläufe für Furnierschichtholz-Prüfkörper leicht bezüglich der Einschraubtiefe versetzt.

Insgesamt wird somit belegt, dass Versuche mit FSH-Prüfkörpern geeignet sind, die Einschraub-Spaltkraft und ihren Verlauf über den Einschraubweg zu ermitteln. Hierbei ist die Korrektur der Versuchsergebnisse gemäß Gleichung (20) zu berücksichtigen.

3.4 Experimentelle Rissflächenermittlung

3.4.1   Verfahren zur Erfassung und Beschreibung von Rissflächen

Bei konventionellen Einschraubversuchen stehen als Beurteilungskriterien für das Spaltverhalten nur die äußerlich sichtbaren Risserscheinungen zur Verfügung. Eine sichere Aussage zum quantitativen und qualitativen Spaltverhalten ist bei derartigen Versuchen im Grunde nur möglich, wenn ein Versagen des Prüfkörpers durch völliges Aufspalten oder Rissbildung bis zum Hirnholz vorliegt. In anderen Fällen ist die Beurteilung deutlich schwieriger. Über die Größe der gerissenen Fläche und deren Verteilung kann auf Grundlage von an der Oberfläche beobachteten Risserscheinungen keine Aussage getroffen werden. Eine sinnvolle Überprüfung der Rissausbreitung muss demnach in der Rissebene über die gesamte Querschnittshöhe des Versuchsholzes erfolgen. Zur Visualisierung der Rissausbreitung wurde ein bereits von Lau (1990) bzw. Lau et. al. (1987, 1990) angewendetes Verfahren aufgegriffen. Hierbei wird die Schraube wie üblich in ein Versuchsholz eingeschraubt, siehe Bild 3-73 und Bild 3-74. Das Einschrauben erfolgt mit Hilfe einer Schablone, um ein Verlaufen der Schraube innerhalb des Holzes zu verhindern. Eine Behinderung der Rissbildung im Holz durch Reibung oder Zwängungen während des Einschraubvorgangs wird durch die Prüfkörperanordnung weitgehend ausgeschlossen. Beim Eindrehen der Schraube wird darauf geachtet, dass der Kopf mindestens bündig mit der Holzoberfläche abschließt. Im Anschluss an den Einschraubvorgang wird die Schraube wieder herausgedreht. Die durch das Durchschrauben entstandene Austrittsöffnung im Holz wird an der Oberfläche abgedichtet. Anschließend wird eine dünnflüssige Farbe (z. B. farbige Beize) in das durch das Einschrauben entstandene Loch eingefüllt, siehe Bild 3-75.

Bild 3-73   Einschrauben unter Verwendung einer Schablone

Bild 3-74   Vermeidung von Zwängungen und Reibung beim Einschrauben durch auskragende Prüfkörperanordnung

Bild 3-75   Abdichten der Prüfkörper und Einbringen der Farbe

Aufgrund der Kapillarwirkung breitet sich die Farbe entlang der entstandenen Risse im Holz aus, so dass der gerissene Bereich eingefärbt wird. Voruntersuchungen haben gezeigt, dass sich die ausgewählte Pigmentbeize i. d. R. lediglich im Bereich der Risse ausbreitet. Nach einer Trocknungszeit wurden die Hölzer in der Rissebene mit einem Stemmeisen entlang der Faserrichtung geöffnet, wodurch die eingefärbten Rissflächen sichtbar wurden. Um ein präzises Öffnen der Prüfkörper zu ermöglichen, wurden jeweils hirnholzseitig in der Rissebene Sägeschnitte vorgesehen. Das Einsägen wurde so durchgeführt, dass die Sägeschnitte außerhalb des eingefärbten Rissbereichs lagen. In Bild 3-76 ist das Öffnen der Prüfkörper dargestellt.

Eine Einfärbung außerhalb der Risse kann im Bereich der maßgebenden Rissspitzen und Rissflanken ausgeschlossen werden oder ist nur gering. Zum Nachweis wurden u. a. Hölzer mit eingefärbten Rissen rechtwinklig zur Faserrichtung bzw. zur Rissebene aufgetrennt, so dass der eingefärbte Riss im Holzquerschnitt sichtbar wurde. Durch Auftrennen des Holzes in regelmäßigen Abständen konnte somit das Risswachstum im Querschnitt entlang der Rissfortschrittsrichtung sichtbar gemacht werden. Bild 3-77 zeigt die Querschnitte eines Prüfkörpers bei Auftrennung in Abständen von je rund 10 mm. Hieraus wird ersichtlich, dass das Holz eindeutig nur im unmittelbaren Rissbereich eingefärbt wird.

Bild 3-76   Auftrennen der Prüfkörper und geöffneter Prüfkörper

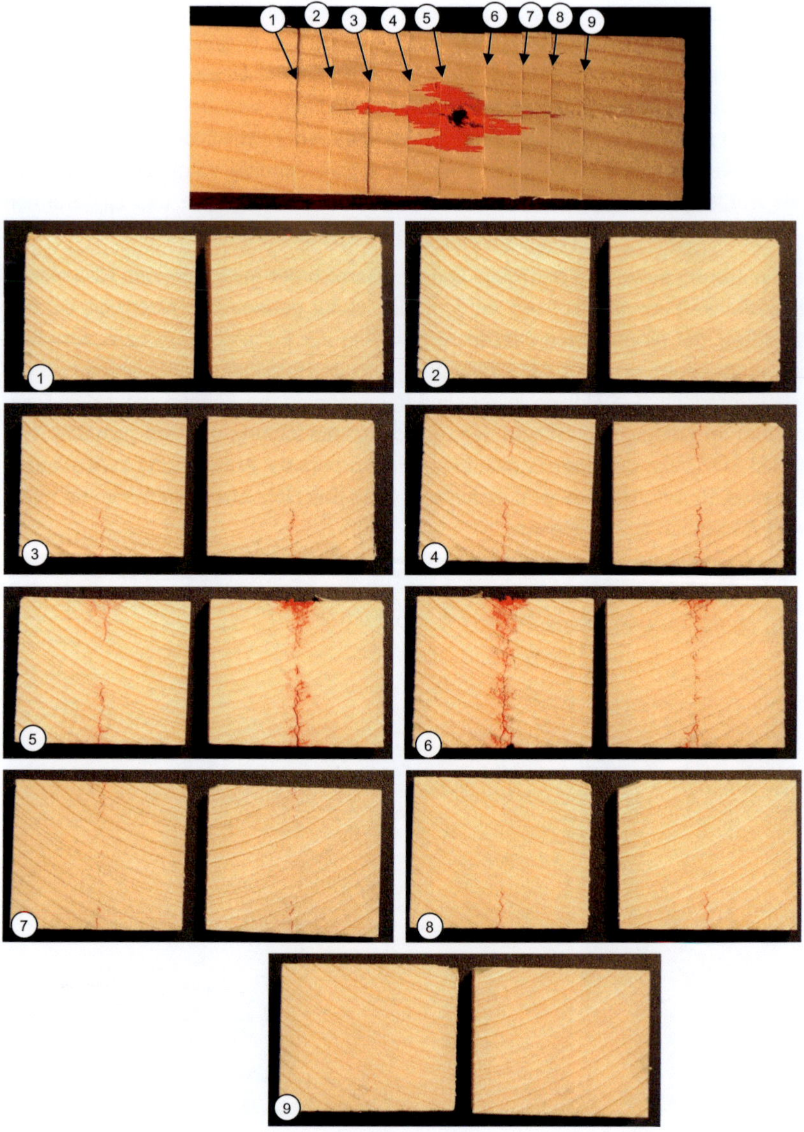

Bild 3-77   In mehreren Querschnitten aufgetrennter Prüfkörper mit Einfärbung des Rissbereichs entlang des Rissfortschritts

Das Prüfverfahren kann auch für Anschlussbilder mit mehreren faserparallel hinter-einander angeordneten Schrauben verwendet werden. Zur besseren Unterscheidung und Zuordnung von sich ggf. überschneidender Rissflächen bietet es sich an, diese alternierend mit zwei unterschiedlichen Farben zu visualisieren. Bild 3-78 zeigt einen entsprechenden Prüfkörper.

Beim Prüfkörper in Bild 3-78 übergreifen sich die Rissflächen teilweise. Dieses Auf-treten von Rissflächen mit parallel versetzten Rissebenen kann häufiger im Bereich zwischen zwei Schrauben beobachtet werden. Die wesentlichen Ursachen hierfür sind Faserabweichungen und die Lage der Initialrisse beim Einschrauben. Letztere wird durch die Torsionsbewegung der Schraube beeinflusst. Durch die Form der Schraubenspitze, durch Fräsrippen an der Spitze, am Schaft oder unter dem Kopf sowie durch Reibung an den Gewindeflanken und am Schraubenkern können Holz-fasern in Richtung der Drehbewegung mitgeführt werden.

Eine daraus folgende versetzte Rissbildung zeigt Bild 3-79 an der Oberfläche eines Einschraubversuches. Der Versatz zwischen den Rissebenen beträgt meist ungefähr die Hälfte des Außendurchmessers der Schraube. Demnach kann eine um $d/2$ rechtwinklig zu Faserrichtung versetzte Schraubenanordnung dazu führen, dass die Rissflächen zwischen den Schrauben in einer Ebene liegen.

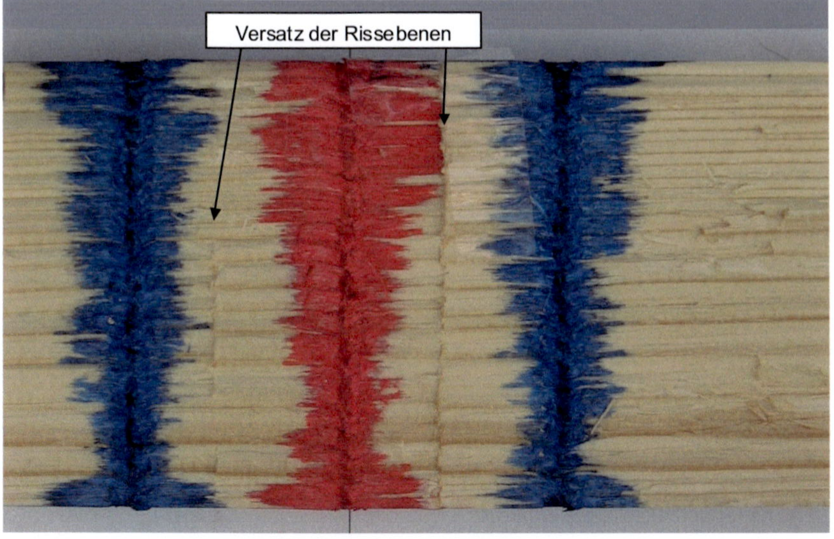

Bild 3-78   Aufgetrennter Prüfkörper mit mehreren Schrauben in einer Reihe, Rissflächen eingefärbt und freigelegt

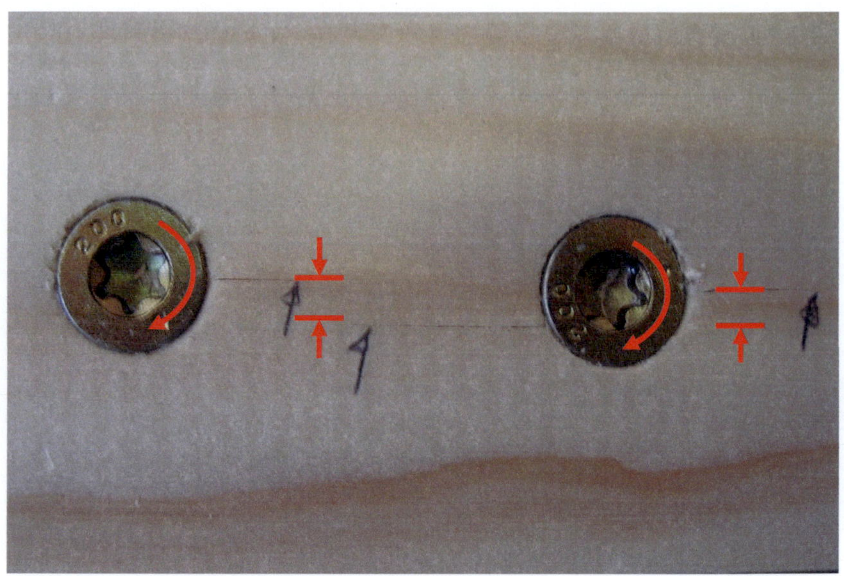

Bild 3-79   Versetzte Rissbildung beim Eindrehen

Die Frage einer ggf. günstigen Auswirkung durch das Versetzen der Schraube, welche gelegentlich diskutiert wird, ist unter dem oben genannten Aspekt eher kritisch zu sehen. Für Nägel und Stabdübel wurde die versetzte Anordnung bereits vielfach untersucht, vgl. u. a. Egner (1953), Marten (1953), Ehlbeck und Görlacher (1982), Ehlbeck und Siebert (1988), Ehlbeck und Werner (1989). In fast allen Untersuchungen konnte keine günstige Auswirkung verifiziert werden, so dass die entsprechenden Regelungen nicht mehr in den Bemessungsnormen (z. B. DIN 1052: 2008) zu finden sind.

Zur Ermittlung der quantitativen Rissausdehnung werden an den geöffneten Prüfkörpern die eingefärbten Rissflächen mit einem Messprojektor erfasst. Die Begrenzung der Rissfläche wird hierzu in Messpunkte aufgelöst, die anschließend durch einen Polygonzug verbunden werden. Die Anzahl der Messpunkte wird so gewählt, dass der resultierende Graph das charakteristische Rissbild des Prüfkörpers wiedergibt und eine ausreichend genaue Berechnung der Rissfläche ermöglicht wird.

Bild 3-80 zeigt das typische Rissbild eines Prüfkörpers mit einer Schraube. In der Darstellung sind die Graphen eingetragen, die die Begrenzungen der Rissflächen bilden. Diese Graphen wurden mit Hilfe der Koordinaten der Messpunkte aus der Rissflächenvermessung generiert.

Bei Anschlussbildern mit mehreren Schrauben in einer Reihe wird das Rissbild für jede Schraube separat ausgewertet. Im Bereich zwischen zwei Schrauben können sich Rissflächen so überschneiden, dass eine eindeutige Zuordnung nicht möglich ist. In diesem Fall wird der gemeinsame Flächenanteil aufgeteilt. Als Begrenzung der jeweiligen Flächen wird eine Gerade parallel zur Schraubenachse im Abstand von $a_1/2$ festgelegt, siehe Bild 3-81.

Für die weiteren Auswertungen wurden die in Bild 3-82 angegebenen Risslängen- und Rissflächenbezeichnungen definiert. Diese werden entsprechend auf Anordnungen mit mehreren Schrauben übertragen, siehe Bild 3-83.

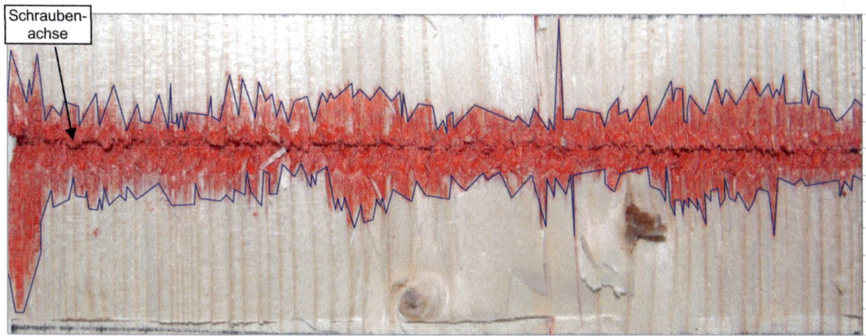

Bild 3-80   Aufgetrennter Prüfkörper zur Ermittlung der Rissausdehnung, Rissfläche mit Graphen der Rissflächenbegrenzung aus der Messung am Messprojektor

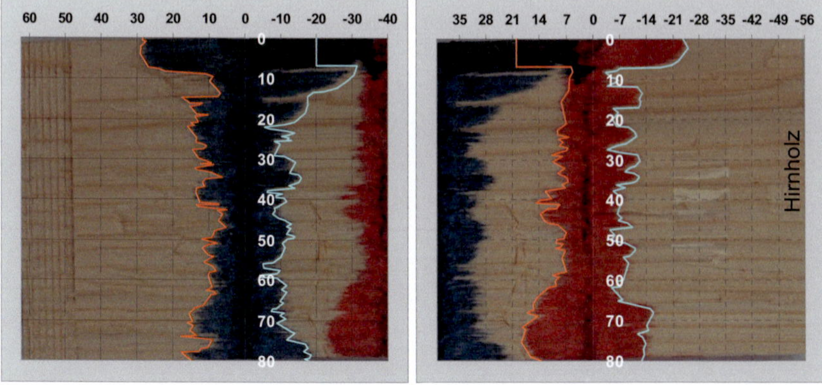

Bild 3-81   Aufgetrennter Prüfkörper (2.2-A-1-03, $m = 1$) mit zwei Schrauben pro Reihe, Rissflächenbegrenzung mittels Polygonzug durch Messwerte

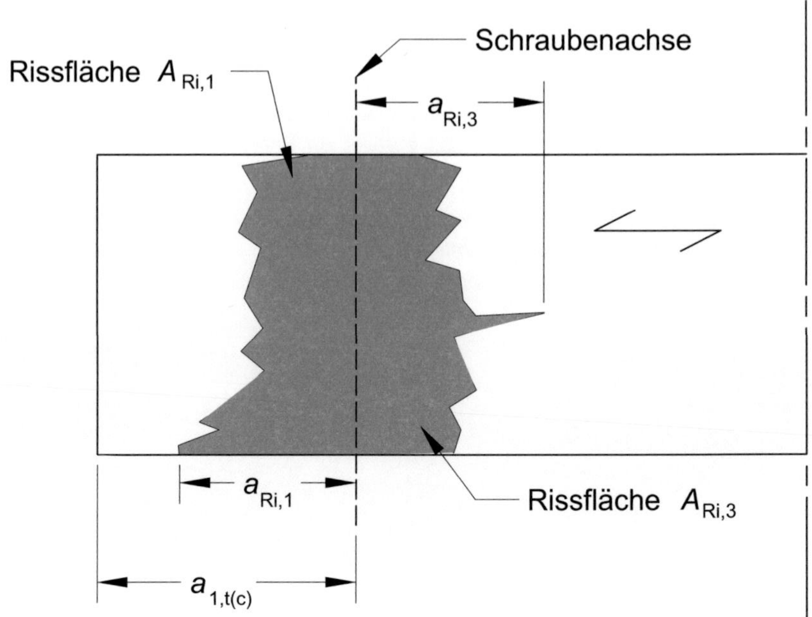

Bild 3-82   Definition der Rissflächen und Risslängen bei Anordnung einer Schraube

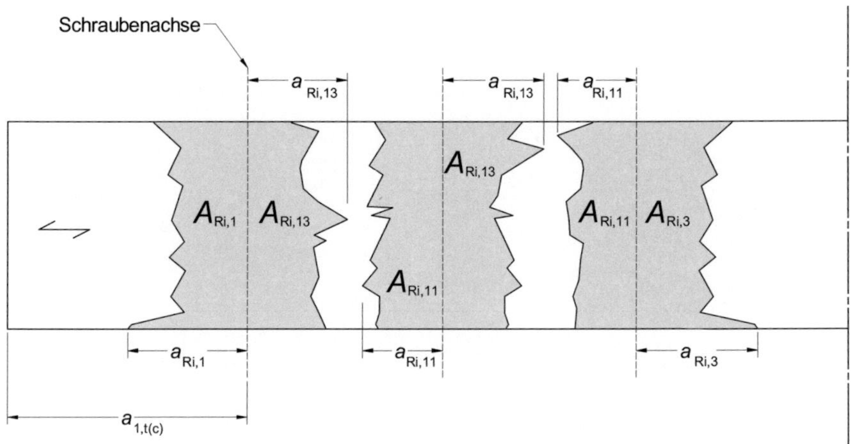

Bild 3-83   Definition der Rissflächen und Risslängen für Einschraubbilder mit mehreren Schrauben

Als weiteres Kriterium zur Beschreibung der Rissausdehnung wird der Abstand e_{085} definiert, siehe Bild 3-84. Innerhalb des Abstandes e_{085} von der Schraubenachse liegen 85 Prozent der jeweiligen Rissfläche $A_{Ri,1}$ bzw. $A_{Ri,3}$. Analog zur Bezeichnung der Rissfläche bezieht sich der Abstand $e_{085,1}$ auf die Rissfläche zwischen Schraubenachse und Hirnholzfläche. Der Abstand $e_{085,3}$ bezieht sich auf die Rissfläche $A_{Ri,3}$. Außerdem werden die Abstände e_{050} und e_{095} eingeführt. Innerhalb dieser Abstände liegen 50 Prozent bzw. 95 Prozent der jeweiligen Rissfläche. In Bild 3-85 bis Bild 3-87 sind für ein konkretes Rissbild eines Prüfkörpers die Abstände $e_{085,1}$ und $e_{085,3}$, $e_{050,1}$ und $e_{050,3}$ bzw. $e_{095,1}$ und $e_{095,3}$ dargestellt. Zur Charakterisierung und zum Vergleich von Rissbildern erweist sich insbesondere der Abstand e_{085} als geeignet, da er die Rissfläche signifikant beschreibt. Die Ermittlung eines funktionalen Zusammenhangs zu einer exakten Beschreibung der Rissflächen erweist sich aufgrund der großen Streuungen innerhalb ihrer Geometrie und Ausdehnung nicht als zweckmäßig. Für die Auswertung von Rissbildern mit mehreren Schrauben wurde diese Definition erweitert und ist in Bild 3-88 erläutert. Durch den Abstand e_{085} können auch bei Anordnung mehrerer Schrauben die Rissflächen zutreffend beschrieben werden. In Abschnitt 3.4.2 wird anhand der Auswertung verschiedener Versuchsergebnisse die Eignung der Abstände e_{085} nachgewiesen. Zusätzlich werden Grenzwerte für die Abstände e_{085} als Kriterium für eine zulässige Rissausdehnung vorgeschlagen.

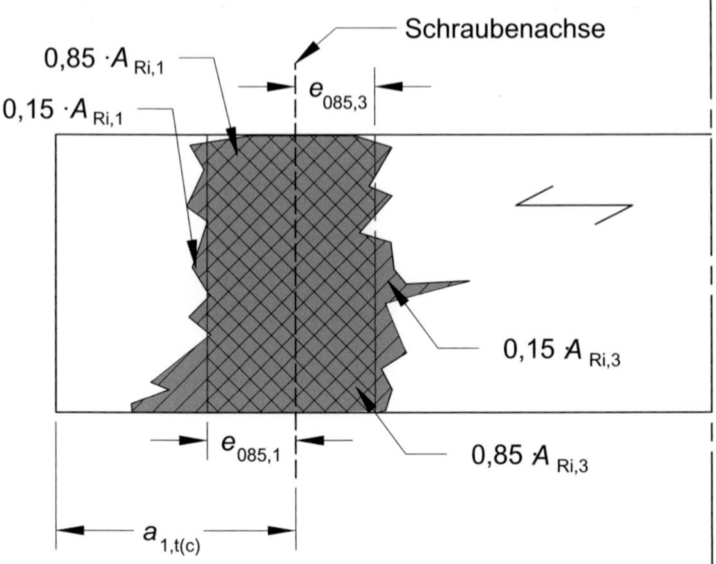

Bild 3-84   Definition der Abstände $e_{085,1}$ und $e_{085,3}$

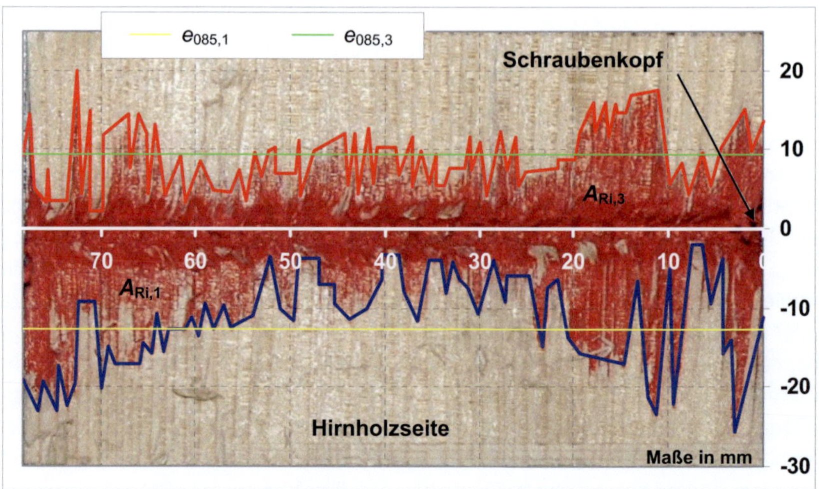

Bild 3-85 Rissbild mit Messkurven und Abständen e_{085} am Beispiel von Versuch 1.1-A-2-03, Schraubentyp A, $d = 8$ mm, $a_{1,c} = 56$ mm, $a_{2,c} = 24$ mm, $t = 80$ mm, $\rho = 497$ kg/m³

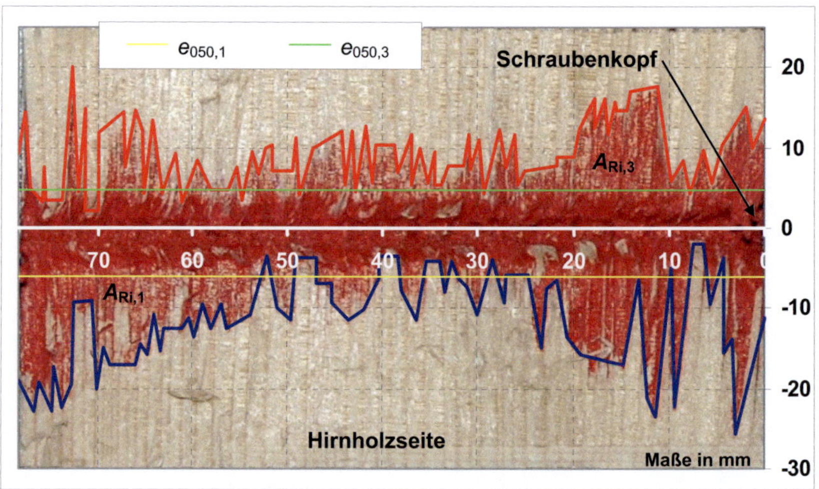

Bild 3-86 Rissbild mit Messkurven und Abständen e_{050} am Beispiel von Versuch 1.1-A-2-03, Schraubentyp A, $d = 8$ mm, $a_{1,c} = 56$ mm, $a_{2,c} = 24$ mm, $t = 80$ mm, $\rho = 497$ kg/m³

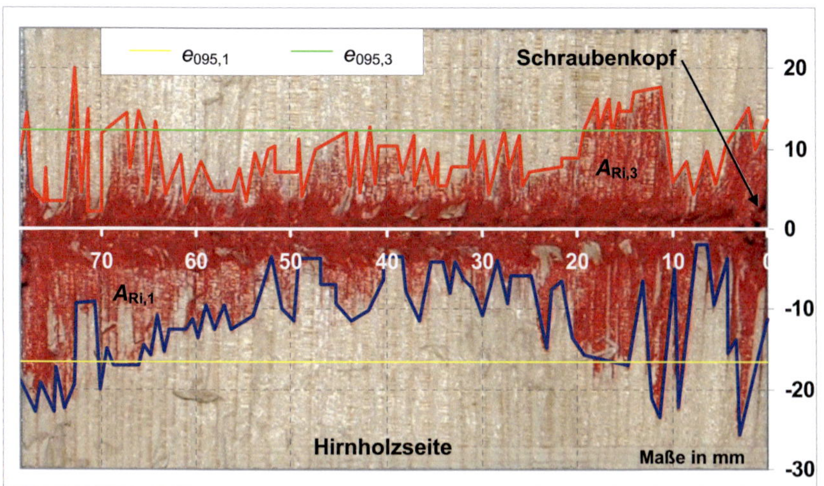

Bild 3-87   Rissbild mit Messkurven und Abständen e_{095} am Beispiel von Versuch 1.1-A-2-03, Schraubentyp A, $d = 8$ mm, $a_{1,c} = 56$ mm, $a_{2,c} = 24$ mm, $t = 80$ mm, $\rho = 497$ kg/m³

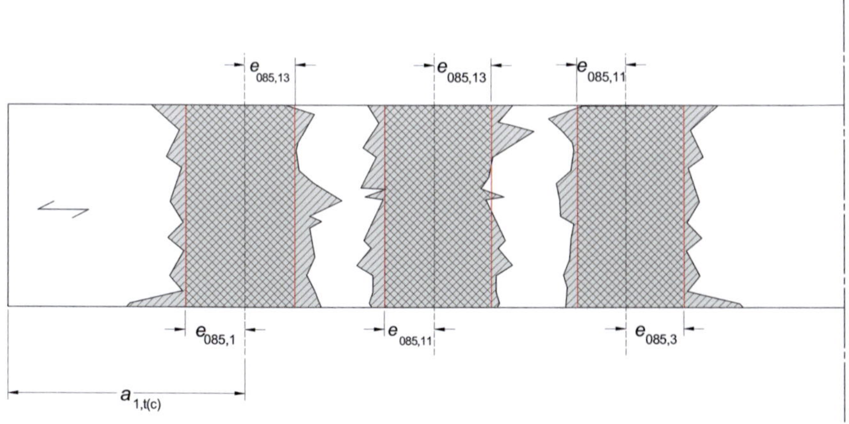

Bild 3-88   Definition der Abstände e_{085} für Einschraubbilder mit mehreren Schrauben pro Reihe

3.4.2   Rissflächen für verschiedene Einschraubbilder

Zur Kalibrierung und Verifizierung des Rechenmodells wurden mit dem in Abschnitt 3.4.1 beschriebenen Prüfverfahren mehrere Versuchsreihen zur Ermittlung von Rissflächen durchgeführt. In 16 Versuchsreihen wurde jeweils eine Holzschraube pro Prüfkörper angeordnet. Die Konfigurationen dieser Versuche mit 8er Schrauben der Typen A, B und C sind in Tabelle 3-7 aufgestellt. Die Untersuchung konzentrierte sich auf die Parameter Schraubentyp, Holzdicke und Hirnholzabstand $a_{1,c}$.

Insgesamt wurden in der Reihe 1.1 83 Einzelversuche durchgeführt, von denen 71 ausgewertet werden konnten. Bei den übrigen Versuchen war es nicht möglich, die Rissflächen für eine fehlerfreie Erfassung freizulegen, oder die Prüfkörper wurden beim Öffnen zerstört.

Tabelle 3-7   Einschraubversuche der Reihe 1.1 zur Rissflächenermittlung bei Anordnung einer Schraube

| Reihe | Schraubenparameter | | | Holz-dicke | Abstände | | | | Anzahl | |
	Hersteller/ Typ	d mm	m	n	t mm	$a_{1,c}$ mm	a_1 mm	$a_{2,c}$ mm	a_2 mm	gesamt	nicht geeignet
1.1-A-1	A	8	1	1	185	40	-	24	-	12	4
1.1-B-1	B	8	1	1	194	40	-	24	-	12	3
1.1-C-1	C	8	1	1	195	40	-	24	-	12	2
1.1-A-2	A	8	1	1	80	56	-	24	-	5	-
1.1-B-2	B	8	1	1	40	56	-	24	-	5	-
1.1-C-2	C	8	1	1	64	56	-	24	-	5	-
1.1-A-3	A	8	1	1	100	56	-	24	-	3	-
1.1-B-3	B	8	1	1	100	56	-	24	-	3	1
1.1-C-3	C	8	1	1	100	56	-	24	-	3	-
1.1-A-4	A	8	1	1	40	40	-	24	-	4	1
1.1-A-5	A	8	1	1	40	56	-	24	-	4	-
1.1-A-6	A	8	1	1	80	40	-	24	-	3	1
1.1-B-4	B	8	1	1	24	40	-	24	-	4	-
1.1-B-5	B	8	1	1	24	32	-	24	-	4	-
1.1-B-6	B	8	1	1	40	32	-	24	-	2	-
1.1-B-7	B	8	1	1	40	40	-	24	-	2	-

Diese Untersuchungen wurden um 10 Versuchsreihen ergänzt, welche in Tabelle 3-8 aufgeführt sind. In den Versuchsreihen 2.1, 2.2 und 2.3 wurden unterschiedliche Anschlussbilder untersucht. Hierbei wurden neben der Anzahl der Schrauben pro Reihe n und der Anzahl der Schraubenreihen m auch die Abstände der Schrauben untereinander a_1 bzw. a_2 variiert. Die Definition der Schraubenpositionen n_p und m_p ist in Bild 3-89 dargestellt. Insgesamt wurden bei diesen Versuchen 147 Schrauben eingedreht. Die Anzahl der auswertbaren Rissbilder betrug 143. Weitere Untersuchungsparameter waren der Schraubentyp und der maßgebende Hirnholzabstand. Die Holzdicke der Prüfkörper entsprach den erforderlichen Mindestwerten, welche für die betreffenden Schrauben durch konventionelle Einschraubversuche bestimmt worden waren (siehe Tabelle 3-1 in Kapitel 3.1). Der Abstand zum Rand rechtwinklig zur Faserrichtung wurde jeweils zu $a_{2,c} = 3 \cdot d$ bzw. $a_{2,c} = 2{,}75 \cdot d$ gewählt. In allen Versuchsreihen bestanden die Prüfkörper aus Nadelholz der Holzart Fichte/Tanne. Innerhalb jeder Versuchsreihe wurden Hölzer unterschiedlicher Rohdichte verwendet, um deren Einfluss auf die Rissbildung zu erfassen. Soweit es möglich war, wurden die Hölzer so ausgewählt, dass bei den Einschraubversuchen einer Reihe unterschiedliche Winkel zwischen Schraubenachse und Jahrringtangente berücksichtigt werden konnten.

Die Prüfkörpereigenschaften sowie die Ergebnisse der Rissflächenerfassung sind für die Reihe 1.1 in Tabelle 10-12 bis Tabelle 10-27 und für die Reihen 2.1 bis 2.3 in Tabelle 10-28 bis Tabelle 10-37 des Anhangs 10.3 zusammengefasst. Die Angaben in Tabelle 10-12 bis Tabelle 10-37 sind für den jeweiligen Einzelversuch nach Schraubenpositionen gegliedert aufgeführt. Die zugehörige Reihenfolge beim Einschrauben ist ebenfalls dokumentiert.

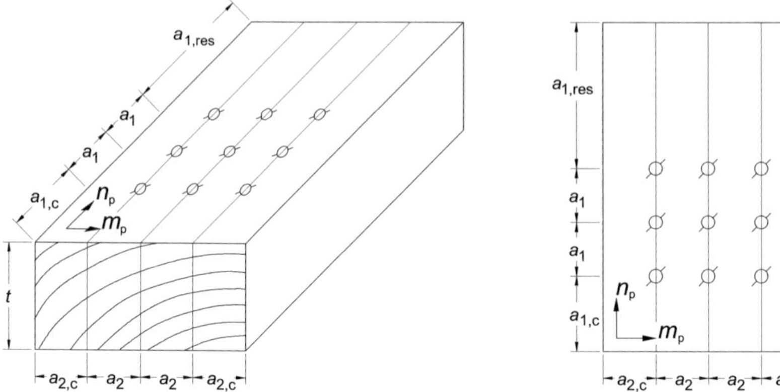

Bild 3-89   Definition der Schraubenpositionen über die Parameter n_p und m_p

Tabelle 3-8   Einschraubversuche der Reihe 2.1-A bis 2.3-A und 2.2-B

| Reihe | Schraubenparameter | | | | Holz-dicke | Abstände | | | | Anzahl | |
	Hersteller/ Typ	d mm	m	n	t mm	$a_{1,c}$ mm	a_1 mm	$a_{2,c}$ mm	a_2 mm	gesamt	nicht geeignet
2.1-A-1	A	8	1	2	80	56	40	24	-	3	-
2.1-A-2	A	8	1	5	80	56	40	24	-	6	-
2.2-A-1	A	8	2	2	80	56	40	24	24	4	1
2.2-A-2	A	8	2	2	80	40	40	22	40	3	-
2.2-A-3	A	8	2	2	80	40	40	24	24	3	-
2.2-A-4	A	8	2	2	80	40	24	22	40	3	-
2.3-A-1	A	8	3	3	80	56	40	24	24	3	-
2.2-B-1	B	8	2	2	40	40	40	22	40	3	-
2.2-B-2	B	8	2	2	40	40	40	24	24	3	-
2.2-B-3	B	8	2	2	40	40	24	22	40	3	-

Zum Eindrehen der Schrauben wurden in der Versuchsreihe 1.1 zwei unterschiedliche, handelsübliche Einschraubgeräte verwendet. Die maximale Leerlaufdrehzahl dieser Geräte betrug nach Herstellerangaben 600 min^{-1} beziehungsweise 300 min^{-1}. Auf der Grundlage der Untersuchungen im Abschnitt 3.3.3.9 (vgl. Bild 3-58), welche mit dem erstgenannten Einschraubgerät durchgeführt wurden, variierte die tatsächliche Drehzahl zwischen 400 min^{-1} und 500 min^{-1}. In den Versuchsreihen 2.1-A bis 2.3-A und 2.2-B wurden die Schrauben mit der in Bild 3-7 gezeigten Prüfmaschine eingedreht. Die Drehzahl wurde hierbei konstant zu U = 100 min^{-1} gewählt.

In Bild 3-90 sind für die 71 Versuche der Reihe 1.1 die Rissflächen in Richtung des Hirnholzes $A_{Ri,1}$ gegenüber den Rissflächen $A_{Ri,3}$ abgetragen. Bild 3-91 zeigt einen Vergleich zwischen den zugehörigen Abständen $e_{085,1}$ und $e_{085,3}$. Das Ergebnis der Korrelationsanalyse zeigt, dass beide Rissflächen im Mittel eine ähnliche Größe aufweisen. Dies gilt insbesondere, wenn der Abstand zum Hirnholz sowie die Holzdicke ausreichend groß sind (z. B. die Anforderungen der Tabelle 3-1 erfüllen), so dass größere Risserscheinungen oder ein Aufspalten des Holzes nicht auftreten. Bei den Versuchen der Reihen 1.1-A-1 bis 1.1-C-3 waren diese Randbedingungen bezüglich der Holzdicke erfüllt. Für den Abstand zum Hirnholz $a_{1,c}$ trifft dies nur auf einen Teil der Versuche zu. Eine Auswertung der Abstände e_{050} und e_{095} ist in Bild 10-11 und Bild 10-12 des Anhangs 10.3 aufgeführt.

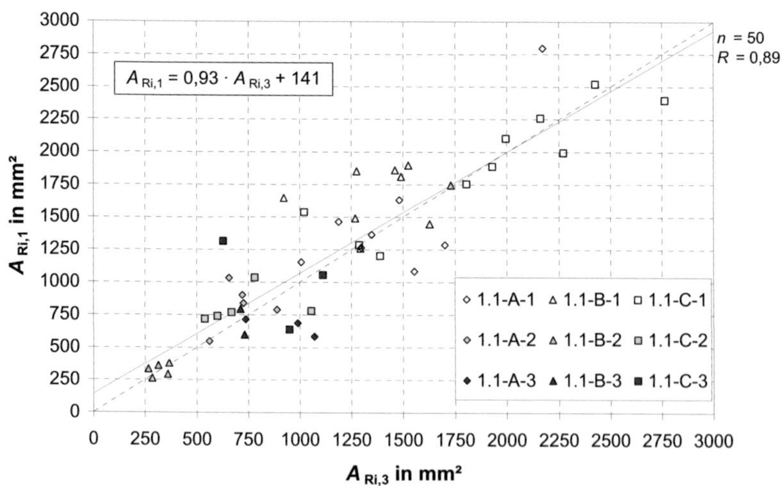

Bild 3-90   Vergleich der experimentell ermittelten Rissflächen $A_{Ri,1}$ und $A_{Ri,3}$ für die Versuchsreihen 1.1-A-1 bis 1.1-C-3

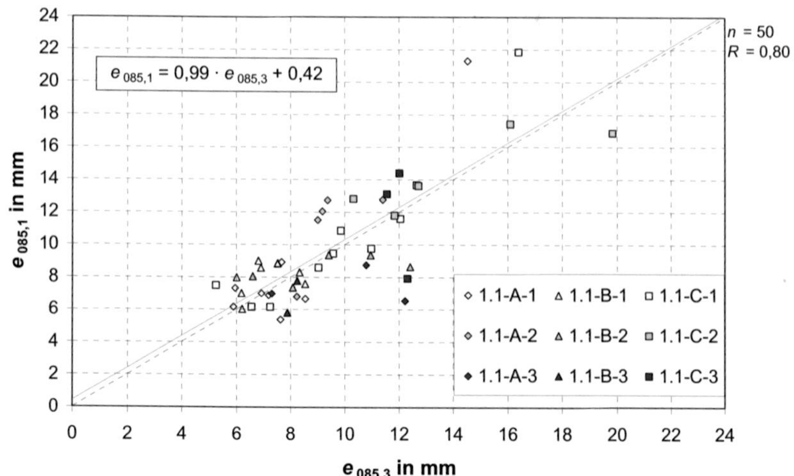

Bild 3-91   Abstand $e_{085,1}$ in Abhängigkeit von Abstand $e_{085,3}$ für die Versuchsreihen 1.1-A-1 bis 1.1-C-3

Größenunterschiede zwischen der Rissfläche zum Hirnholz $A_{Ri,1}$ und der Rissfläche $A_{Ri,3}$ werden zumeist festgestellt, wenn ein Aufspalten oder instabiles Risswachstum auftritt, dessen Folge Risserscheinungen größeren Ausmaßes sind. Dasselbe gilt für die korrespondierenden Abstände $e_{085,1}$ und $e_{085,3}$. Daher wurde für einen Teil der folgenden Auswertungen auf eine entsprechende Differenzierung verzichtet.

In Bild 3-92 sind die Abstände $e_{085,1}$ und $e_{085,3}$ in Abhängigkeit von der jeweiligen Rohdichte dargestellt. Unabhängig von Schraubentyp, Rohdichte, Hirnholzabstand $a_{1,c}$ und Holzdicke t ergibt sich für die untersuchten 8er Schrauben eine Mindestausdehnung der Rissflächen. Zur Charakterisierung dieses Mindestwertes wurde für die 142 Beobachtungen der 5%-Quantilwert für den Abstand e_{085} zu 6,1 mm berechnet. Dies entspricht ca. 76 % des Schraubennenndurchmessers bzw. dem rund 1,53-fachen Radius. Im Einzelnen ergaben sich die 5%-Quantile der Abstände e_{085} zu 5,9 mm für Schraubentyp A, zu 6,0 mm für Schraubentyp B und zu 6,1 mm für Schraubentyp C. Zur Verdeutlichung wird in Bild 10-13 des Anhangs 10.3 der Zusammenhang nochmals für die unterschiedlichen Holzdicken gezeigt. In Bild 10-14 ist die untere Grenze der Rissausdehnung auch anhand der Darstellung der Rissflächen $A_{Ri,1}$ und $A_{Ri,3}$ in Abhängigkeit von der Rohdichte zu erkennen. Für die Darstellung wurde die tatsächliche Rissfläche durch Division mit der potentiellen Rissfläche normiert. Die potentielle Rissfläche wurde jeweils als Produkt aus Holzdicke t und Hirnholzabstand $a_{1,c}$ berechnet.

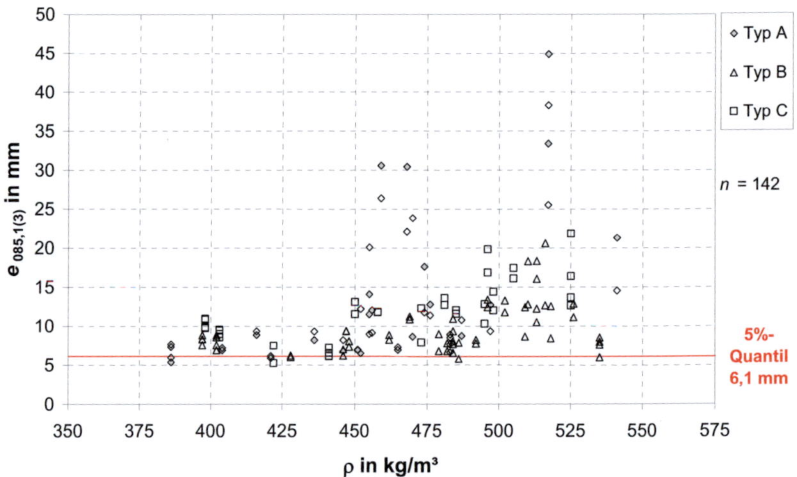

Bild 3-92   Abstand $e_{085,1}$ und Abstand $e_{085,3}$ in Abhängigkeit von der Rohdichte für Reihe 1.1

Als weitere Größe zur Beurteilung des Spaltverhaltens kann der Quotient aus Abstand $e_{085,1}$ und Hirnholzabstand $a_{1,c}$ verwendet werden. Hiermit kann die Gefahr des Versagens durch völliges Aufspalten bzw. Rissbildung bis zum Hirnholz quantifiziert werden. In Bild 3-93 und Bild 3-94 ist der Quotient in Abhängigkeit von der Rohdichte dargestellt. Bei den Versuchen der Reihen 1.1-A-1 bis 1.1-C-3 waren in allen Anordnungen die Mindestholzdicken nach Tabelle 3-1 eingehalten. Die Anforderungen an die Mindestabstände $a_{1,c}$ wurden in den Unterreihen 1.1-A-2 bis 1.1-C-3 nur für die Schraubentypen A und C erfüllt. In den Unterreihen 1.1-A-1 bis 1.1-C-1 betrug der Abstand zum Hirnholz lediglich $a_{1,c} = 5 \cdot d$, wobei jedoch die Holzdicke deutlich größer als der erforderliche Mindestwert gewählt wurde. Die Holzdicke t betrug das 2,3-fache (Typ A), das 3-fache (Typ C) bzw. 4,85-fache (Typ B) der jeweiligen Mindestholzdicke nach Tabelle 3-1, die von Blaß et. al (2006) mit konventionellen Einschraubversuchen ermittelt wurde. Eine Besonderheit dieser Versuchsreihe war außerdem, dass bei der völlig eingedrehten Schraube die Schraubenspitze die Holzoberfläche nicht völlig durchdrang. In den übrigen Versuchsreihen (1.1-A-4 bis 1.1-A-6 und 1.1-B.4 bis 1.1-B.7) wurden die Anforderungen an die Mindestabstände $a_{1,c}$ und/oder Mindestholzdicken nicht eingehalten, da in diesen Versuchen größere Rissbildungen bzw. Spalterscheinungen auftreten sollten. Mit diesen Versuchen werden im Rahmen der Verifizierung des Rechenmodells (Abschnitt 3.5.6) die Simulationsergebnisse auch im Grenzbereich des Versagens überprüft. Die größten Risserscheinungen sind bei Prüfkörpern mit höheren Rohdichten zu beobachten. Bei diesen Prüfkörpern ist die Gefahr des Aufspaltens infolge eines dynamischen Risswachstums höher.

Sind die Randbedingungen so eingehalten, dass lediglich Risserscheinungen geringeren Ausmaßes auftreten, ist die Abhängigkeit der Rissausdehnung von der Rohdichte nur noch tendenziell vorhanden. Das gilt insbesondere für Hölzer, deren Rohdichte weniger als 450 kg/m³ bzw. 475 kg/m³ beträgt. Ein derartiges Verhalten zeigt sich auch bei den Versuchen der Reihen 1.1-A-1 bis 1.1-C-3, bei denen sich zudem die Ergebnisse für Prüfkörper geringerer Rohdichte für die drei Schraubentypen kaum unterscheiden. Dies kann jedoch u. a. mit dem nicht völligen Durchschrauben der Bohrspitze erklärt werden. Durch das Austreten der Schraubenspitze aus dem Holz wird i. d. R. ein weiteres Risswachstum hervorgerufen, das zu einer Vergrößerung der Rissfläche führt.

Im Allgemeinen unterliegen die in Einschraubversuchen ermittelten Rissflächen großen Streuungen innerhalb einer Versuchsreihe. Selbst bei gleichen Prüfkörpereigenschaften ist die Reproduzierbarkeit von Versuchsergebnissen problematisch. Dies ist u. a. auf lokale strukturelle Änderungen des Holzes zurückzuführen. Ein weiterer Grund liegt in dem nicht bekannten, jeweils variierenden Eigenspannungszustand der Prüfkörper, welcher die Rissausbreitung beeinflussen kann.

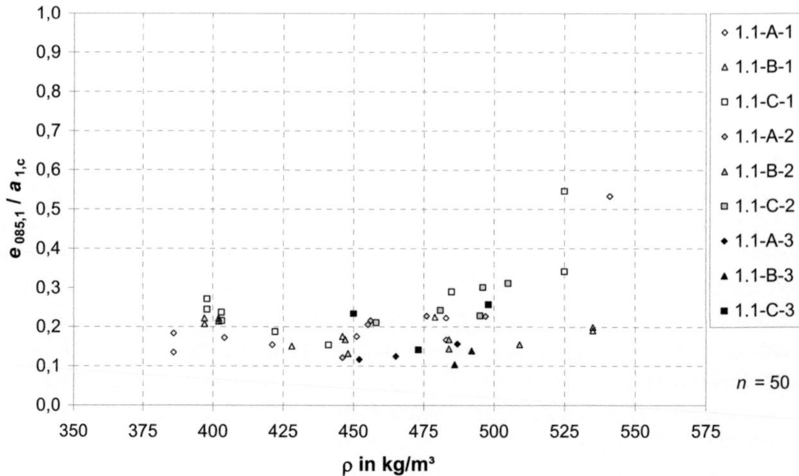

Bild 3-93   Quotient aus Abstand $e_{085,1}$ und Hirnholzabstand $a_{1,c}$ in Abhängigkeit von der Rohdichte für die Versuchsreihen 1.1-A-1 bis 1.1-C-3

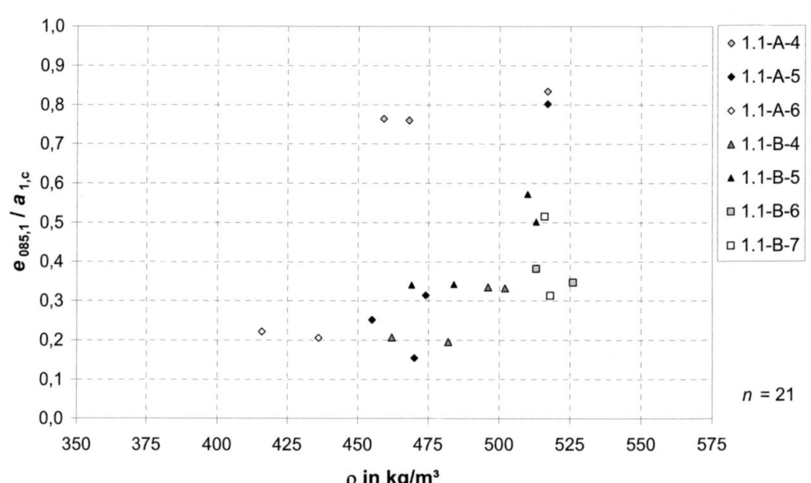

Bild 3-94   Quotient aus Abstand $e_{085,1}$ und Hirnholzabstand $a_{1,c}$ in Abhängigkeit von der Rohdichte für die Reihen 1.1-A-4 bis 1.1-A-6 und 1.1-B.4 bis 1.1-B.7

Mit Hilfe einer multiplen Regressionsanalyse wurden Modelle zur Ermittlung von Vorhersagewerten für die Abstände $e_{085,1}$ und $e_{085,3}$ abgeleitet. Aufgrund der Abweichungen in der Versuchsdurchführung wurden die Ergebnisse der Reihen 1.1-A-1 bis 1.1-C-3 bei der Auswertung nicht berücksichtigt, so dass lediglich 88 von insgesamt 142 Beobachtungen zur Verfügung standen. Zudem wurden der Schraubendurchmesser und der Abstand zum Bauteilrand rechtwinklig zur Faserrichtung ($a_{2,c}$) nicht in die Regressionsuntersuchungen einbezogen. Diese Parameter wurden bei den Versuchen zur Verifizierung des numerischen Rechenmodells nicht variiert, so dass der Gültigkeitsbereich der Modelle zur Vorhersage der Rissausdehnung entsprechend eingeschränkt werden muss. Vorhersagewerte für die Abstände $e_{085,1}$ bzw. $e_{085,3}$ können mit Gleichung (22) berechnet werden.

$$e_{085,1(3)} = 0,004 \cdot \rho^{1,96} \cdot a_{1,c}^{-0,05} \cdot t^{-0,88} \cdot \kappa_{Typ}^{2,02} \quad \text{in mm} \tag{22}$$

mit

ρ Rohdichte in kg/m³

$a_{1,c}$ Abstand des Verbindungsmittels zum unbeanspruchten Hirnholz in mm

t Holzdicke in mm

κ_{Typ} Beiwert zur Berücksichtigung von schraubenspezifischen Einflüssen auf das Spaltverhalten

            κ_{Typ} = 1,00 für Typ A, Referenzschraube

            κ_{Typ} = 0,54 für Typ B

            κ_{Typ} = 0,85 für Typ C

Verbindungsmittelspezifische Einflüsse auf das Spaltverhalten werden über den Beiwert κ_{Typ} erfasst, welcher aus den Ergebnissen der Versuche zur Ermittlung der Spaltkräfte abgeleitet wurde. Der Beiwert κ_{Typ} gibt das Verhältnis zwischen den in den Versuchen ermittelten mittleren Gesamtkräften in Bezug zu den Ergebnissen für die Referenzschraube (Typ A) an. Zur Ermittlung von κ_{Typ} wurde für die Schraubentypen B und C aus den Ergebnissen der vier in Tabelle 3-5 aufgeführten Versuchsreihen das arithmetische Mittel der Verhältnisse der mittleren Gesamtkräfte gebildet.

Ein Vergleich zwischen den in den Versuchen ermittelten Abständen $e_{085,1}$ bzw. $e_{085,3}$ und den mit Gleichung (22) berechneten Vorhersagewerten ist in Bild 3-95 dargestellt. Der Korrelationskoeffizient nach der Methode der kleinsten Abstandsquadrate beträgt $R = 0,78$. Die Steigung der Regressionsgeraden beträgt $m = 1,02$ und der Ordinatenabschnitt $b = 0,66$.

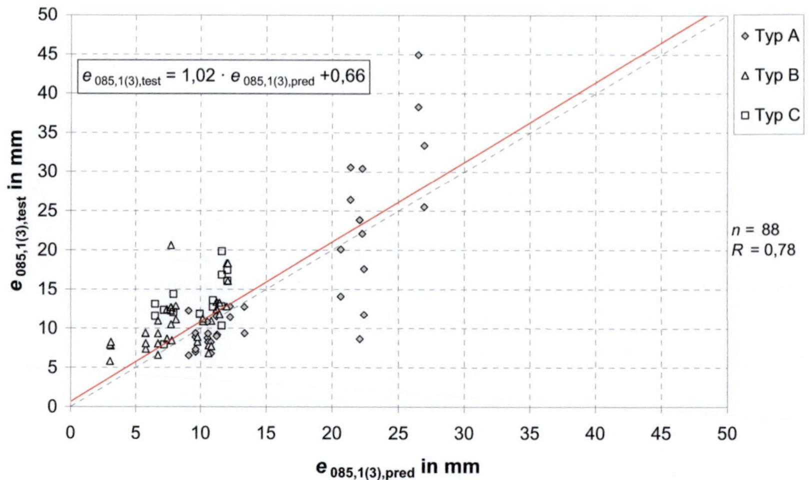

Bild 3-95   Vergleich zwischen den Versuchsergebnissen für die Abstände $e_{085,1}$ bzw. $e_{085,3}$ und den Erwartungswerten gemäß Gleichung (22)

Für die Rissausdehnung in Richtung des Hirnholzes wurde zusätzlich eine separate Auswertung durchgeführt. Aus einer multiplen Regressionsanalyse der 44 Beobachtungen für den Abstand $e_{085,1}$ konnte der in Gleichung (23) angegebene Zusammenhang für die Berechung von Erwartungswerten ermittelt werden.

$$e_{085,1} = 0,0011 \cdot \rho^{2,16} \cdot a_{1,c}^{-0,11} \cdot t^{-0,77} \cdot \kappa_{Typ}^{2,05} \quad \text{in mm} \tag{23}$$

In Bild 3-96 sind die Versuchsergebnisse für $e_{085,1}$ den Erwartungswerten gegenübergestellt. Der Korrelationskoeffizient wurde zu $R = 0,75$ berechnet. Die Gleichung der Regressionsgeraden ist in Bild 3-96 angegeben.

Erwartungsgemäß konnten für beide Regressionsmodelle ungefähr die gleichen Einflüsse der untersuchten Parameter auf die Vorhersagewerte festgestellt werden. Es ist auffallend, dass die simulierten Abstände $e_{085,1}$ nur in geringem Maß negativ mit dem Hirnholzabstand $a_{1,c}$ korrelieren. Dies ist darauf zurückzuführen, dass im Rahmen der Versuchsreihen nur Abstände zwischen $4 \cdot d$ und $7 \cdot d$ untersucht wurden und somit eine begrenzte Variation dieser Größe vorlag. Des Weiteren ist der Einfluss des Hirnholzabstandes auf die resultierenden Rissflächen erst dann maßgebend, wenn sich die Rissfront dem Hirnholzende soweit nähert, dass es zum Versagen des Holzes durch Aufspalten kommt. Bei ausreichendem Abstand $a_{1,c}$ kann auch auf ein zunächst dynamisches Risswachstum ein Rissarrest folgen.

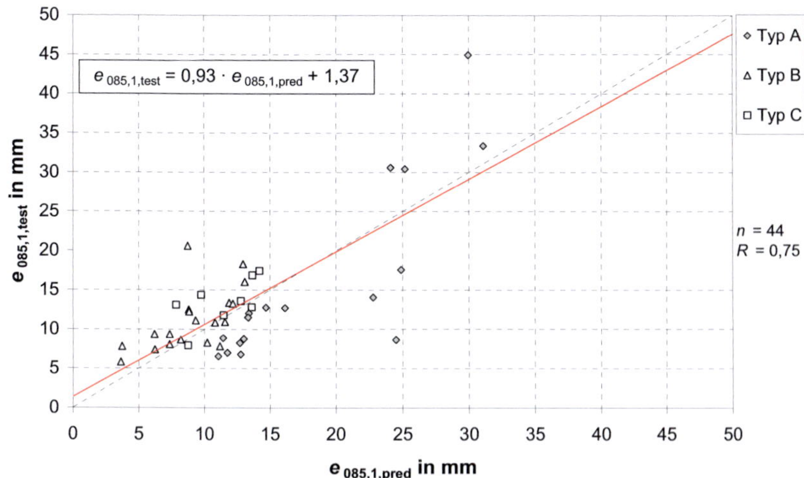

Bild 3-96   Vergleich zwischen den Versuchsergebnissen für die Abstände $e_{085,1}$ und den Erwartungswerten gemäß Gleichung (23)

Zur Beschreibung der Größe und der Form der Rissausdehnung wurden die Abstände e_{085} definiert. Bild 3-97 zeigt einen Vergleich zwischen den tatsächlichen, experimentell ermittelten und den mit e_{085} berechneten Rissflächen. Hierzu wurde der Abstand e_{085} mit der Holzdicke t multipliziert. Die Berechnung bezieht sich auf die Teilrissflächen $A_{Ri,1}$ und $A_{Ri,3}$ bzw. $A_{Ri,11}$ und $A_{Ri,13}$.

Es ergeben sich in der Regel konservative oder zutreffende Rissflächen. Eine Unterschätzung der tatsächlichen Rissfläche bei einer Berechnung mit e_{085} tritt nur bei größeren Risserscheinungen auf, die sich über die gesamte Holzdicke t erstrecken. Das heißt, dass die gesamte Rissfront mehr als e_{085} von der Schraubenachse entfernt liegt.

Eine Berechnung der Rissfläche über eine bezogene Länge e_{bez} nach Gleichung (24) würde zwar die genaue Rissfläche liefern, aber deren ungleichmäßige Ausdehnung nicht erfassen.

$$e_{bez} = \frac{A_{Ri,i}}{t} \tag{24}$$

Wie der Vergleich zwischen e_{050}, e_{085} und e_{bez} in Bild 3-98 zeigt, ergibt sich somit eine Unterschätzung des größeren Risswachstums am oberen sowie unteren Bauteilrand, welches insbesondere von der Schraubenspitze und vom Schraubenkopf beeinflusst wird. Der Betrag von e_{085} ist zumeist größer als e_{bez} nach Gleichung (24).

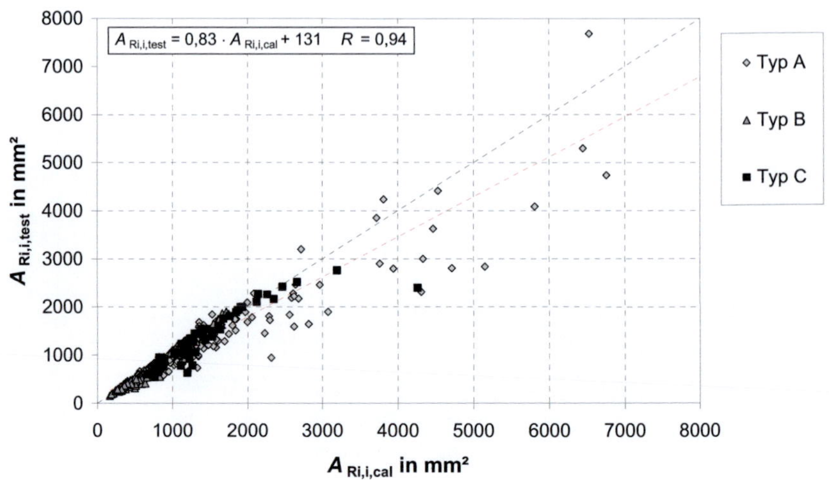

Bild 3-97   Vergleich zwischen experimentell ermittelten Rissflächen und mit e_{085} berechneten Rissflächen

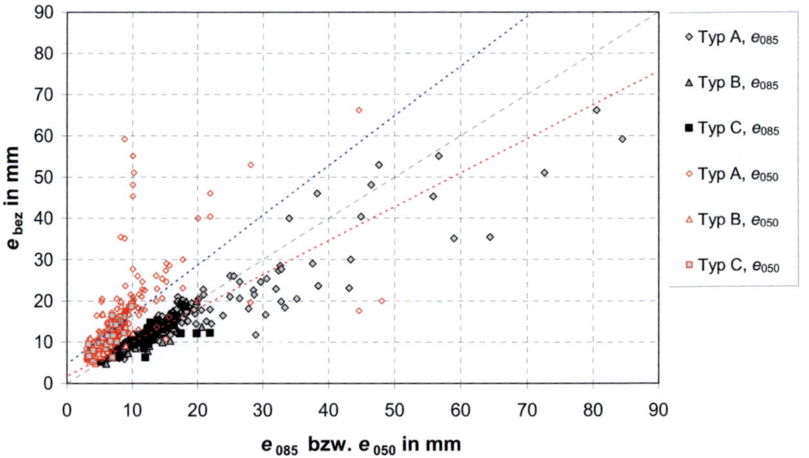

Bild 3-98   Vergleich zwischen e_{050}, e_{085} und e_{bez}

Bild 3-99 zeigt das Verhältnis von $e_{085,1}$ zum Hirnholzabstand $a_{1,c}$ für alle 71 Versuche der Reihe 1.1 in Abhängigkeit von der Rohdichte. Bei den Versuchen 1.1-A-2 bis 1.1.-C-3 lag kein Versagen durch Aufspalten vor. Die Mindestholzdicken und Mindestabstände aus konventionellen Einschraubversuchen werden eingehalten. Bei den anderen Reihen konnte teilweise ein Aufspalten beobachtet werden. Hieraus folgend können folgende Grenzwerte für Maximalwerte und Mittelwerte von $e_{085,1}$ vorgeschlagen werden:

$$e_{085,1,max} \leq 0,4 \cdot a_{1,c} \tag{25}$$

und

$$e_{085,1,mean} \leq 0,25 \cdot a_{1,c} \tag{26}$$

mit

$e_{085,1,max}$ Größter Einzelwert des Abstandes e_{085}

$e_{085,1,mean}$ Mittelwert der Abstände $e_{085,i}$

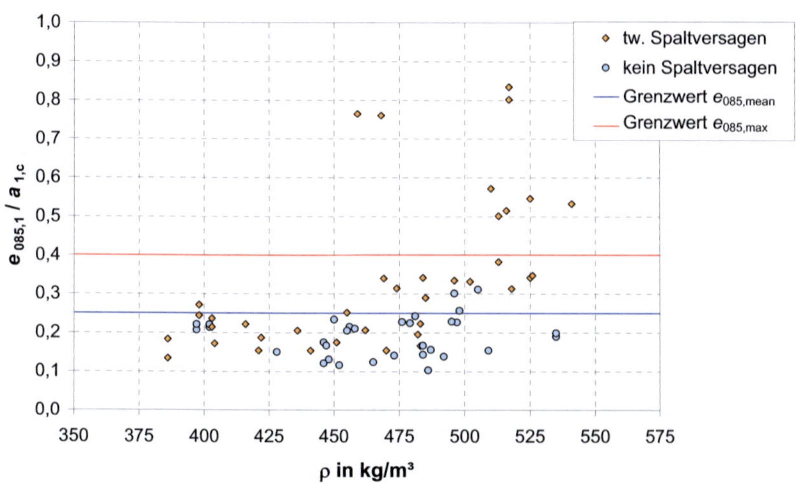

Bild 3-99   Versuchsreihen 1.1, Grenzwerte für das Verhältnis $e_{085,1}$ / $a_{1,c}$ gemäß Gleichung (25) und (26)

3.5 Numerische Untersuchung des Spaltverhaltens

3.5.1 Modelle zur Rissflächenermittlung

Zur Ermittlung der Risslängen beim Einbringen von Verbindungsmitteln wird zunächst ein FE-Modell entwickelt, mit dem das Eindrehen einer einzelnen Schraube untersucht werden kann. Hierzu wird das Programm ANSYS verwendet. Das Holz wird unter Ausnutzung der Symmetrieeigenschaften mit Volumenelementen vom Typ SOLID 45 modelliert, siehe Bild 3-100. Die Elastizitätszahlen werden unter Berücksichtigung der Verhältniswerte nach Neuhaus (1983) bzw. Schmid (2002) so zugewiesen, dass die Anforderungen an den Aufbau der Steifigkeitsmatrix erfüllt sind, wie z. B. in Gleichung (42), Anhang 10.4, dargestellt.

Da im Holzbau zur Herstellung von Anschlüssen i. d. R. mehrere Verbindungsmittel anzuordnen sind, muss dieses Modell erweitert werden. Die Anzahl und Positionierung der Verbindungsmittel in einem Anschluss ergeben sich in Abhängigkeit von den zu übertragenden Schnittgrößen sowie aus der Größe der Anschlussfläche. Häufig werden nicht nur mehrere Verbindungsmittel in Faserrichtung hintereinander angeordnet, sondern auch mehrere Verbindungsmittelreihen vorgesehen. Für Konfigurationen mit mehreren in einer Reihe hintereinander liegenden Schrauben kann die in Bild 3-100 gezeigte Modellierung des Holzbauteils durch Volumenelemente übernommen werden. Hierbei können die Symmetrieeigenschaften ausgenutzt werden, wie in Bild 3-101 dargestellt. Die Symmetrieebene liegt hierbei in der Ebene, in der die Schraube eingedreht wird. In dieser Ebene liegt beim Einschrauben überwiegend eine Querzugbeanspruchung des Holzes vor. Es ist davon auszugehen, dass die Risse in dieser Ebene entstehen. Ein Risswachstum ist in Faserrichtung (Längsrichtung) sowie in Einschraubrichtung über die Holzhöhe h möglich. Ein Abweichen der Risse aus dieser Ebene in Richtung der Holzbreite wird durch das Modell ausgeschlossen. Dies ist durch Versuchsbeobachtungen bei Einschraubversuchen gerechtfertigt. Bei Einschraubversuchen sind derartige Abweichungen von der angenommenen Rissebene nur bei einer starken Faserabweichung zu beobachten, da das Risswachstum entlang der Faserrichtung stattfindet. Die Rissflächen $A_{Ri,i}$ können jedoch in sich übergreifenden Ebenen liegen, s. Bild 3-79 in Abschnitt 3.4. Für die Modellierung wird daher vereinfachend die konservative Annahme getroffen, dass alle Rissflächen in derselben Ebene entstehen. Somit kann ein kompletter Durchriss eintreten, wenn die Rissfronten benachbarter Schrauben aufeinander treffen.

Bild 3-100 bzw. Bild 3-101 zeigen das FE-Modell und die Netzverfeinerung lediglich schematisch. Im Bereich der Lasteinleitung und im Bereich der zu erwartenden Rissfläche ist ein vergleichsweise feines FE-Netz vorgesehen, um die Rissflächen genauer erfassen zu können. Die Netzfeinheit nimmt mit zunehmendem Abstand von der jeweiligen Schraubenachse ab. Für die FE-Berechnungen mit dem Programm

ANSYS wurde eine deutlich größere Elementanzahl verwendet als in den schematischen Darstellungen gezeigt. Hierdurch wurde die Elementgröße je nach Prüfkörpergeometrie auf eine Kantenlänge von bis zu 1 mm reduziert.

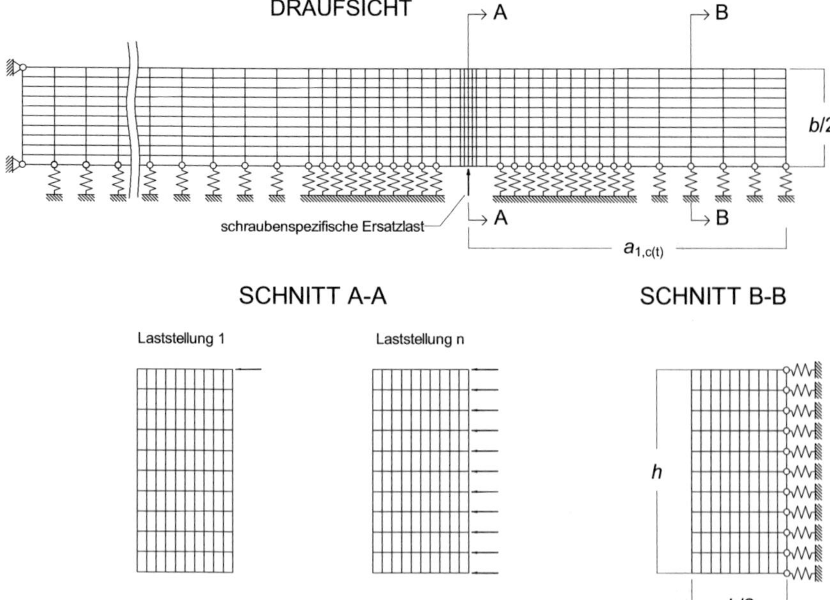

Bild 3-100   Schematische Darstellung des FE-Modells zur Risslängenermittlung bei Anordnung einer Schraube

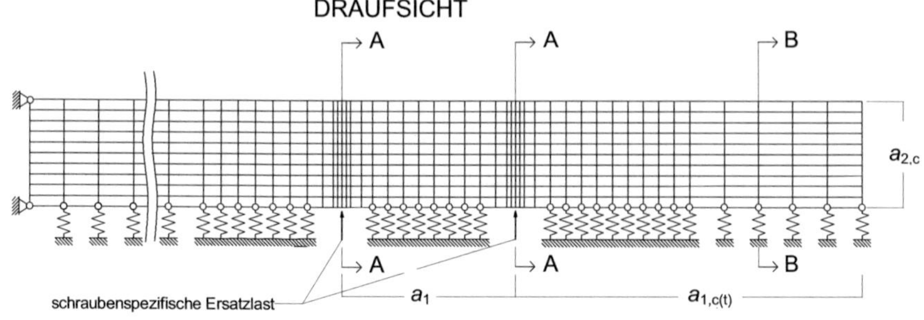

Bild 3-101   Schematische Darstellung des FE-Modells zur Risslängenermittlung bei Anordnung mehrerer Schrauben hintereinander, hier: $n = 2$

Zur Modellierung der Querzugtragfähigkeit werden in der Rissebene nicht-lineare Federelemente (COMBIN 39) angeordnet. Die Federelemente wurden mit Hilfe der Versuchsergebnisse von CT-Proben kalibriert, siehe Abschnitt 3.5.3. In ausreichendem Abstand zum Rissbereich sind im FE-Modell feste Auflager angeordnet. Eine Beeinflussung der Risszone durch diese Auflager kann ausgeschlossen werden.

Bei einer Schraubenreihe wird zunächst das Eindrehen der ersten Schraube simuliert. Der Einschraubvorgang wird durch eine wandernde Streckenlast in Form der Funktion der quasi-statischen Ersatzlast des jeweiligen Schraubentyps abgebildet. Um die Einflussparameter der zu berechnenden Konfiguration auf die Ersatzlast zu berücksichtigen, wird diese mit Gleichung (29) in Abschnitt 3.5.2 angepasst. Die Belastung wird in mehreren Belastungsschritten (Lastschritt 1 bis n) in Einschraubrichtung aufgebracht. Nach jedem Belastungsschritt werden die Verschiebungen und Kräfte in den Federelementen berechnet. Ab einer Grenzverschiebung u_{gr} wird das Federgesetz angepasst. Die Grenzverschiebung u_{gr} kennzeichnet den Übergang zwischen elastischem und plastischem Verhalten der Federn bzw. der Holzfasern bei Querzugbeanspruchung. Das genaue Vorgehen bei der Berechnung des Rissfortschritts ist in Abschnitt 3.5.4 beschrieben. Die anschließende Simulation des Einschraubvorgangs für weitere Schrauben der Verbindungsmittelreihe hat unter Berücksichtigung der jeweils bereits gerissenen oder plastisch verformten Fasern zu erfolgen. Dies geschieht direkt durch die angepassten Kennlinien der Querzugfedern.

Zur Berechnung von Rissflächen für Anschlüsse mit mehreren Schraubenreihen wird das Modell so erweitert, dass der Gesamtquerschnitt mit allen Rissebenen abgebildet wird. Eine schematische Darstellung des entsprechenden FE-Modells wird in Bild 3-102 (links) gezeigt. Den Volumenelementen werden Elastizitätszahlen entsprechend der Holzeigenschaften zugewiesen. Nicht explizit ermittelte Elastizitätsmoduln rechtwinklig zur Faserrichtung bzw. Schubmoduln werden über die Verhältniszahlen nach Neuhaus (1983) bzw. Schmid (2002) berücksichtigt. Der Holzquerschnitt wird in Abhängigkeit der potentiellen Rissebenen in mehrere Quader aufgeteilt, die nicht direkt miteinander verbunden sind. Stattdessen werden zu ihrer Verbindung Federelemente im Bereich der Rissebene angeordnet. Diese Federelemente vom Typ COMBIN 39 dienen zur Modellierung der Querzugtragfähigkeit zwischen den benachbarten Volumenelementen. Ebenfalls können sie Druckkräfte rechtwinklig zur Faserrichtung weiterleiten, so dass keine zusätzlichen Kontaktelemente benötigt werden. Die zu verbindenden Knoten der Volumenelemente werden koinzident angeordnet, so dass die Federn im unverformten Zustand keine Längenausdehnung besitzen. Das bedeutet, der Abstand der Holz-Volumenelemente beträgt $a = 0$. Die schraubenspezifische Ersatzlast zur Charakterisierung des Einschraubvorgangs ist auf beide Holzvolumen als Beanspruchung anzusetzen.

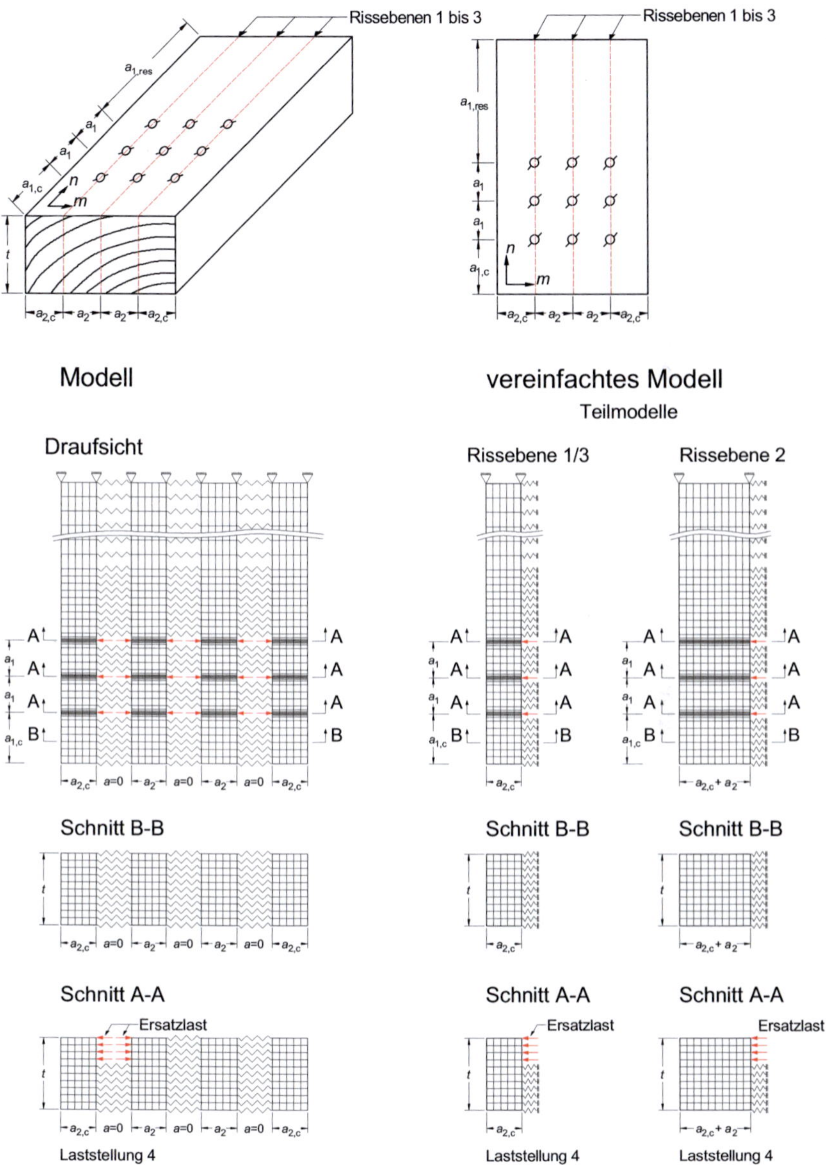

Bild 3-102   Modelle für Schraubenbilder mit mehreren Schraubenreihen

Die Auswertung und Modifizierung des Federgesetzes nach jedem Belastungsschritt erfolgt analog zum ursprünglichen Modell. Die Ersatzlasten für die Schrauben werden gemäß der Einschraubfolge nacheinander angesetzt. Die Simulation eines gesamten Bauteils mit mehreren Schraubenreihen ist aufgrund der im Bereich der Rissflächen notwendigen Netzfeinheit sehr rechenzeitintensiv. Dieses ist insbesondere unter dem Aspekt zu betrachten, dass der Einschraubvorgang schrittweise simuliert werden muss. Jeder Lastschritt erfordert eine Berechnung am Gesamtsystem. Daher wird eine Berechnung an einem vereinfachten Modell vorgeschlagen, welches aus mehreren Teilmodellen besteht. Die Anzahl der Teilmodelle ist abhängig von der Anzahl der Verbindungsmittelreihen. Bild 3-102 zeigt die Teilmodelle für ein Anschlussbild mit drei Schraubenreihen.

Beim vereinfachten Modell wird das Gesamtsystem aufgeteilt und die Rissflächen werden für jede Schraubenreihe an einem Ersatzsystem berechnet, welches dem Modell aus Bild 3-100 entspricht. Für äußere Schraubenreihen ergibt sich die Breite des zu modellierenden Holzvolumens aus dem Abstand $a_{2,c}$ zum Bauteilrand. Bei inneren Schraubenreihen sind zur Ermittlung der Breite des Ersatzmodells zusätzlich zu $a_{2,c}$ die Abstände a_2 zu berücksichtigen. Bei Verbindungsmittelreihen mit unterschiedlichen Abständen zu den Bauteilrändern ist der geringere Abstand maßgebend. In der Regel ist der mittlere Winkel γ zwischen Schraubenachse und Jahrringtangente für jede Rissebene unterschiedlich, so dass abweichende Ersatzlastfunktionen zu verwenden sind. Daher sind auch bei symmetrischen Schraubenbildern die Rissflächenberechnungen für alle Rissebenen an entsprechenden Ersatzsystemen durchzuführen.

Die beschriebene Vereinfachung durch Ersatzmodelle setzt die Annahme voraus, dass sich beim Einschrauben die Rissbildung in unterschiedlichen Schraubenreihen bzw. Rissebenen nicht gegenseitig beeinflusst. Hiervon kann ausgegangen werden, solange das Risswachstum in den benachbarten Rissebenen begrenzt ist und nicht zu einem Aufspalten des Holzes führt. Eine Verhinderung des Aufspaltens des Holzes durch bereits eingedrehte Schrauben in parallelen Schraubenreihen, die als nachgiebige Auflagerung wirken, kann vernachlässigt werden. Es kann davon ausgegangen werden, dass aufgrund der geringen und lediglich lokalen Verformungen in der Rissebene die Auflagerwirkung nicht aktiviert werden kann, bevor sich größere Verformungen und Spalterscheinungen einstellen.

3.5.2 Modellierung der Beanspruchung beim Einschrauben

Zur numerischen Berechnung der Rissflächen wird die Beanspruchung des Holzes durch den Einschraubvorgang benötigt. Diese kann durch eine Ersatzlastfunktion $q(x_{Sr})$ beschrieben werden, welche für jeden Schraubentyp iterativ bestimmt werden muss. Eine schematische Darstellung des qualitativen Verlaufs der Ersatzlast $q(x_{Sr})$ über die Schraubenlänge ist in Bild 3-103 gezeigt. Für die numerische Simulation wird diese vereinfacht durch konstante Lastabschnitte q_i modelliert. Zur Ermittlung der Ersatzlast wurde ein FE-Modell entwickelt, mit dem die Einschraub-Spaltkraft-Versuche aus Abschnitt 3.3 simuliert werden können. Hierbei wird die quasi-statische Ersatzlast analog zum Eindrehen der Schraube in den Prüfkörper in Form einer wandernden Streckenlast aufgebracht. Die beiden Prüfkörperhälften werden jeweils mit 8-Knoten-Volumenelementen (SOLID 45) modelliert, denen die Materialeigenschaften der Prüfkörper aus Vollholz zugewiesen werden. Eine Prinzipskizze des Modells wird in Bild 3-104 gezeigt.

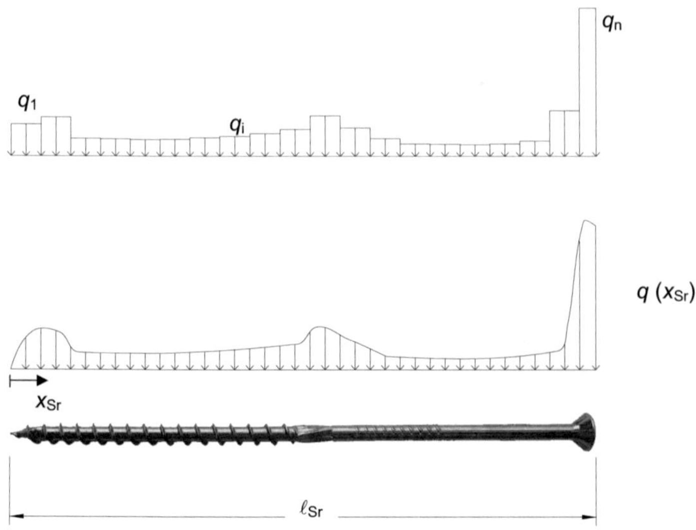

Bild 3-103   Qualitativer Verlauf der Ersatzlast für Rissberechnungen am Beispiel des Schraubentyps C mit Reibschaft (schematische Darstellung)

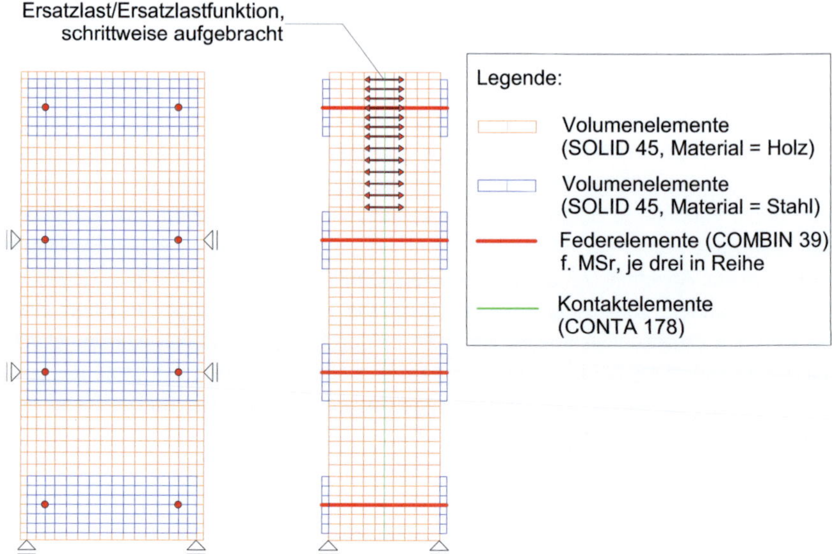

Bild 3-104   Prinzipskizze des FE-Modells zur Berechnung der schraubenspezifischen Ersatzlasten, hier mit acht Messschrauben

Das aus der Anordnung der Messschrauben folgende statische System des Versuchsaufbaus führt dazu, dass sich die Prüfkörperhälften während des Einschraubens in Teilbereichen gegeneinander abstützen. Die entstehenden Druckkräfte in den Berührungsflächen sind bei der Berechnung einzubeziehen. Hierzu werden in der Ebene zwischen den beiden Prüfkörperhälften Kontaktelemente (CONTA 178) angeordnet. Die Berührungsflächen bzw. die Elementknoten können sich somit nicht überschneiden, so dass die entsprechende Druckbeanspruchung realitätsgetreu berücksichtigt wird. Während des Einschraubvorgangs werden die Prüfkörperhälften jeweils auch auf Biegung beansprucht. Daraus resultieren ebenfalls Druckbeanspruchungen in Teilbereichen der Berührungsflächen, die auch mit Hilfe der Kontaktelemente erfasst werden.

Für die Simulationen der Prüfkörper wurden die durch Schwingungsmessungen ermittelten Elastizitäts- und Schubmoduln verwendet. Die übrigen Elastizitätszahlen wurden in Anlehnung an ihre Verhältniswerte nach Neuhaus (1981), (1983) u. (1994) so berücksichtigt, dass die Anforderungen an den Aufbau der Steifigkeitsmatrix erfüllt waren. Für die Versuche mit sechs oder zehn Messschrauben musste das FE-Modell in Bild 3-104 adaptiert werden

Für die Messschrauben werden im Modell Federelemente (COMBIN 39) verwendet. Um die Vorspannung der Messschrauben bei den Berechnungen berücksichtigen zu können, wird jede Messschraube durch jeweils drei in Reihe gekoppelte Federelemente gebildet, siehe Bild 3-105. Die beiden äußeren Federelemente verfügen dabei über die doppelte Steifigkeit der Messschrauben. Dem mittleren Federelement wird bei Zugbeanspruchung eine sehr hohe Steifigkeit ($k_{E2} \rightarrow +\infty$) zugewiesen. Alle Federelemente sind so eingestellt (KEYOPT-Funktion in ANSYS), dass sie nur auf Zugkräfte reagieren. Der Lastfall Vorspannung wird erzeugt, indem die Knoten zwei und drei jeweils in Richtung der mittleren Feder verschoben werden. Die Verschiebung wird so groß gewählt, dass insgesamt eine Zugkraft in Höhe der Vorspannung (100 N) in den Federelementen erzeugt wird. Die mittlere Feder wird durch eine Druckkraft beansprucht und bleibt aufgrund ihrer Definition lastfrei. Bei Beanspruchung durch äußere Kräfte (Lastfall Einschrauben) werden die äußeren Knoten (1 und 4) nach außen verschoben. Hierdurch entstehen in den äußeren Federn Zugkräfte. Die mittlere Feder erfährt aufgrund ihrer hohen Steifigkeit keine Dehnungen, so dass sie wie ein starrer Zugstab wirkt. Die Position der Knoten 2 und 3 bleibt demnach unverändert.

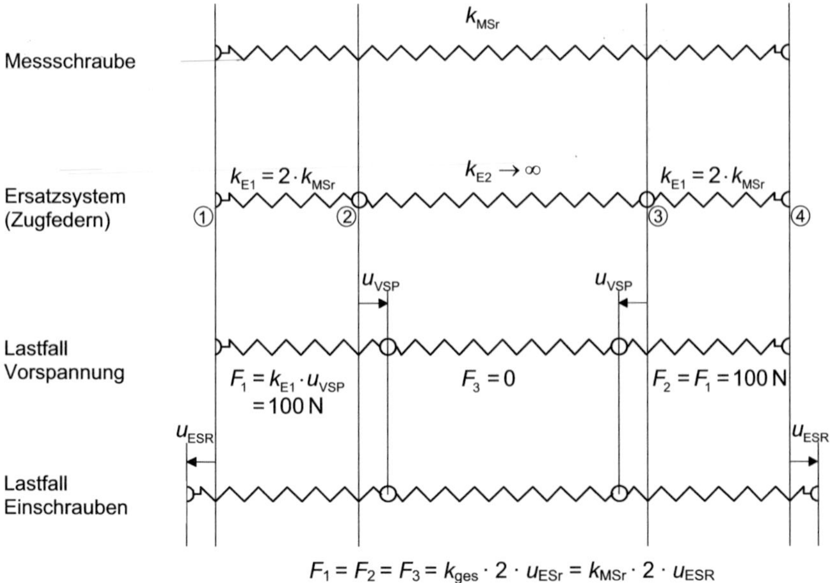

Bild 3-105   Erzeugung der Vorspannung in den Federelementen und Verhalten der Federelemente (Zugfedern) bei Belastung, Prinzipskizze

Unter Berücksichtigung der Serienschaltung entspricht die Gesamtsteifigkeit der drei Federn der Steifigkeit der Messschraube k_{MSr}, siehe Gleichung (27).

$$\frac{1}{k_{ges}} = \frac{1}{k_{E1}} + \frac{1}{k_{E1}} + \frac{1}{k_{E2}} = \frac{2}{k_{E1}} = \frac{2}{2 \cdot k_{MSr}} \quad \Rightarrow \quad k_{ges} = k_{MSr} \quad \text{(für Zugkräfte)} \tag{27}$$

Auf das FE-Modell des mit Messschrauben zusammengespannten Prüfkörpers werden im Bereich der Schraubenachse symmetrisch auf beide Prüfkörperhälften Knotenlasten aufgebracht. Diese Kräfte werden analog zum Eindrehen der Schraube in den Prüfkörper in Form einer wandernden Streckenlast angeordnet. Für die unterschiedlichen Einschraubtiefen bzw. Laststellungen werden die Kräfte in den Messschrauben berechnet. Die Streckenlast, welche als quasi-statische Ersatzlast angesehen werden kann, wird so lange variiert, bis für die Messpunkte die berechneten Kräfte mit den Versuchsergebnissen übereinstimmen. Bild 3-103 zeigt schematisch den qualitativen Verlauf einer Ersatzlast q (x_{Sr}) über die Schraubenlänge. In den Berechnungen wurden vereinfacht konstante Lastabschnitte q_i über jeweils eine definierte Länge angesetzt. In Bild 3-106 werden Verformungsfiguren des Prüfkörpers während des Einschraubens für unterschiedliche Einschraubtiefen gezeigt. Bei den Berechnungen wird die quasi-statische Ersatzlast während eines Einschraubvorganges nicht variiert. Dies setzt voraus, dass die Belastung auf das Holz durch den Einschraubvorgang eine über den Einschraubweg unveränderliche Streckenlast (Wanderlast) darstellt. Die Funktion der Last q ist demnach nur von der Position x_{Sr} entlang der Schraubenachse abhängig.

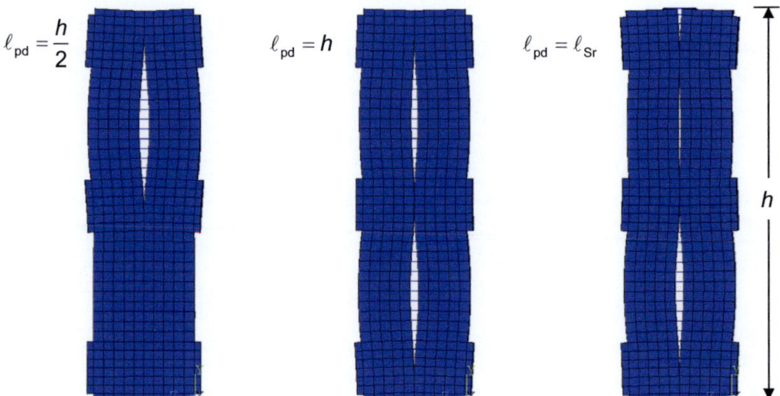

Bild 3-106   Verformungsfiguren des Prüfkörpers aus den FE-Berechnungen bei unterschiedlichen Einschraubtiefen ℓ_{pd} (überhöhte Darstellung), hier: Prüfkörper mit sechs Messschrauben

Diese Annahme kann mit der Wirklichkeit nur bedingt übereinstimmen, da z. B. die Wirkung der Bohrspitze aufgrund von Abnutzungen während des Einschraubvorganges abnehmen kann. Die Wirksamkeit spaltreduzierender Merkmale kann auch durch die beim Eindrehen vorliegende Reibung bzw. die resultierende Wärmeentwicklung beeinflusst werden.

In der Regel ist die Wirkung einer Bohrspitze beim Ansetzen auf die Holzoberfläche bis zum Greifen des Gewindes deutlich größer als beim weiteren Einschraubvorgang. Die Umdrehungsanzahl ist in Bezug auf den zurückgelegten Weg in diesem Bereich höher, so dass eine bessere Bohrleistung erzielt wird. Während des weiteren Einschraubvorgangs wird die Eindringgeschwindigkeit der Schraube von der Gewindesteigung beeinflusst. Die Umdrehungsanzahl nimmt bezogen auf den Einschraubweg ab. Außerdem können Bohrspäne zu Beginn des Einschraubens noch an die Holzoberfläche befördert werden. Im weiteren Verlauf des Eindrehens werden zwar noch Holzspäne durch die Bohrspitze herausgefräst, können aber nicht mehr aus dem Bauteil herausbefördert werden. Letztlich können sich Kräfte durch Relaxation oder Querdruckverformungen bereits während des Einschraubens wieder abbauen. Bei dem gewählten Modell werden plastische Verformungen im Lasteinleitungsbereich der Ersatzlast nicht berücksichtigt. Diese Verformungen entsprechen den Eindrückungen des Schraubenkerns, die in realiter beim Einschrauben entstehen. Es wurde hier eine elastische Berechnung gewählt, um den Berechnungsaufwand zu reduzieren. Im Modell zur Ermittlung der Risslängen werden diese Ersatzlasten übernommen, so dass die plastischen Verformungen nicht berücksichtigt werden müssen. Die genannten Einflüsse sind bisher noch nicht völlig geklärt, werden jedoch durch die in den Versuchen gemessenen Kräfte berücksichtigt, so dass die aus der FE-Berechnung resultierenden Ersatzlasten auch diese Effekte beinhalten. Des Weiteren ist der Abstand zwischen dem Einschraubbereich der Holzschraube und den Positionen der Messpunkte so gewählt, dass plastische Verformungen die Messungen nicht beeinflussen.

Bei der Rissflächenberechnung sollen möglichst alle Einflussparameter der zu untersuchenden Konfiguration auf das Spaltverhalten berücksichtigt werden. Daher ist es erforderlich, die Funktion der Ersatzlast entsprechend den vorliegenden Randbedingungen insbesondere bezüglich der Materialeigenschaften anzupassen.

In Abschnitt 3.3.3 wurde die Beeinflussung der mittleren Gesamtkraft $F_{m,tot}$ durch die wesentlichen Parameter Rohdichte, Winkel γ zwischen Jahrringtangente und Schraubenachse sowie Einschraubgeschwindigkeit ermittelt. Liegt eine zutreffende Grundfunktion $q\,(x_{Sr})$ vor, kann diese mit den entsprechenden Korrekturbeiwerten angepasst werden:

$$q_{sp}(x_{Sr}) = q(x_{Sr}) \cdot k_{\rho} \cdot k_{r} \cdot k_{\gamma} \tag{28}$$

mit

$q(x_{Sr})$ Grundfunktion der Ersatzlast zur Charakterisierung der Spaltkraft eines Schraubentyps, ermittelt aus Einschraub-Spaltkraft-Versuchen

k_{ρ} Korrekturbeiwert zur Berücksichtigung der Rohdichte in Abhängigkeit vom Schraubentyp, z. B. gemäß Gleichung (15)

k_r Korrekturbeiwert zur Berücksichtigung der Einschraubgeschwindigkeit bzw. Drehzahl beim Einschrauben, aus Gleichung (19)

k_{γ} Korrekturbeiwert für den Winkel γ zw. Schraubenachse und Jahrringtangente, je nach Schraubentyp, z. B. aus Gleichung (16), (17) oder (18)

Es ist zu beachten, dass bei den Korrekturbeiwerten, z. B. Gleichungen (15) bis (19), für die Bezugswerte die Parameter der Konfiguration einzusetzen sind, auf welche die Grundfunktion der Ersatzlast bezogen werden soll.

Für eine Rissflächenberechnung muss die korrigierte Grundfunktion $q_{sp}(x_{Sr})$ zusätzlich kalibriert werden. Durch die Kalibrierung können Abweichungen erfasst werden, die zwischen der mit der Versuchseinrichtung ermittelten und der tatsächlichen Spaltkraft vorliegen. Hierzu werden in Kalibrierungsversuchen Rissflächen ermittelt und mit den numerischen Berechnungen verglichen. Mit dem daraus abgeleiteten Korrekturbeiwert k_{sp} kann die korrigierte Ersatzlast $q_{cor}(x_{Sr})$ nach Gleichung (29) berechnet werden. Die Herleitung des Korrekturbeiwerts k_{sp} ist in Abschnitt 3.5.5 beschrieben.

$$q_{cor}(x_{Sr}) = q_{sp}(x_{Sr}) \cdot k_{sp} = q(x_{Sr}) \cdot k_{\rho} \cdot k_{r} \cdot k_{\gamma} \cdot k_{sp} \tag{29}$$

mit

$q_{sp}(x_{Sr})$ über die Parameter der Einschraub-Spaltkraft-Versuche korrigierte Grundfunktion der Ersatzlast, gemäß Gleichung (28)

k_{sp} Kalibrierungsfaktor bzw. Korrekturbeiwert zur Berücksichtigung von Abweichungen zwischen durch Einschraub-Spaltkraft-Versuche ermittelter und tatsächlicher Spaltkraft

Eine Ermittlung der Grundfunktion für die Ersatzlast mit einer zutreffenden Berücksichtigung des Winkels γ zwischen Jahrringtangente und Schraubenachse ist nur auf der Basis von Versuchen mit Prüfkörpern aus homogenisiertem Brettschichtholz möglich. Für die Schraubentypen A, B und C, 8 x 200 mm, wurde die iterative Ermittlung anhand der Versuchsreihen 2.1, 2.4.1-A und 2.5-A durchgeführt. Hierzu wurden die insgesamt 140 verwertbaren Versuche in Abhängigkeit von der Prüfkörperrohdichte und vom Winkel γ in sechs Kollektive pro Schraubentyp aufgeteilt.

Die Kriterien zur Bildung der Kollektive sind in Tabelle 3-9 definiert. In Tabelle 3-10 sind die Eigenschaften der insgesamt 18 Kollektive zusammengefasst. Zunächst wurde für das Kollektiv 1.2 jedes Schraubentyps die Ersatzlast iterativ ermittelt. Hierzu wurde die Belastungsfunktion q (x_{Sr}) so variiert, dass sich möglichst geringe Abweichungen zwischen Versuchsergebnissen und berechneten Kräften an den Messstellen ergaben. In Bereichen von Δx_{Sr} = 5 mm wurde die Belastung als konstant angenommen. Als Ergebnis sind die einzelnen Lasten q_i für die drei Schraubentypen in Tabelle 10-39 bis Tabelle 10-41 des Anhangs 10.4 aufgeführt.

Tabelle 3-9   Kriterien zur Bildung der Kollektive 1.1 bis 3.2

	$0° \leq \gamma \leq 30°$	$30° < \gamma \leq 60°$	$60° < \gamma \leq 90°$
$\rho \geq 450$ kg/m³	1.1	2.1	3.1
$\rho < 450$ kg/m³	1.2	2.2	3.2

Tabelle 3-10   Eigenschaften der Kollektive der Einschraub-Spaltkraft-Versuche aus Reihe 2.1 für die iterative Ersatzlastermittlung

Kollektiv	Typ A			Typ B			Typ C		
	n	ρ_{mean} kg/m³	γ_{mean} °	n	ρ_{mean} kg/m³	γ_{mean} °	n	ρ_{mean} kg/m³	γ_{mean} °
1.1	8	488	12	10	489	19	11	486	20
1.2	7	431	21	7	428	19	6	427	20
2.1	3	478	35	6	490	43	7	482	45
2.2	7	431	45	7	433	48	4	432	48
3.1	17	496	80	12	499	82	12	496	81
3.2	7	421	78	4	434	77	5	435	78

Bild 3-107 bis Bild 3-109 zeigen einen Vergleich zwischen den in den Versuchen gemessenen Kräften und den unter Verwendung der ermittelten Belastungsfunktion berechneten Werten. Die Positionen der Messschraubenpaare bei 15, 65, 115 und 165 mm sind in den Diagrammen gekennzeichnet. Übersichtlichere graphische Darstellungen der Vergleiche für die einzelnen Messstellen (MSr 1/2, MSr 3/4, MSr 5/6 und MSr 7/8) sowie für die Mittelwerte der acht Messstellen können Bild 10-15 bis Bild 10-29 in Anhang 10.4 entnommen werden. Für alle drei Schraubentypen ergeben sich zufriedenstellende bis gute Übereinstimmungen zwischen gemessenen und simulierten Kraftverläufen. Insbesondere die Kraftverläufe der mittleren Messschraubenpaare (MSr 3/4 und MSr 5/6) lassen sich zutreffend durch die FE-Berechnungen ermitteln.

Die Güte der Übereinstimmung zwischen Simulation und Versuchsergebnissen zeigt, dass die an BSH-Prüfkörpern ermittelten Grundfunktionen deutlich besser geeignet sind als die Ersatzlastfunktionen von Blaß und Uibel (2009). Letztere wurden auf der Grundlage von Einschraub-Spaltkraft-Versuchen mit Prüfkörpern aus Vollholz abgeleitet. Hieraus folgend lässt sich konstatieren, dass Versuche an Prüfkörpern mit homogenen Eigenschaften bei der iterativen Ermittlung von Ersatzlastfunktionen zu deutlich besseren Ergebnissen führen. Des Weiteren erleichtert die hohe Auflösung der Messungen durch Anordnung von acht Messstellen die Anpassung der Ersatzlast.

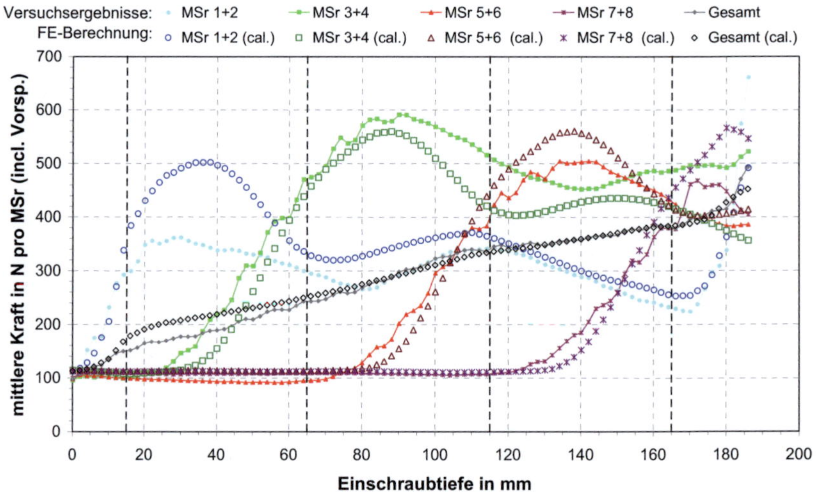

Bild 3-107   Vergleich zwischen Versuchsergebnissen und berechneten Kräften an den Messstellen für Schraubentyp A, 8 x 200 mm, Kollektiv 1.2

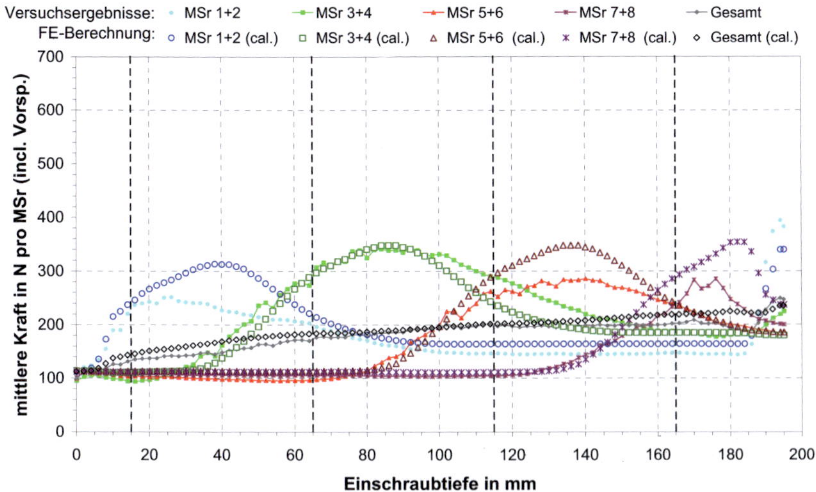

Bild 3-108 Vergleich zwischen Versuchsergebnissen und berechneten Kräften an den Messstellen für Schraubentyp B, 8 x 200 mm, Kollektiv 1.2

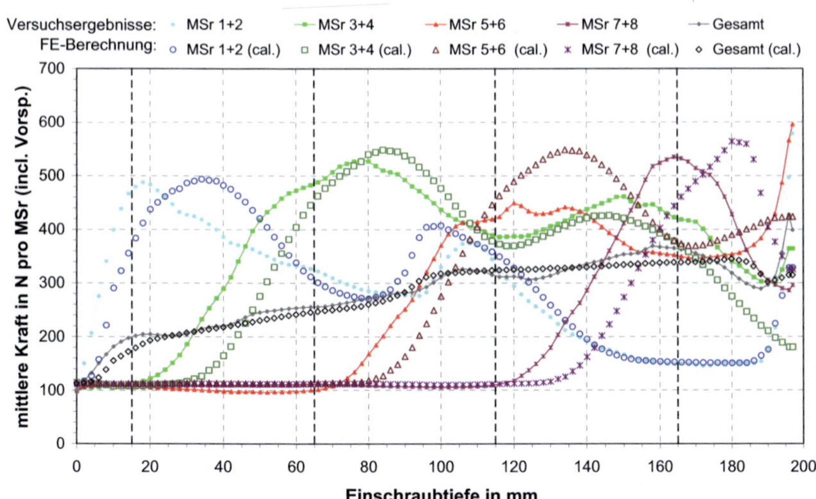

Bild 3-109 Vergleich zwischen Versuchsergebnissen und berechneten Kräften an den Messstellen für Schraubentyp C, 8 x 200 mm, Kollektiv 1.2

Die jeweils für das Kollektiv 1.2 ermittelte Ersatzlast wird als Grundfunktion q (x_{Sr}) verwendet, so dass mit Gleichung (28) die Ersatzlastfunktionen für die verbleibenden Kollektive berechnet werden können. Zur Berechnung der Korrekturbeiwerte k_ρ und k_γ werden die in Tabelle 3-10 aufgeführten Parameter benötigt. Der Beiwert zur Berücksichtigung der Einschraubgeschwindigkeit ergibt sich zu $k_r = 1$, da alle Versuche mit einer konstanten Drehzahl von 50 min^{-1} durchgeführt wurden.

Mit den Ersatzlastfunktionen als Beanspruchung werden mit Hilfe des FE-Modells (Bild 3-104) die Einschraub-Spaltkraft-Versuche simuliert. Resultierend können für jedes Kollektiv die Kraft-Einschraubweg-Diagramme dargestellt werden, siehe Bild 10-30 bis Bild 10-44 in Anhang 10.4. Ein visueller Vergleich der experimentell ermittelten Kraft-Einschraubweg-Beziehungen zeigt eine gute Übereinstimmung mit denjenigen aus dem Rechenmodell.

Für einen weiteren Vergleich wird aus den numerisch berechneten Kraftverläufen mit Gleichung (6) die mittlere Gesamtlast $F_{m,tot,r,sim}$ für jedes Kollektiv ermittelt. Bild 3-110 zeigt, dass diese Werte sehr gut mit den Versuchsergebnissen korrelieren (Korrelationskoeffizient $R = 0{,}98$).

Insgesamt konnte gezeigt werden, dass mit Hilfe der vorgestellten FE-Berechnungen eine zutreffende Iteration der Grundfunktion für die Ersatzlast q (x_{Sr}) möglich ist. Außerdem kann diese mit der Beziehung aus Gleichung (28) über die abhängigen Parameter spezifisch angepasst werden. Die Qualität der ermittelten Ersatzlasten kann auch dadurch belegt werden, dass für die numerische Rissflächenermittlung (siehe Abschnitt 3.5.6) keine bzw. nur geringe Anpassungen der Grundfunktion notwendig sind.

Für die Schraubentypen A und C genügt die globale Kalibrierung mit dem Beiwert k_{sp} nach Gleichung (29). Für den Schraubentyp B muss die Grundlastfunktion im Bereich der Schraubenspitze (q_i (x_{Sr}) für $0 \leq x_{Sr} < 20$ mm) geringfügig verändert werden. Die geänderte Ersatzlast ist in Tabelle 10-42 angegeben. Bild 10-45 bis Bild 10-50 zeigen die zugehörigen Kraft-Einschraubweg-Diagramme aus Versuch und erneuter Simulation für die sechs Kollektive des Typs B. Die jeweils aus den Berechnungen folgende mittlere Gesamtkraft ist im Vergleich zu den Versuchsergebnissen ebenfalls in Bild 3-110 dargestellt (Symbol: rotes Dreieck). Unter Verwendung der für die Rissflächenbestimmung kalibrierten Ersatzlast ergeben sich Simulationsergebnisse, die eine größere Abweichung zu den Versuchsergebnissen aufweisen.

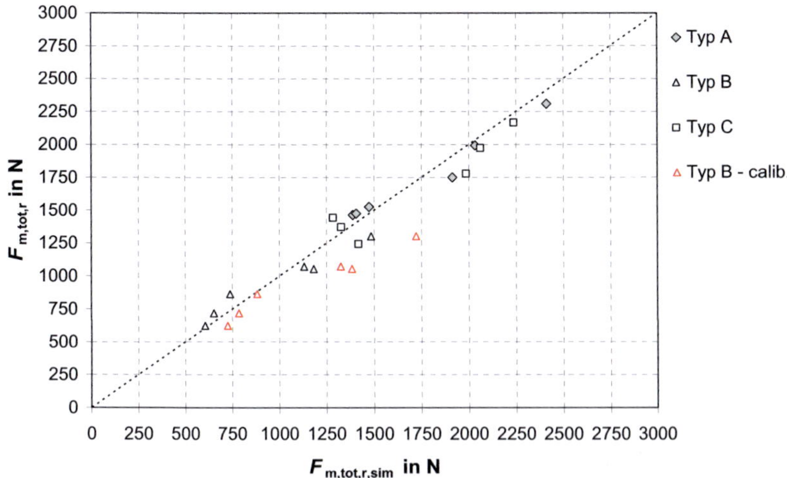

Bild 3-110   Mittlere Gesamtkraft $F_{m,tot,r}$ für alle Kollektive aus Versuch und Simulation

3.5.3   Modellierung der Querzugtragfähigkeit

Beim Einbringen eines Verbindungsmittels wird das Holz auf Querzug beansprucht. Die Querzugbeanspruchung führt maßgeblich zu den beobachteten Risserscheinungen. Zur Berechnung der Risserscheinungen muss folglich das Tragverhalten von Holz bei Querzugbeanspruchung durch die Federelemente des FE-Modells möglichst genau abgebildet werden. Dies erfordert die Ermittlung eines entsprechenden Federgesetzes.

Schmid (2002) hat im Rahmen seiner Untersuchungen die Energiefreisetzungsraten von unterschiedlichen Nadelholzarten experimentell bestimmt. Hierzu wurden Versuche an CT-Proben durchgeführt. Aufgrund seiner Beobachtungen geht Schmid davon aus, dass bei Holz unter Querzugbeanspruchung eine Prozesszone vorhanden ist, in der die Materialtrennung stattfindet. Bei den üblichen Versuchen zur Ermittlung der Querzugfestigkeit ist die Prüfkörpergeometrie so gewählt, dass sich eine gleichmäßige Spannungsverteilung über den Querschnitt einstellen soll. Hierbei zeigt sich aufgrund der üblichen Geschwindigkeiten der Messdatenerfassung ein sehr sprödes Werkstoffverhalten. Gemäß der bruchmechanischen Betrachtung von Schmid (2002) sei bei den Versuchen zur Ermittlung der Querzugfestigkeit von einer Rissinitiierung in kleinen Bereichen auszugehen, die zu einem instabilen, schnellen Risswachstum führt.

Unter Annahme der Ausbildung einer Bruchprozesszone im Holz unter Querzugbeanspruchung muss für die Federelemente ein nicht-lineares Federgesetz verwendet werden. Dieses ist nicht auf Grundlage von Querzugversuchen ermittelbar. Hiermit können aufgrund der üblichen Versuchsbedingungen lediglich die Festigkeit und der E-Modul des Holzes bei Zugbelastung rechtwinklig zur Faserrichtung bestimmt werden. Daher soll in dieser Arbeit anhand der Untersuchungen von Schmid (2002) an CT-Proben der Holzart Fichte (picea abies) ein nicht-lineares Federgesetz formuliert werden.

Die Geometrie der CT-Proben ist in Bild 3-111 dargestellt. Die Prüfkörper wurden auf einer Länge von 107 mm mit einem faserparallelen Sägeschnitt versehen. Außerdem wurde ein 5 mm langer Anriss mit Hilfe eines Spachtels erzeugt. Die Restlänge beträgt 76 mm. Zwei Bohrungen mit Durchmesser $d = 16$ mm bilden die Lasteinleitungspunkte der CT-Proben. In die Bohrungen wurden Stabdübel montiert, welche es ermöglichen, den Prüfkörper mittels einer Universalprüfmaschine rechtwinklig zur Faserrichtung zu belasten.

Die Verschiebung v_L zwischen den Achsen der Stabdübel wurde mittels Wegaufnehmern gemessen. Die im Bereich des Hirnholzes gemessene Verschiebung wird mit v_H bezeichnet. Diese kennzeichnet die maximale Öffnung des Prüfkörpers. Die Anordnung der Wegaufnehmer kann Bild 3-111 und Bild 3-112 entnommen werden.

Das Diagramm in Bild 3-113 zeigt die Höchstlasten der CT-Proben in Abhängigkeit von der Prüfkörperrohdichte. In Bild 3-114 wird die gegenseitige Verschiebung der Stabdübel v_L bei der erreichten Höchstlast und in Bild 3-115 die maximale Öffnung des Prüfkörpers v_H in Abhängigkeit von der Rohdichte dargestellt. Mit zunehmender Rohdichte konnten gleiche bis größere Maximallasten bei geringeren Verschiebungen v_L bzw. v_H beobachtet werden.

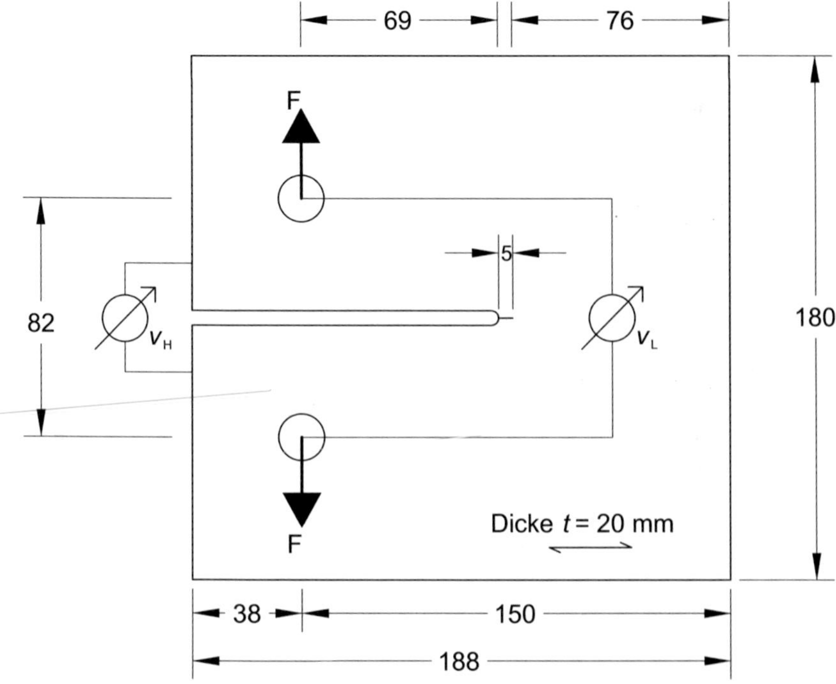

Bild 3-111   Geometrie der CT-Proben

Bild 3-112   Versuchsaufbau und Position der Wegaufnehmer bei den Untersuchungen von Blaß und Schmid (2002)

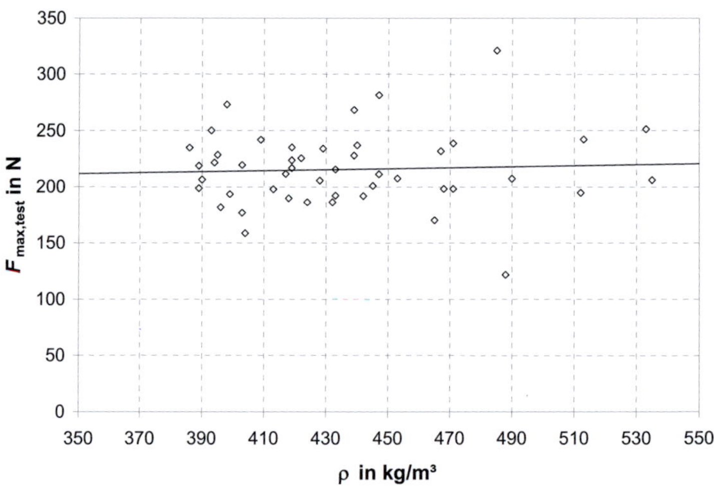

Bild 3-113   Höchstlasten der CT-Proben in Abhängigkeit von der Rohdichte

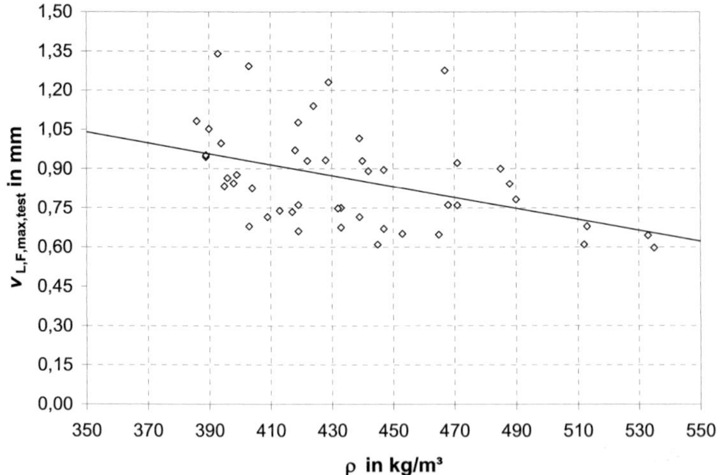

Bild 3-114   Verschiebung v_L der Stabdübel bei Höchstlast in Abhängigkeit von der Rohdichte

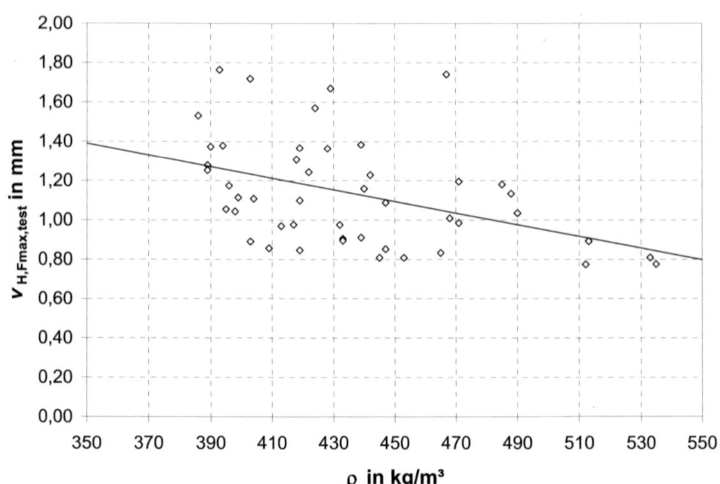

Bild 3-115   Gegenseitige Verschiebung v_H (am Hirnholz gemessene Öffnung der CT-Probe) bei Höchstlast in Abhängigkeit von der Rohdichte

Zur Kalibrierung der Federelemente wurden die CT-Proben mit dem FE-Programm ANSYS modelliert und berechnet. Im statischen Modell wurde unter Ausnutzung der Symmetrie die halbe CT-Probe mit 4-Knoten-Scheibenelementen (PLANE 42) abgebildet. Für die Scheibenelemente wurden die von Schmid (2002) angenommenen Materialeigenschaften der CT-Proben übernommen. Es wurde das folgende verallgemeinerte Hookesche Gesetz implementiert:

$$
\begin{bmatrix} \varepsilon_{11} \\ \varepsilon_{22} \\ \varepsilon_{33} \\ \gamma_{23} \\ \gamma_{13} \\ \gamma_{12} \end{bmatrix} = \begin{bmatrix} 1/12800 & -0{,}011/275 & -0{,}011/275 & & & \\ -0{,}511/12800 & 1/275 & -0{,}203/275 & & & \\ -0{,}511/12800 & -0{,}203/275 & 1/275 & & & \\ & & & 1/55 & & \\ & & & & 1/550 & \\ & & & & & 1/550 \end{bmatrix} \cdot \begin{bmatrix} \sigma_{11} \\ \sigma_{22} \\ \sigma_{33} \\ \sigma_{23} \\ \sigma_{13} \\ \sigma_{12} \end{bmatrix} \qquad (30)
$$

Bei der Berechnung der CT-Proben wurden die in Gleichung (30) angegebenen Elastizitätszahlen verwendet. Voruntersuchungen haben gezeigt, dass eine Variation der Steifigkeit der CT-Probe nur einen geringen Einfluss auf die berechnete Tragfähigkeit hat und somit vernachlässigt werden kann. Zu einem ähnlichen Ergebnis kommen auch Blaß und Bejtka (2008) bei der Kalibrierung von Interface-Elementen auf Basis der gleichen CT-Proben.

Bild 3-116 zeigt das mechanische Modell der CT-Probe, welches in den FE-Berechnungen eingesetzt wurde. Im Bereich der Risslinie wurden Federelemente (COMBIN 39) verwendet. Bei diesen Federelementen ist es möglich, nicht-lineare Federgesetze über Angabe von bis zu 20 Stützpunkten frei zu definieren. Insgesamt wurden auf der Restlänge von 76 mm 77 Federelemente angeordnet, so dass die Einzugsbreite eines Elementes 1 mm und für die beiden Randfedern 0,5 mm beträgt. Für die Federelemente wurde das in Bild 3-117 dargestellte nicht-lineare Federgesetz verwendet. Bereits Schmid (2002) erzielte bei seinen FE-Berechnungen an CT-Proben die beste Übereinstimmung zu den Versuchsergebnissen mit einem qualitativ ähnlichen Ansatz für das Federgesetz. Beim gewählten Federgesetz wird bis zur Grenzverschiebung u_{gr} ein ideal-elastisches Materialverhalten vorausgesetzt. Unter Annahme einer Prozesszonenhöhe von $\Delta p = 1$ mm folgt somit für u_{gr}:

$$
u_{gr} = \varepsilon_{gr} \cdot \Delta p = \frac{f_{t,90}}{E_{90}} \cdot \Delta p \qquad (31)
$$

Für Verschiebungen u zwischen u_{gr} und $u_{gr} + \Delta u_{pl}$ wird ein ideal-plastisches Verhalten der Federelemente angenommen. Im anschließenden Nachbruchbereich sind die Fasern bereits zum Teil getrennt, so dass die Tragfähigkeit abnimmt. Bei Erreichen einer Verschiebung u_e können keine Kräfte mehr durch die Fasern übertragen werden. Gegebenenfalls auftretende Druckkräfte rechtwinklig zur Faserrichtung werden ebenfalls durch die Federkennlinie berücksichtigt.

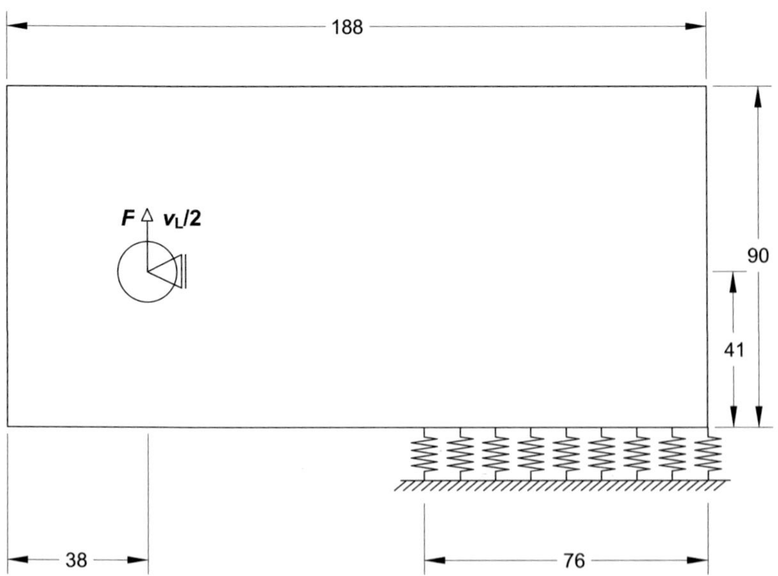

Bild 3-116   Modell der halben CT-Probe zur Kalibrierung der Federelemente

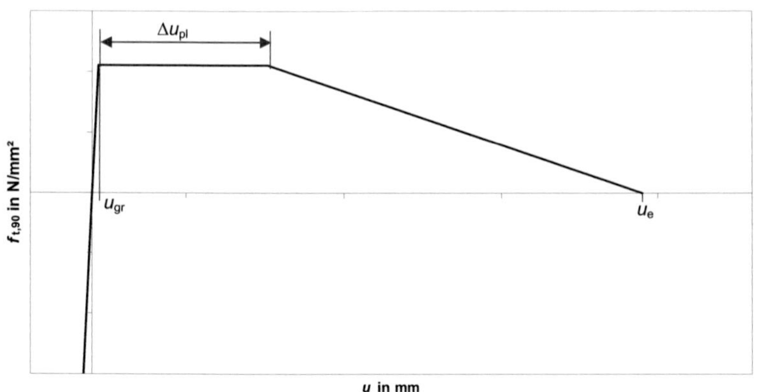

Bild 3-117   Nicht-lineares Federgesetz für die halbe CT-Probe

Mit dem FE-Modell wurde für jede der insgesamt 50 CT-Proben das Last-Verschiebungsdiagramm berechnet. Für die Parameterstudien wurden aufgrund der höheren Genauigkeit die Wegmessungen v_L zwischen den Stabdübelachsen herangezogen. Die Parameter $f_{t,90}$, Δu_{pl} und u_e wurden innerhalb der Studien so variiert, dass zwischen den berechneten Last-Verschiebungskurven und den Versuchsergebnissen die beste Übereinstimmung erzielt wurde. Insgesamt wurden über 800 FE-Berechnungen durchgeführt. Bei einem Teil der Versuche konnte keine ausreichende Korrelation zwischen dem berechnetem Last-Verschiebungsverhalten und den Versuchsergebnissen erreicht werden. Dieses ist u. a. darauf zurückzuführen, dass bei einigen Versuchen ein frühzeitiges instabiles Risswachstum zu beobachten war. Bei der Kalibrierung der Federelemente konnten daher nicht alle Versuche berücksichtigt werden, so dass nur 47 der 50 simulierten Versuche in die Auswertung einflossen. In Tabelle 10-38 des Anhangs 10.4 sind die Ergebnisse der Parameterstudien für die verwertbaren Versuche zusammengestellt. Für die angegebenen Werte der Parameter $f_{t,90}$, Δu_{pl} und u_e konnte die beste Übereinstimmung zu den Versuchsergebnissen erzielt werden. In der Tabelle ist außerdem die Rohdichte der Prüfkörper aufgeführt.

Für die Korrelationsanalyse wurden die Lasten zu den jeweiligen Verschiebungen an der halben CT-Probe mit dem FE-Programm ermittelt. Es wurden Intervallschritte von 0,05 mm gewählt. Zur Gegenüberstellung von Berechnungs- und Versuchsergebnissen wurden erforderlichenfalls Zwischenwerte der Messergebnisse linear interpoliert. Die Lasten aus den Versuchen wurden den Ergebnissen der Simulationsrechnung für die einzelnen Intervallschritte gegenübergestellt und der Korrelationskoeffizient R berechnet, der in Tabelle 10-38 aufgeführt ist.

Bild 3-118 zeigt das Last-Verschiebungsdiagramm eines Versuches mit einer guten Übereinstimmung zu den Simulationsrechnungen. Die Last-Verschiebungskurve bezieht sich auf die ganze CT-Probe. In Bild 3-119 ist für diesen Versuch die Korrelationsuntersuchung dargestellt. Es sei angemerkt, dass der Korrelationskoeffizient nur als Hilfsmittel für die Anpassung innerhalb der Parameterstudien verwendet wurde. Die Güte der Übereinstimmung der Last-Verschiebungskurven lässt sich jedoch nicht alleinig durch eine derartige Korrelationsuntersuchung festlegen.

Für die mittlere Rohdichte von $\rho_m = 436$ kg/m³ der 47 verwerteten Versuche ergeben sich die folgenden mittleren Parameter für das Federgesetz:

$$f_{t,90} = 0{,}928\,\text{N/mm}^2; \quad u_{gr} = 0{,}00169\,\text{mm}; \quad \Delta u_{pl} = 0{,}087\,\text{mm}; \quad u_e = 0{,}191\,\text{mm} \tag{32}$$

Aus der Verschiebung u_e lässt sich die mittlere Rissspitzenöffnung der CT-Proben bestimmen:

$$\delta_t = 2 \cdot u_e = 0{,}382\,\text{mm} \tag{33}$$

Dieses Ergebnis stimmt recht gut mit den Berechnungen von Schmid (2002) überein. Er berechnet in Anlehnung an Dugdales Modell die Rissspitzenöffnung für die untersuchten CT-Proben aus Fichte im Mittel zu $\delta_{t,c} = 0{,}34$ mm.

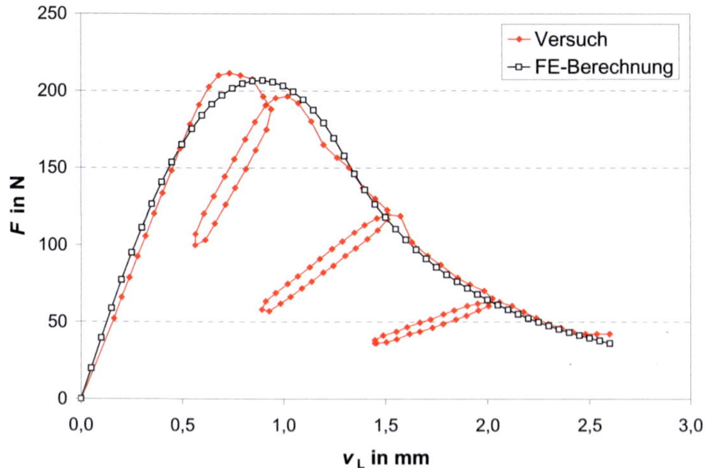

Bild 3-118   Last-Verschiebungsdiagramm aus Versuch und Berechnung für CT-Probe 02b

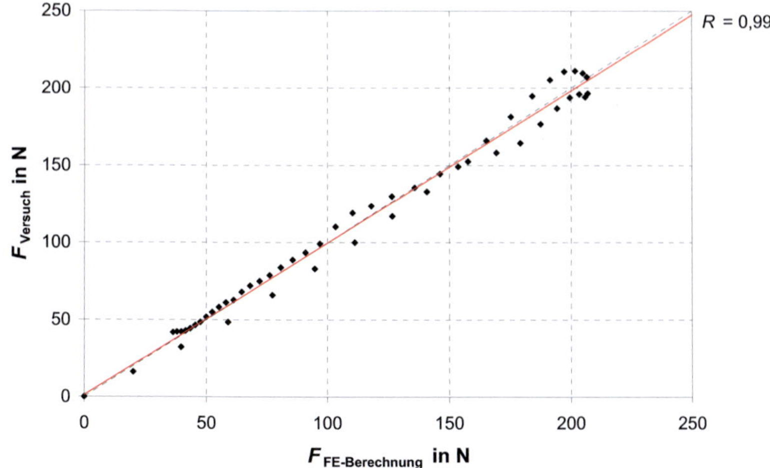

Bild 3-119   Lasten aus Versuch und Berechnung für Verschiebungen bis 2,6 mm an der Lasteinleitung (Intervallgröße 0,05 mm) für CT-Probe 02b

In Bild 3-120 sind die Höchstlasten der CT-Proben den berechneten Werten gegenübergestellt. Der Korrelationskoeffizient nach der Methode der kleinsten Abstandsquadrate beträgt $R = 0{,}99$. Ein Vergleich zwischen den im Versuch festgestellten Verschiebungen bei Maximallast $v_{L,F,max,test}$ und den durch Berechnung ermittelten Verschiebungen $v_{L,F,max,cal}$ ist in Bild 3-121 dargestellt. Der Korrelationskoeffizient R beträgt 0,74.

Bild 3-122 bis Bild 3-124 zeigen die Parameter des jeweils angepassten nichtlinearen Federgesetzes in Abhängigkeit von der Rohdichte der zugehörigen CT-Probe. Auf Grundlage einer linearen Regressionsanalyse können $f_{t,90}$, Δu_{pl} und u_e für unterschiedliche Rohdichten ermittelt werden. Die Gleichungen der Regressionsgeraden können den jeweiligen Diagrammen entnommen werden. Auf Grundlage der Regressionsgleichungen wurden die Parameter für die 47 CT-Proben ermittelt und die Höchstlasten mit dem FE-Modell berechnet. Diese sind in Bild 3-125 in Abhängigkeit von der Rohdichte dargestellt. Das Mittel der Höchstlasten der CT-Proben wird im Vergleich zu den Versuchsergebnissen erwartungsgemäß mit einer guten Übereinstimmung berechnet, vgl. Bild 3-113.

Gegenüber Bild 3-118 zeigt Bild 3-126 das Last-Verschiebungsdiagramm für Versuch 02b aus einer Berechnung am FE-Modell unter Verwendung der über die Rohdichte angepassten Parameter. In Bild 3-127 ist das Resultat einer Vergleichsrechnung mit den mittleren Parametern nach Gleichung (32) zu sehen.

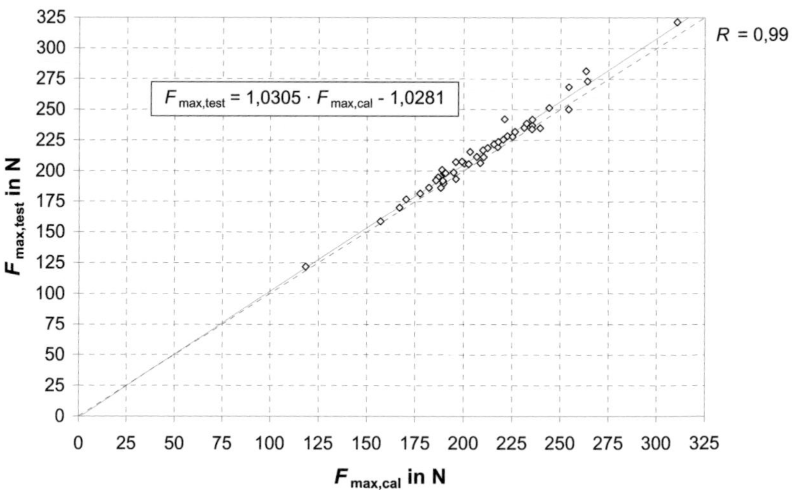

Bild 3-120   Maximallasten der CT-Proben aus Versuch und FE-Berechnung

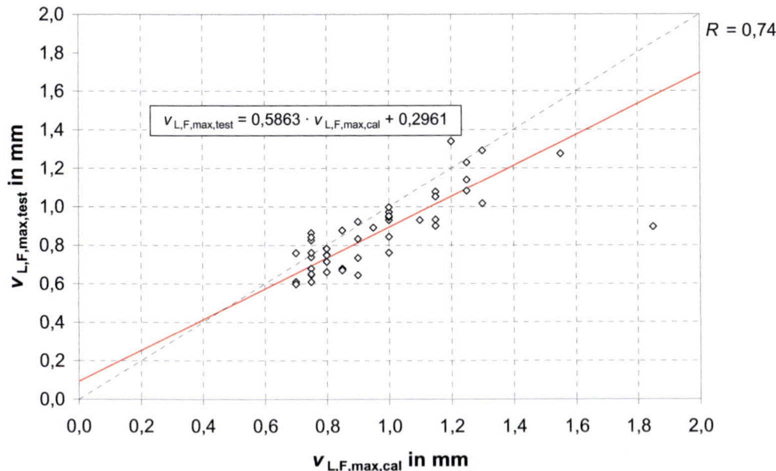

Bild 3-121   Gegenseitige Verschiebung der Lasteinleitungspunkte der CT-Probe bei Maximallast aus Versuch und FE-Berechnung

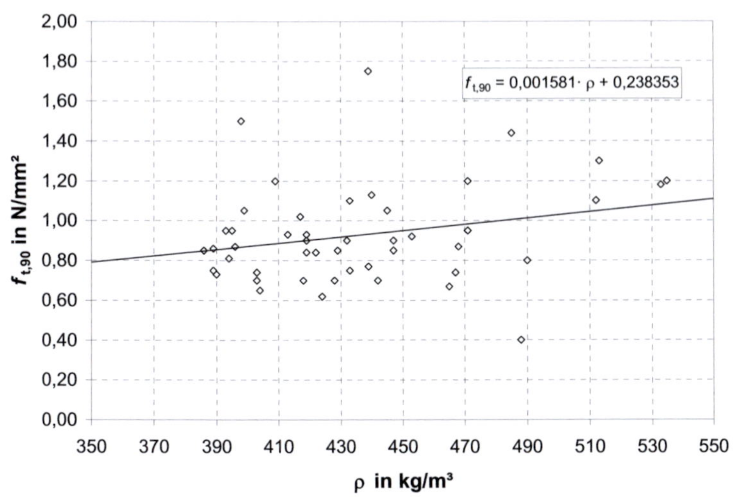

Bild 3-122   Parameter $f_{t,90}$ in Abhängigkeit von der Rohdichte der CT-Proben

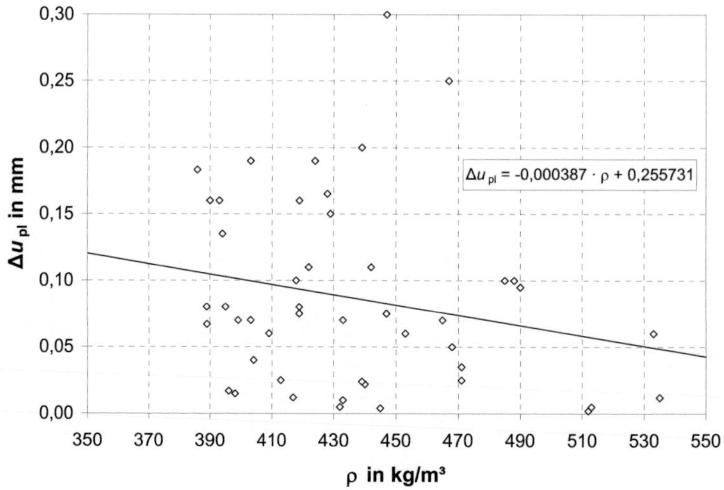

Bild 3-123   Parameter Δu_{pl} in Abhängigkeit von der Rohdichte der CT-Proben

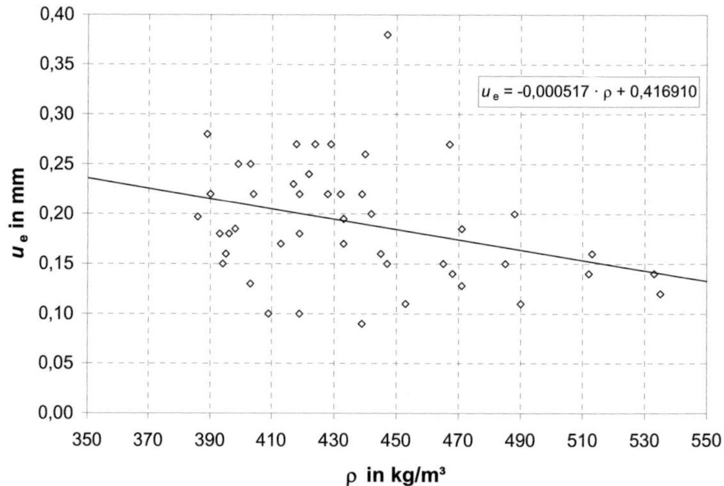

Bild 3-124   Parameter u_e in Abhängigkeit von der Rohdichte der CT-Proben

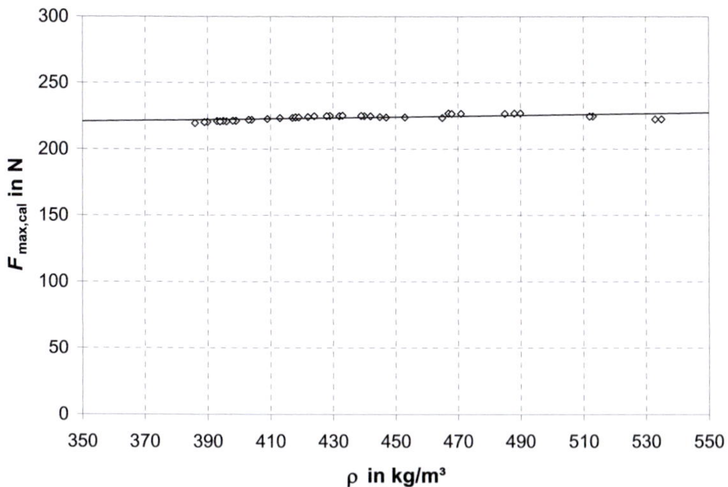

Bild 3-125 Berechnete Höchstlast der CT-Proben in Abhängigkeit von der Rohdichte für Parameter $f_{t,90}$, Δu_{pl} und u_e aus Regressionsgleichungen

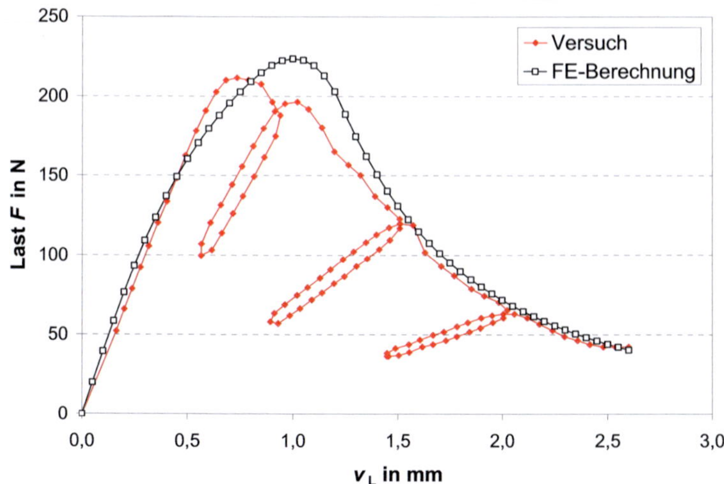

Bild 3-126 Last-Verschiebungsdiagramm für CT-Probe 02b aus Versuch und Berechnung mit dem nicht-linearen Federgesetz unter Verwendung der über die Rohdichte angepassten Parameter

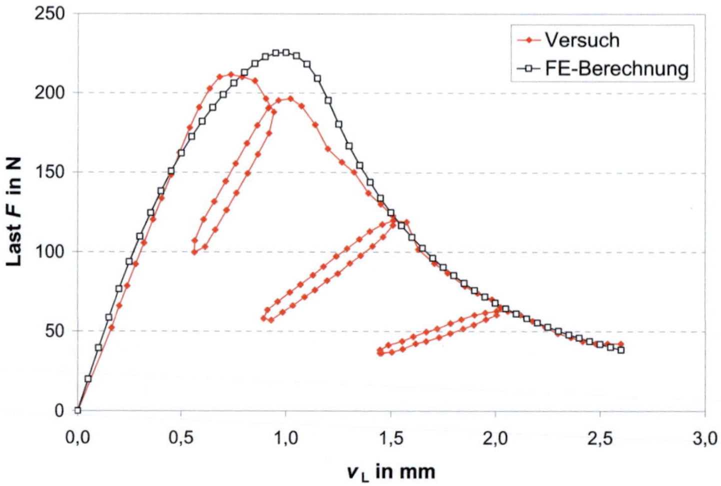

Bild 3-127   Last-Verschiebungsdiagramm für CT-Probe 02b aus Versuch und Berechnung mit dem nicht-linearen Federgesetz unter Verwendung der mittleren Parameter nach Gleichung (32)

3.5.4   Berechnung des Rissfortschritts beim Einschrauben

Zur Berechnung des Rissfortschritts wird die ermittelte Ersatzlast (Abschnitt 3.5.2) schrittweise in Einschraubrichtung auf das in Abschnitt 3.5.1 beschriebene Modell aufgebracht. Nach jedem Belastungsschritt wird die Auslastung der Querzugfedern berechnet. Wird in den Federn im Lastschritt i eine Verschiebung erreicht, die größer ist als der Grenzwert u_{gr}, wird das Federgesetz angepasst.

Im nächsten Belastungsschritt ($i + 1$) wird bei diesen Federn das geänderte Federgesetz berücksichtigt. Im Bereich der plastischen Verformungen ($u_{gr} < u_i \leq u_{gr} + \Delta u_{pl}$) wird angenommen, dass die Ersatzfedern erst bei Erreichen der maximalen Verschiebung vorangegangener Lastschritte ($u_i \geq \max \{u_1; u_2; ...; u_{i-1}\}$) wieder Zugkräfte in Höhe von $f_{t,90} \cdot A$ (mit A: Einzugsfläche der Feder) übertragen können. Im Nachbruchbereich ($u_{gr} + \Delta u_{pl} < u_i \leq u_e$) wird die gleiche Vorgehensweise angewendet. Hier sind die Fasern bereits teilweise getrennt. Die verbleibenden Fasern weisen in Abhängigkeit von der bereits erfolgten Verformung eine Resttragfähigkeit auf, die jedoch erst aktiviert werden kann, wenn die maximale Verschiebung vorheriger Lastschritte erreicht wird ($u_i \geq \max \{u_1; u_2; ...; u_{i-1}\} < u_e$). Beim Erreichen der Maximalverschiebung u_e wird von einer völligen Trennung der Fasern ausgegangen, so dass keine Kräfte mehr übertragen werden können.

3.5.5 Kalibrierung des Rechenmodells

Für die Kalibrierung und Verifizierung der Rechenmodelle zur Ermittlung von Rissflächen werden die in Abschnitt 3.4 aufgeführten Einschraubversuche herangezogen. Bei diesen Versuchen wurden die Rissflächen durch Einfärben visualisiert und der Flächeninhalt bestimmt, so dass Vergleiche zu den berechneten Rissbildern möglich sind. Bei der Rissflächenberechnung mittels des FE-Modells werden die Eigenschaften der verwendeten Prüfkörper sowie die Randbedingungen der Einschraubversuche berücksichtigt.

Des Weiteren ist es für eine zutreffende Berechnung der Rissflächen erforderlich, die korrigierte Ersatzlast q_{cor} (x_{Sr}) des zu untersuchenden Schraubentyps zu bestimmen. Ausgehend von der Grundfunktion q (x_{Sr}) der Ersatzlast erfolgt die Korrektur gemäß Gleichung (29) in Abschnitt 3.5.2. Die Korrekturbeiwerte k_ρ und k_γ ergeben sich aus den Prüfkörpereigenschaften. Die notwendige Korrektur in Abhängigkeit von der Einschraubgeschwindigkeit wird mit dem Beiwert k_r nach Gleichung (19) abgeschätzt. Für die Versuche der Reihe 1.1 wird die Drehzahl zu 450 min^{-1} angenommen. In den Reihen 2.1 bis 2.3 betrug die Drehzahl 100 min^{-1}.

Das Rechenmodell wird anhand der Versuchsergebnisse für die Reihen 1.1-A-2, 1.1-B-2 und 1.1-C-2 kalibriert. Die Konfiguration dieser Versuche entspricht den in Tabelle 10-1 aufgeführten Randbedingungen, die das Ergebnis von konventionellen Einschraubversuchen zur Ermittlung der erforderlichen Mindestholzdicke darstellen. Es ist somit gewährleistet, dass die Kalibrierung auf Basis von Risserscheinungen erfolgt, die für den jeweiligen Schraubentyp signifikant sind. Eine Kalibrierung z. B. anhand von Versuchen, die für jeden Schraubentyp ein völliges Aufspalten als Ergebnis liefern, wäre dagegen nicht sinnvoll.

Im Rahmen der Kalibrierung wird der verbleibende Beiwert k_{sp} durch Vergleiche zwischen experimentell und numerisch berechneten Rissflächen iterativ ermittelt. Der Korrekturbeiwert erfasst Abweichungen zwischen der mit der Versuchseinrichtung ermittelten und der tatsächlichen Spaltkraft beim Eindrehen in ein Bauteil. Für alle Simulationen wird unabhängig vom Schraubentyp derselbe Beiwert verwendet. Bei der Kalibrierung des Modells wurde der Korrekturfaktor auch in Abhängigkeit von der Rohdichte untersucht. Eine gute Übereinstimmung zwischen den Rissflächen aus Versuchen und Berechnung ergab sich für die in Gleichung (34) aufgeführte Korrektur.

$$k_{sp} = 1{,}08 \cdot \left(\frac{\rho_{ref}}{\rho}\right)^{2,3} \tag{34}$$

mit

ρ_{ref} Referenz- bzw. Bezugsrohdichte: 430 kg/m³ für die Holzart Fichte/Tanne

Bild 3-128 zeigt einen Vergleich zwischen den Einzelrissflächen ($A_{Ri,1}$ bzw. $A_{Ri,3}$) aus Versuchen und Simulationsrechnungen für die Reihen 1.1-A-2, 1.1-B-2 und 1.1-C-2. In Bild 3-129 sind die Abstände e_{085} aus den Versuchen gegenüber den Ergebnissen der FE-Berechnungen aufgetragen. In den Darstellungen wurde auf eine Differenzierung zwischen $A_{Ri,1}$ und $A_{Ri,3}$ bzw. $e_{085,1}$ und $e_{085,3}$ verzichtet. Die maximalen Risslängen $a_{Ri,max,1}$ und $a_{Ri,max,3}$ aus Versuch und Berechnung sind in Bild 3-130 dargestellt. Für alle drei Größen konnte eine akzeptable Übereinstimmung erreicht werden.

Bereits bei der Ermittlung der Funktion für den Korrekturbeiwert k_{sp} bestehen gewisse Abweichungen. Dies ist darauf zurückzuführen, dass Einschraubversuche in der Regel eine große Varianz aufweisen, die durch das Modell zur Vorhersage der Risserscheinungen nicht abgedeckt wird. Außerdem erfolgt die Ermittlung des Korrekturfaktors im Rahmen der Kalibrierung des Modells ohne eine differenzierte Betrachtung der drei Schraubentypen. Der Korrekturbeiwert sollte allgemeingültig ermittelt werden, um ihn auch auf andere als die untersuchten Schraubentypen anwenden zu können. Eine Vorabkalibrierung durch eine Anpassung der Ersatzlast, mit der bereits Modellungenauigkeiten korrigiert werden, wurde in geringem Umfang nur für Typ B durchgeführt.

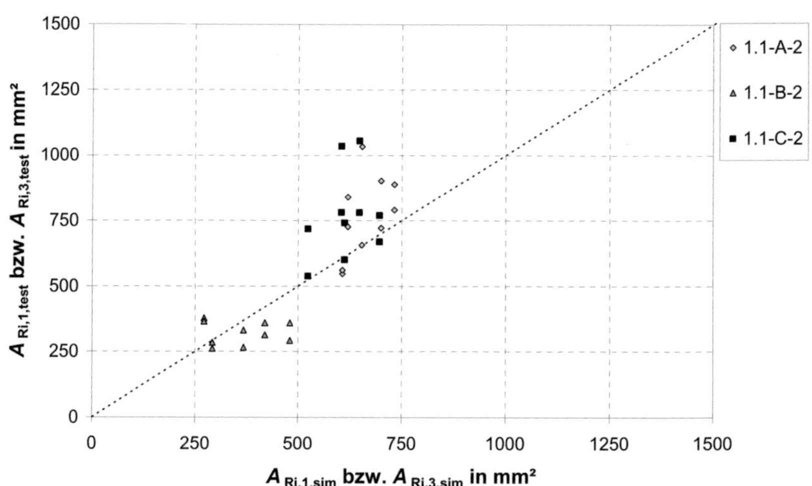

Bild 3-128   Rissflächen aus Versuch und Simulation für die Kalibrierungsversuche der Reihen 1.1-A-2, 1.1-B-2 und 1.1-C-2

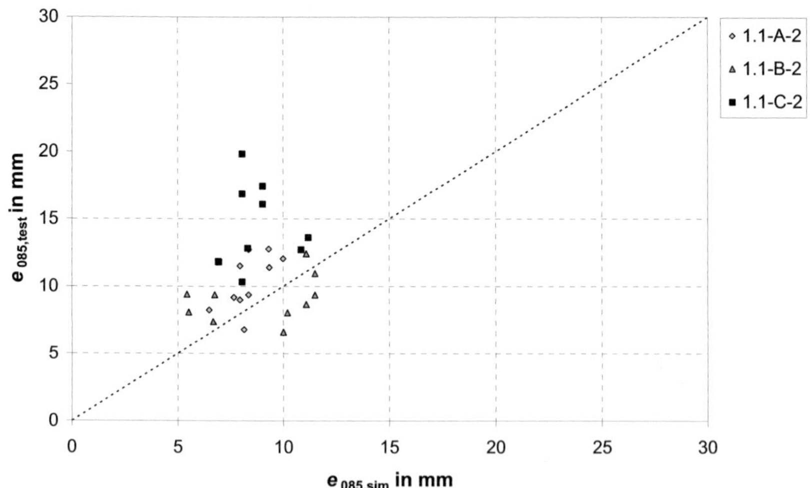

Bild 3-129 Abstände $e_{085,1}$ und $e_{085,3}$ aus Versuch und Simulation für die Reihen 1.1-A-2, 1.1-B-2 und 1.1-C-2

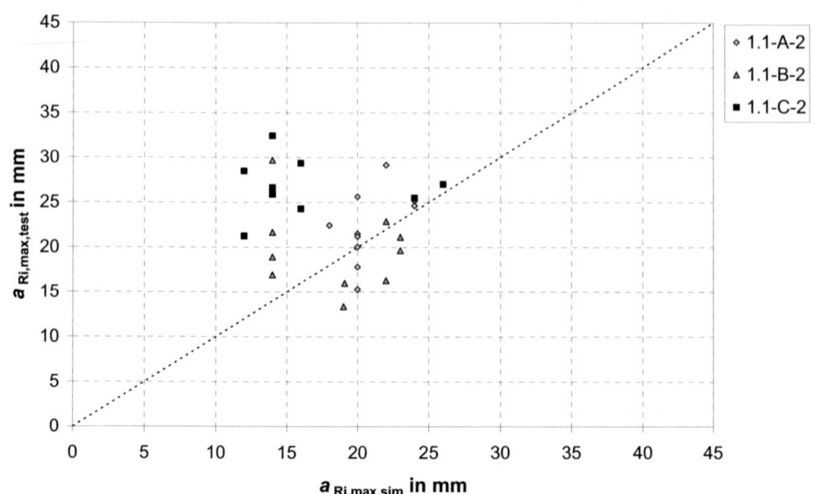

Bild 3-130 Maximale Risslängen aus Versuch und Simulation für die Reihen 1.1-A-2, 1.1-B-2 und 1.1-C-2

3.5.6   Numerische Rissflächenermittlung und Verifizierung

Zur Verifikation des Rechenmodells wurden die in Abschnitt 3.4.2 aufgeführten Versuche der Reihe 1.1 und 2.2 mit dem FE-Modell berechnet. Die Ergebnisse sind in Bild 3-131 bis Bild 3-136 dokumentiert.

Bild 3-131 zeigt die Gesamtrissfläche aus den Versuchen ($A_{Ri,tot} = A_{Ri,1} + A_{Ri,3}$) über den simulierten Werten für die Reihen 1.1-A-1 bis 1.1-C-3. Insgesamt ist eine recht gute Übereinstimmung feststellbar. Lediglich bei einigen Versuchen der Reihen 1.1-A-1, 1.1-B-1 und 1.1-C-1 ergeben sich größere Abweichungen. Bei diesen Versuchen betrug der Abstand zum Hirnholz nur $5 \cdot d$, so dass die Gefahr des Aufspaltens bestand. Mit dem Rechenmodell wurden daher teilweise größere Rissflächen berechnet als beobachtet werden konnten, da ein Rissarrest nicht simuliert werden kann. Teilweise wurden die Rissflächen auch unterschätzt. Die Ursache hierfür liegt in einem instabilen Risswachstum, das bei diesen Versuchen meist durch das Versenken des Schraubenkopfes ausgelöst wurde. Zudem wird bei einigen Versuchen dieser Reihen die Rissfläche für Prüfkörper geringerer Rohdichte unterschätzt. Zum Teil wiesen Prüfkörper geringerer Rohdichte deutlich größere Rissflächen als Prüfkörper mit höherer Rohdichte auf, welches durch größere Streuungen der Rissflächen innerhalb dieser Reihen begründbar ist. In Bild 3-132 ist eine Gegenüberstellung von experimentell ermittelten und simulierten Rissflächen der Versuche der Reihen 1.1-A-1 bis 1.1-C-3 unter Angabe der jeweiligen Rohdichte bzw. Rohdichteklasse visualisiert.

Zwischen den experimentell und rechnerisch ermittelten Abständen e_{085} ergibt sich teilweise eine Divergenz. Bild 3-133 zeigt die Abstände $e_{085,1,test}$ in Abhängigkeit von den Simulationsergebnissen.

Die Ergebnisse der übrigen Versuche der Reihe 1.1 sind im Vergleich mit den Simulationen in Bild 3-134 aufgeführt. Mit diesen Versuchsreihen wurde gezielt der Grenzbereich des Modells bezüglich des Aufspaltens von Prüfkörpern untersucht. Die Mindestabstände und Mindestholzdicken wurden so gewählt, dass Prüfkörper versagen bzw. größere Risserscheinungen aufweisen sollten. Insbesondere wurden hierzu auch Hölzer mit höheren Rohdichten ausgewählt. Das Rechenmodell liefert für die Versuche entweder die zutreffenden Rissflächen oder überschätzt diese deutlich. Wird durch das Modell eine große Rissausdehnung bis nahe an das Hirnholz ermittelt, kann ein kettenreaktionsartiges Versagen der Federelemente ausgelöst werden. Dieses bedeutet in praxi das Aufspalten des Holzbauteils. Mit dem FE-Modell werden für diese Fälle deutlich größere Rissflächen $A_{Ri,1}$ und $A_{Ri,3}$ als im Versuch ermittelt, da ein Rissarrest nicht möglich ist. Es resultieren i. d. R. konservative Werte für die Rissflächen.

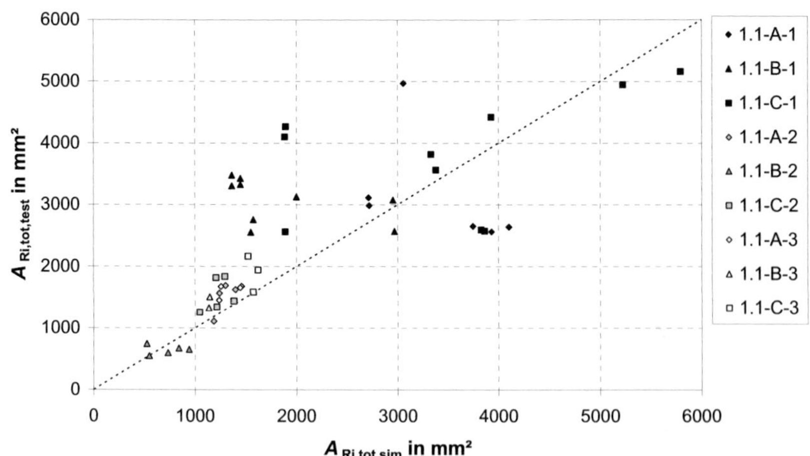

Bild 3-131   Vergleich der Gesamtrissflächen aus Versuch und Simulation, Reihe 1.1-A1 bis 1.1-C3

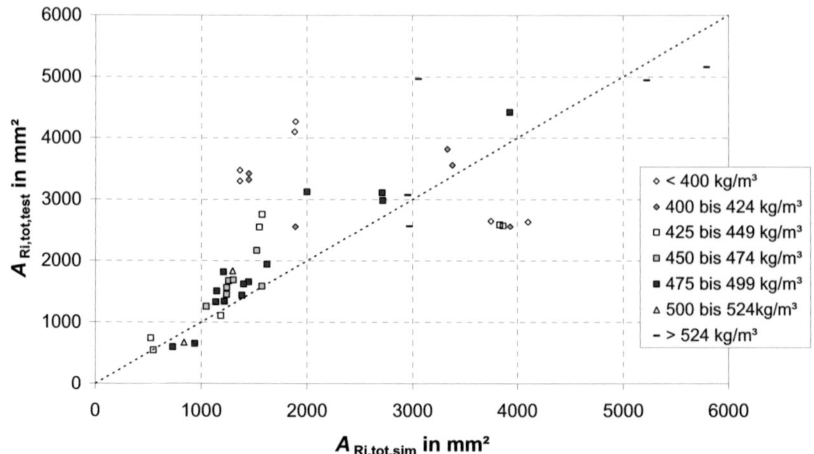

Bild 3-132   Vergleich der Gesamtrissflächen aus Versuch und Simulation für unterschiedliche Rohdichteklassen

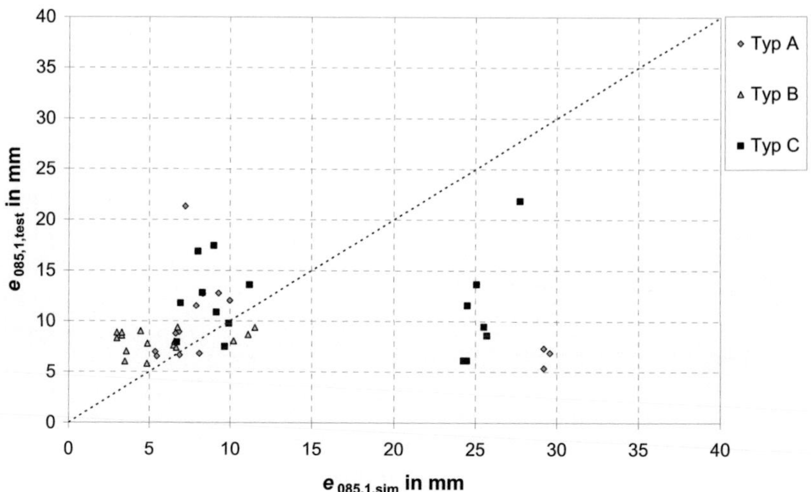

Bild 3-133   Vergleich zwischen den Abständen $e_{085,1}$ aus Versuch und Simulationsrechnung, Reihe 1.1-A1 bis 1.1-C3

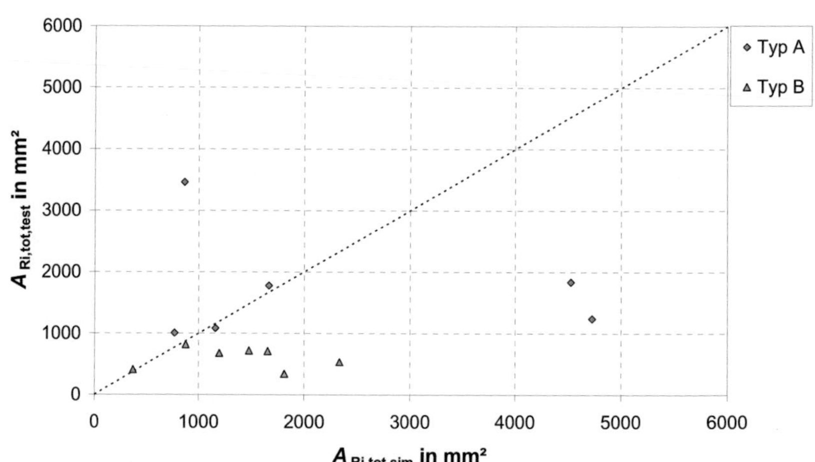

Bild 3-134   Vergleich der Gesamtrissflächen aus Versuch und Simulation, Reihen 1.1-A4 bis 1.1-B7

In den Versuchsreihen 2.2-A-1 bis 2.2-A-4 und 2.2-B-1 bis 2.2-B-3 wurden Anschlüsse mit mehreren Schraubenreihen geprüft. Bild 3-135 zeigt die Rissflächen aus den Versuchen über den numerisch berechneten Werten. Die Übereinstimmung zwischen den Versuchen und den Simulationen ist je nach Schraubentyp unterschiedlich. Für den Typ B liegt eine akzeptable Übereinstimmung vor. Bei diesem Typ wurden nur in wenigen Fällen größere Risse oder Spalterscheinungen beobachtet. Hingegen konnten größere Rissflächen oder sogar ein Versagen durch Aufspalten bei Versuchen mit dem Schraubentyp A häufiger festgestellt werden. In diesen Fällen unterschätzt das Rechenmodell teilweise die Größe der resultierenden Rissflächen. Mit den Berechnungsergebnissen lässt sich jedoch bereits die Spaltgefahr abschätzen. Aus dem Diagramm geht ferner die deutlich größere Streuung der Versuchsergebnisse gegenüber den Simulationsrechnungen hervor. Diese kann u. a. auf den unbekannten Eigenspannungszustand der Prüfkörper zurückgeführt werden. Erste Vorversuche haben deutliche Einflüsse der Holzfeuchte und der klimatischen Vorbeanspruchung des Holzes (Holzfeuchteänderungen) auf das Risswachstum beim Eindrehen von selbstbohrenden Holzschrauben gezeigt.

Die mit dem Rechenmodell ermittelten Rissflächen für Anordnungen mit mehreren Schrauben in einer Reihe zeigen größtenteils eine akzeptable bis gute qualitative Übereinstimmung mit den experimentell ermittelten Rissflächen. In Bild 3-136 ist ein Vergleich der Rissflächen dargestellt. Die im Bereich von Holzoberseite und Holzunterseite auftretenden größeren Rissausdehnungen sind auf das Versenken des Schraubenkopfes bzw. das Durchschrauben der Schraubenspitze zurückzuführen. Es ist erkennbar, dass auch diese Phänomene durch die Simulationsrechnung qualitativ gut erfasst werden.

Es kann festgestellt werden, dass mit dem Rechenmodell Risserscheinungen, die beim Eindrehen von Schrauben entstehen, in ausreichender Genauigkeit qualitativ und quantitativ abgeschätzt werden können. Das Modell erlaubt zudem Aussagen zur Gefahr des Versagens durch Aufspalten. Auf der Basis einer zuverlässigen Ermittlung der Ersatzlastfunktion und der benötigten Korrekturbeiwerte können auch für Konfigurationen mit geringerer Rohdichte und großen Holzdicken die Rissflächen größtenteils zutreffend prognostiziert werden. Zumeist ist sogar die Berechnung besonders spaltgefährdeter Konfigurationen mit hohen Rohdichten und geringen Abständen möglich. Hierbei kann jedoch nur noch eine Aussage über die Spaltgefahr getroffen werden. Das tatsächliche Ausmaß des sich einstellenden Risswachstums wird nicht mehr korrekt abgeschätzt. Eine Beurteilung der vorliegenden Mindestabstände und Holzdicken ist aber auch in diesen Fällen realisierbar.

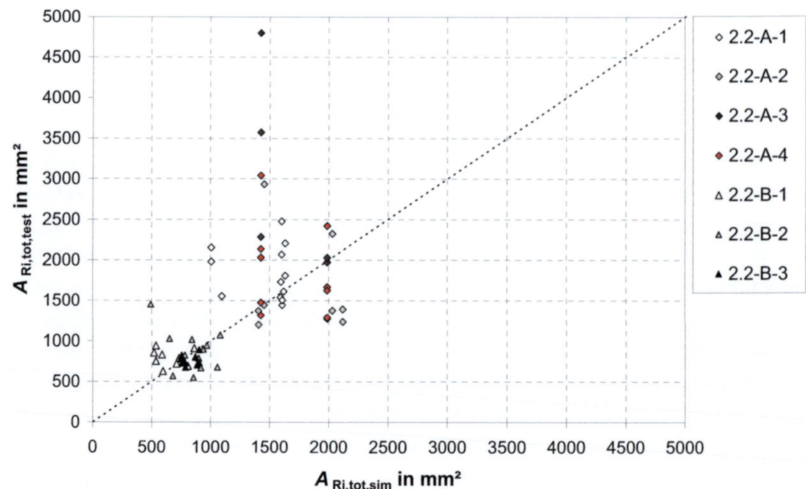

Bild 3-135   Vergleich der Gesamtrissflächen aus Versuch und Simulation, Reihe 2.2-A-1 bis 2.2-A-4 und 2.2-B-1 bis 2.2-B-3

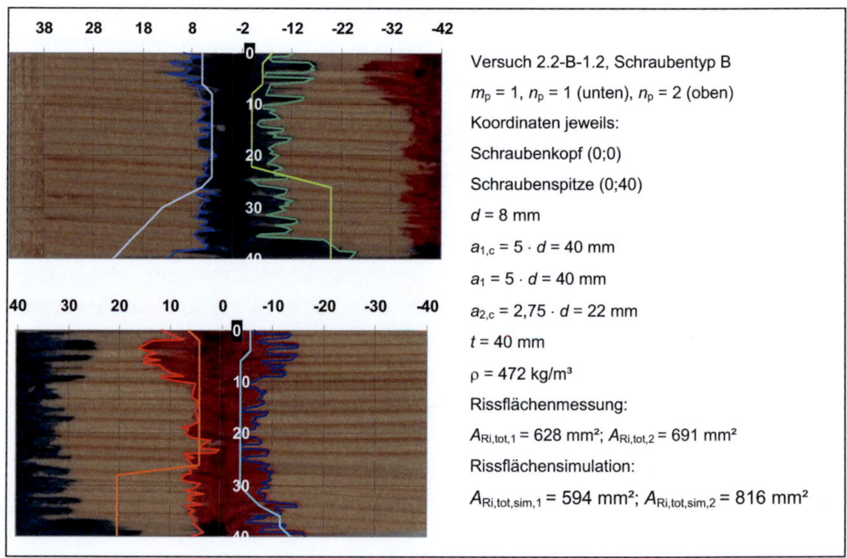

Bild 3-136   Rissflächen aus Versuch und Simulation, Versuch 2.2-B-1.2

4 Spaltverhalten von Verbindungen unter Belastung

4.1 Ziele der Untersuchungen und Vorgehensweise

Innerhalb dieser Arbeit wird vorrangig das Spaltverhalten von Holz beim Eindrehen von Schrauben untersucht. Beim Einbringen von stiftförmigen Verbindungsmitteln ohne Vorbohren der Hölzer entstehen im Allgemeinen immer Risse. Es wurde gezeigt, von welchen Parametern das Ausmaß der Risserscheinungen abhängt und wie die Größe von Rissflächen erfasst oder abgeschätzt werden kann. Des Weiteren konnten Randbedingungen ermittelt werden, unter deren Einhaltung Schrauben eingedreht werden können, ohne dass die Holzbauteile durch Aufspalten versagen. Somit kann die zuverlässige Herstellung der Verbindung gewährleistet werden.

Für die Anwendung von Schraubenverbindungen in der Baupraxis genügt es jedoch nicht, nur ihre Herstellbarkeit nachzuweisen. Darüber hinaus sollen die beim Einschrauben entstehenden Risserscheinungen die Tragfähigkeit der Verbindung nicht maßgebend beeinflussen. Dies gilt sowohl für axial als auch für lateral beanspruchte Schrauben.

Für axial beanspruchte Schrauben ist daher nachzuweisen, dass die Herausziehtragfähigkeit nicht signifikant von der Größe der beim Eindrehen unvermeidbar entstehenden Rissflächen abhängig ist. Hierzu werden in Abschnitt 4.2 Herausziehversuche ausgewertet, um den Zusammenhang zwischen Herausziehtragfähigkeit und Größe der Rissflächen zu untersuchen.

Bei auf Abscheren beanspruchten Verbindungen kann die Tragfähigkeit durch die bei der Montage entstandenen Risse beeinflusst werden. Dieser Anfangsriss kann ein weiteres Risswachstum initiieren und so unter Belastung ein Versagen durch Aufspalten hervorrufen. Je größer die durch den Einschraubvorgang bedingte Anfangsrissbildung ausfällt, desto größer ist die Gefahr eines weiteren Risswachstums. Stellt sich ein instabiles Risswachstum ein, kann die Verbindung bzw. das Bauteil abrupt durch Aufspalten versagen. I. d. R. sollte bei Verbindungen unter Belastung ein duktiles Versagensverhalten anstelle von sprödem Versagen durch Aufspalten angestrebt werden. Ob dies durch die für das Einschrauben relevanten Grenzwerte der Rissausdehnung bzw. die Mindestwerte der Abstände und Holzdicken gewährleistet ist, wird in Abschnitt 4.3 durch Tragfähigkeitsversuche geprüft.

4.2   Auswirkungen auf die axiale Tragfähigkeit

Bisher wurde davon ausgegangen, dass die Herausziehtragfähigkeit einer Schraube nicht durch die unvermeidbare Rissbildung beim Eindrehen beeinflusst wird, solange keine signifikante Rissöffnung vorliegt. Dies gilt de facto, wenn in konventionellen Einschraubversuchen kein Versagen durch Aufspalten festgestellt wird und somit die Herstellbarkeit der Verbindung nachgewiesen ist.

Mit Hilfe der Rissflächenbestimmung gemäß Abschnitt 3.4 kann die genaue Größe der Risserscheinungen im Bauteil ermittelt werden. Somit kann auch geprüft werden, ob ein Zusammenhang zwischen der vorhandenen Rissfläche und der Herausziehtragfähigkeit besteht. Die Rissflächenermittlung ist jedoch nicht direkt für die Schraube im Prüfkörper durchführbar, die im Herausziehversuch geprüft wird. Um die Rissfläche ermitteln zu können, muss zur Visualisierung Farbe eingebracht werden. Geschieht dieses nach dem Versuch, ist das Holz durch das Herausziehen der Schraube soweit geschädigt, dass die beim Eindrehen entstandene Rissfläche nicht zutreffend ermittelt werden kann.

Ein Einfärben vor dem Versuch ist nur möglich, wenn die Schraube herausgedreht und anschließend die Farbe eingebracht wird. Anschließend müsste die Schraube wieder eingedreht werden, um den Herausziehversuch durchführen zu können. Dieses Vorgehen hat jedoch zur Folge, dass das Holz durch die mehrfachen Schraubvorgänge geschädigt wird, so dass die Tragfähigkeit reduziert wird. So könnte sich das Gewinde beim erneuten Eindrehen zum Beispiel in einer anderen Position in das Holz einschneiden. Weitere Schädigungen könnten durch die Bohrspitze verursacht werden. Dieser Effekt wird noch dadurch verstärkt, dass sich die Holzfeuchte durch das Einbringen der Farbe erhöht und das Holz im Einschraubbereich Quellverformungen aufweist. Durch die höhere Holzfeuchte wird überdies die Herausziehtragfähigkeit reduziert. Daher wurde an beiden Enden von 250 bis 400 mm langen Prüfkörpern jeweils eine Schraube mit dem gleichen Hirnholzabstand eingedreht. Der Abstand der Schrauben untereinander ist so groß, dass eine gegenseitige Beeinflussung der Rissbildung ausgeschlossen werden kann. Hierdurch kann für denselben Prüfkörper an einer Schraube die Herausziehtragfähigkeit und an der anderen die Rissfläche ermittelt werden. Bei der Prüfkörperauswahl wurde darauf geachtet, dass die Prüfkörper keine größeren Störstellen oder Faserabweichungen aufweisen. Es kann unterstellt werden, dass sich die Eigenschaften des Holzes innerhalb der Prüfkörperlänge nicht ändern. Für beide im jeweiligen Prüfkörper angeordneten Schrauben wird daher eine Rissfläche gleicher Größe angenommen. Zur Gewährleistung gleicher Randbedingungen werden die Schrauben im gleichen Zeitraum eingedreht und unter den gleichen klimatischen Bedingungen bis zur Versuchsdurchführung gelagert. An der jeweiligen Prüfkörperhälfte finden der Herausziehversuch und das

Herausdrehen und Einfärben in etwa zeitgleich statt. Die Versuche wurden mit Schrauben des Typs A mit einem Nenndurchmesser von 8 mm durchgeführt. Die Einschraubtiefe ℓ_{ef} wurde so gewählt, dass sie der Holzdicke von $t = 80$ mm entspricht und die Schraubenspitze gerade nicht die Prüfkörperunterseite durchdringt. Damit wird die Vergleichbarkeit der Versuchsergebnisse zu üblichen Herausziehversuchen nach DIN EN 1382 gewährleistet. Üblicherweise werden bei Versuchen zur Rissflächenermittlung die Schrauben so weit eingedreht, dass die Schraubenköpfe bündig mit der Holzoberfläche abschließen. Dies kann im Rahmen der Vergleichsversuche nicht erfolgen, da die Durchführung der Herausziehversuche nicht mehr möglich wäre. Die Holzdicke sowie die Randabstände ($a_{1,c} = 56$ mm und $a_{2,c} = 24$ mm) entsprechen den in konventionellen Einschraubversuchen ermittelten Mindestwerten. Diese werden durch die neuen Verfahren gemäß Abschnitt 3.3 und Abschnitt 3.4 bestätigt.

In Bild 4-1 ist die Herausziehtragfähigkeit und in Bild 4-2 die ermittelte Rissfläche jeweils in Abhängigkeit von der Prüfkörperrohdichte dargestellt. In dieser Versuchsreihe (Reihe Z) wurden an insgesamt 20 Prüfkörpern jeweils 20 Herausziehversuche und 20 Versuche zur Ermittlung der Rissfläche mit dem Schraubentyp A durchgeführt. Mit steigender Rohdichte nehmen sowohl die Herausziehtragfähigkeit als auch die Größe der Rissflächen zu. Dies entspricht den üblichen Beobachtungen bei derartigen Versuchen.

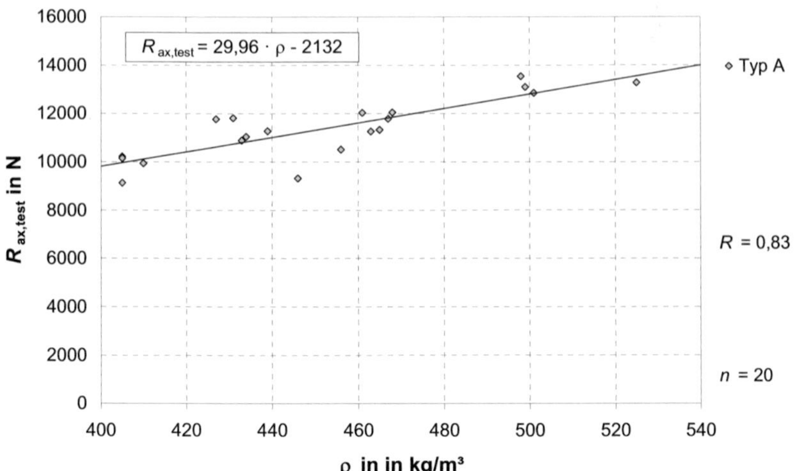

Bild 4-1   Herausziehtragfähigkeit in Abhängigkeit von der Rohdichte, Schraubentyp A, $d = 8$ mm, $\ell_{ef} = 80$ mm, Reihe Z

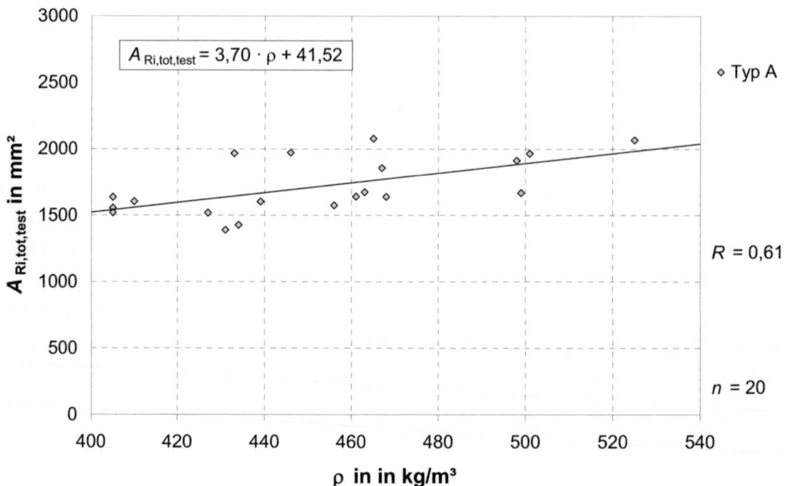

Bild 4-2   Rissflächen in Abhängigkeit von der Rohdichte, Schraubentyp A, d = 8 mm, ℓ_{ef} = 80 mm, Vergleichsprüfkörper der Reihe Z

Die mittlere Herausziehtragfähigkeit konnte zu $R_{ax,test,mean}$ = 11360 N bei einem Variationskoeffizienten von 11,1 % ermittelt werden. Die Rohdichte beträgt arithmetisch gemittelt ρ_{mean} = 452 kg/m³. Ihre Verteilung entspricht einer Auswahl der Prüfkörper nach dem Verfahren 1 der DIN EN 28970 unter der Voraussetzung einer charakteristischen Rohdichte von ρ_k = 420 kg/m³. Die statistische Auswertung der Versuche nach DIN EN 14358 mit der Annahme einer logarithmischen Normalverteilung führt zu einem charakteristischen Wert des Ausziehparameters von $f_{1,k} = 81 \cdot \rho_k^2 \cdot 10^{-6}$. Dies bestätigt den in der allgemeinen bauaufsichtlichen Zulassung angegebenen Wert.

In einem weiteren Vergleich werden die Versuchsergebnisse Vorhersagewerten nach Blaß et al. (2006) und Frese et al. (2010) gegenübergestellt, siehe Bild 4-3. Nach Blaß et al. (2006) kann die Herausziehtragfähigkeit nach Gleichung (35) berechnet werden, wobei der Winkel zwischen Schraubenachse und Faserrichtung im betrachteten Fall ε = 90° beträgt.

$$R_{ax} = \frac{0{,}6 \cdot d^{0,5} \cdot \ell_{ef}^{0,9} \cdot \rho^{0,8}}{1{,}2 \cdot \cos^2 \varepsilon + \sin^2 \varepsilon} \quad \text{in N} \tag{35}$$

Frese et al. (2010) untersuchten auf der Grundlage zahlreicher Versuchsergebnisse mehrere Regressionsmodelle zur Ermittlung von Vorhersagewerten der Herauszieh-tragfähigkeit und des Ausziehparameters f_1. Für den hier angegebenen Vergleich wird das folgende Modell verwendet:

$$\ln(R_{ax}) = 6{,}739 + 0{,}03257 \cdot \ell_{ef} + 2{,}148 \cdot 10^{-4} \cdot d \cdot \rho - 1{,}171 \cdot 10^{-4} \cdot \ell_{ef}^2 + e_F \qquad (36)$$

mit

e_F Fehler e_F: N (0; 0,1365)

Es ist zu beachten, dass für die Darstellung in Bild 4-3 der Fehler e_F nicht berück-sichtigt wird. Insgesamt werden die Versuchsergebnisse durch beide Regressions-gleichungen in akzeptabler Übereinstimmung abgeschätzt.

Die Ordinate des Diagramms in Bild 4-4 zeigt die Höchstlasten aus den Herauszieh-versuchen gegenüber den Rissflächen der Vergleichsversuche auf der Abszisse für drei gewählte Rohdichteklassen. Zwischen der Herausziehtragfähigkeit und der Grö-ße der Rissfläche kann kein direkter Zusammenhang festgestellt werden. Es besteht jedoch für beide Größen ein proportionaler Zusammenhang zur erklärenden Variable Rohdichte.

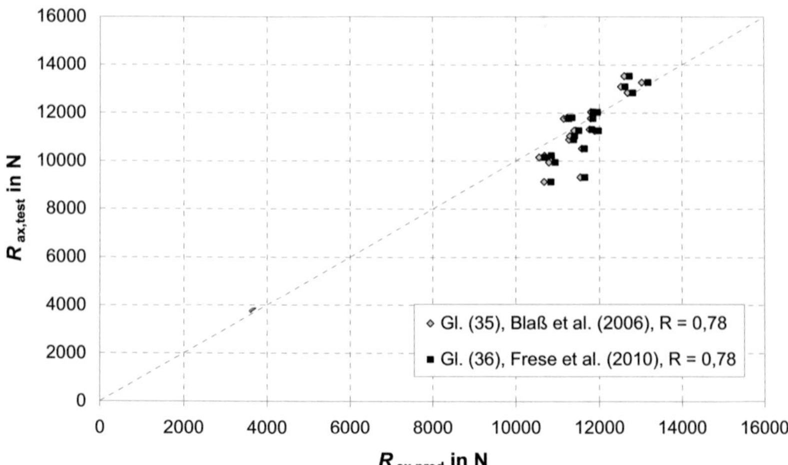

Bild 4-3   Versuchsergebnisse und Vorhersagewerte der Herausziehtragfähig-keit für Schraubentyp A, 8 x 200 mm, ℓ_{ef} = 80 mm

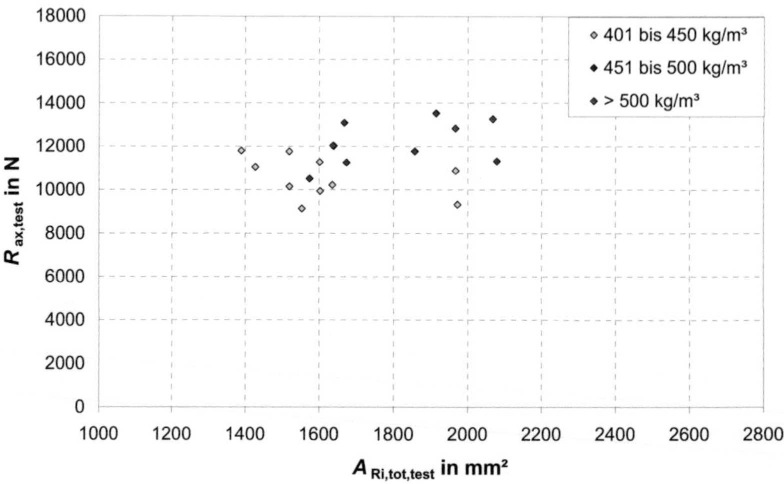

Bild 4-4   Gegenüberstellung von Herausziehtragfähigkeit und Rissfläche unter Darstellung unterschiedlicher Rohdichten

Die aufgeführten Vergleichsbetrachtungen widerlegen nicht die Ausgangshypothese. Demnach wird die Herausziehtragfähigkeit eines Verbindungsmittels nicht beeinträchtigt, wenn es sich ohne ein maßgebendes Aufspalten oder größere Risserscheinungen einbringen lässt. Ein hinreichender Beweis ist jedoch aufgrund des geringen Versuchsumfangs nicht zu erbringen. Außerdem ist die Grundannahme bei der Ermittlung der Rissflächen bzw. der Übertragung der Ergebnisse zu prüfen. Dafür ist nachzuweisen, dass beim unabhängigen Eindrehen zweier Schrauben am jeweiligen Ende eines Prüfkörpers begrenzter Länge die Größen der Rissflächen weitgehend übereinstimmen. Überdies wäre zu prüfen, ob die Hypothese auch für Einschraubbilder mit mehreren hintereinander angeordneten Schrauben zutrifft.

Hiervon unberücksichtigt bleibt der Einfluss von Gruppeneffekten durch gleichzeitige Beanspruchung mehrerer Schrauben. Dieser ist insbesondere bei sehr geringen Abständen der Verbindungsmittel untereinander zusätzlich zu untersuchen. Eine Berücksichtigung dieser Effekte erfolgt z. B. durch die wirksame Anzahl $n_{ef} = 0{,}9 \cdot n$ im Nachweis des Eurocodes (DIN EN 1995-1-1, Abschnitt 8.7.2). Ebenfalls ist diese Thematik Bestandteil neuerer Forschungsarbeiten, siehe z. B. Krenn (2010).

4.3 Auswirkungen auf die laterale Tragfähigkeit

Selbstbohrende Holzschrauben werden im Holzbau nicht nur zur Übertragung von axialen Kräften eingesetzt. Sehr häufig sind Schrauben in Verbindungen so angeordnet, dass sie primär auf Abscheren beansprucht werden. Die laterale Tragfähigkeit von stiftförmigen Verbindungsmitteln wird mit Hilfe der Theorie von Johansen (1949) ermittelt, siehe auch Hilson (1995). Hierbei wird ein ideales starr-plastisches Verhalten des Holzes oder Holzwerkstoffes unter Lochleibungsbeanspruchung und des stiftförmigen Verbindungsmittels unter Biegebeanspruchung vorausgesetzt. Bei Verbindungsmitteln, die auch in Richtung ihrer Achse Kräfte übertragen können, darf die Tragfähigkeit unter Ausnutzung des Einhängeeffektes erhöht werden, vgl. Blaß (2000). Dies trifft neben Holzschrauben auf Passbolzen, Bolzen und Gewindestangen sowie bei einigen Verbindungsarten auf Sondernägel zu.

Beim Entwurf und bei der Bemessung einer auf Abscheren beanspruchten Verbindung ist ein duktiles Versagen unter Ausbildung von Fließgelenken im Verbindungsmittel anzustreben. Entsprechend sollten die Dimensionen der Verbindung bzw. der Verbindungsmittel ein Verhältnis hoher Schlankheit widerspiegeln, um sprödes Versagen zu verhindern. Geringe Holzdicken und geringe Mindestabstände begünstigen einen Tragfähigkeitsverlust durch Aufspalten des Holzes im Verbindungsbereich. Die Gefahr des spröden Versagens wird bei Verbindungsmitteln, die ohne Vorbohren der Hölzer eingebracht werden, durch die unvermeidbare Rissbildung bei der Verbindungsmittelmontage vergrößert. Die Anfangsrisse können unter Belastung eine weitere Rissöffnung hervorrufen und so zu einem instabilen Risswachstum führen. Geschieht dies bereits vor der Ausbildung von Fließgelenken bzw. deutlichen Verformungen im Verbindungsmittel oder zumindest vor dem Erreichen plastischer Lochleibungsverformungen im Holz, kann die rechnerische Tragfähigkeit nach Johansen nicht erreicht werden. Die für die Herstellbarkeit einer Verbindung notwendigen Randbedingungen genügen häufig nicht den Anforderungen, die unter dem Aspekt des Erreichens der erforderlichen Tragfähigkeit für Abscherbeanspruchungen zu stellen sind, vgl. Blaß et al. (2006). Aus diesem Grund ist es bislang unerlässlich, in Tragfähigkeitsversuchen die Mindestwerte der Holzdicke und Abstände zu überprüfen. Hierzu waren Zug-Scherversuche mit doppelt-symmetrischen Prüfkörpern vorgesehen. Insgesamt wurden 26 Versuchsreihen mit jeweils fünf Zug-Scherversuchen durchgeführt. Geprüft wurden ein- und zweischnittige Anschlüsse mit unterschiedlichen Anschlussbildern. Die Seitenhölzer bestanden aus Vollholz. Für die Mittelhölzer wurde Voll- oder Brettschichtholz verwendet. Der Versuchsaufbau ist in Bild 4-5 dargestellt. Eine Übersicht der Versuchsreihen ist in Tabelle 10-43 bis Tabelle 10-46 (Anhang 10.5) zusammengestellt. Die geprüften Schraubenbilder sind in Bild 10-51 bis Bild 10-58 definiert.

Die Dicke der Seitenhölzer wurde mit Ausnahme der Versuche mit dem Schraubentyp C auf der Grundlage der Ergebnisse der konventionellen Einschraubversuche gewählt, vergleiche Tabelle 3-1 in Abschnitt 3.1. Die Mindestholzdicken wurden durch die Ergebnisse der neuen, später entwickelten Prüfmethoden (siehe Abschnitt 3.3 bzw. 3.4) bestätigt. Beim Typ C wurden die Seitenholzdicken $t_{SH} = 5 \cdot d$ für 6er Schrauben und $t_{SH} = 6 \cdot d$ für 8er Schrauben durch wenige konventionelle Einschraubversuche im Rahmen von Vorversuchen ermittelt. Weitere umfangreiche Untersuchungen führten zu größeren Mindestholzdicken.

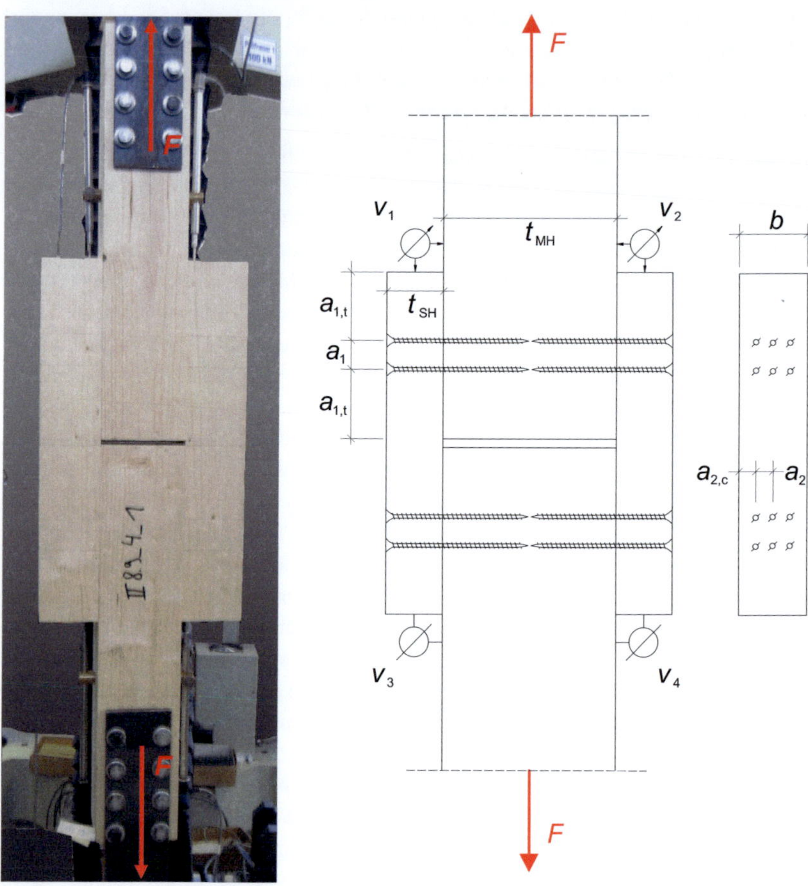

Bild 4-5　　　　Zug-Scherversuch mit einschnittigen Schraubenverbindungen, Versuchsaufbau (links), Beispiel einer Konfiguration mit $m_{Sr} = 3$ Schraubenreihen und $n_{SR} = 2$ Schrauben pro Reihe (rechts)

Die Rohdichteverteilung der Seitenhölzer aller Zug-Scherversuche ist in Bild 4-6 dargestellt. Die Seitenhölzer wurden für die einzelnen Versuchsreihen so ausgewählt, dass sie möglichst hohe Rohdichten aufweisen. Der Mittelwert der Rohdichte der Seitenhölzer beträgt 470 kg/m³, die Standardabweichung 55,3 kg/m³ (Variationskoeffizient 11,8 %) bei einer mittleren Holzfeuchte von 11,6 %. Der 5%-Quantilwert ergibt sich zu 380 kg/m³ und der 95%-Quantilwert zu 561 kg/m³. Die Versuchsdurchführung erfolgte in Anlehnung an DIN EN 26891. Die Versuchsergebnisse sind in Tabelle 10-47 bis Tabelle 10-58 in Anhang 10.5 dokumentiert. Für die weitere Auswertung wurde die Höchstlast für den oberen und unteren Anschluss bestimmt. Beim Versagen eines Prüfkörpers unterhalb einer Verschiebung von 15 mm an den Anschlüssen wurde die erreichte Höchstlast für beide Anschlüsse angesetzt. Es ist eo ipso davon auszugehen, dass der nicht versagte Anschluss die gleiche oder eine höhere Bruchlast erreicht. Neben den absoluten Höchstlasten F_{max} und den Rohdichten der Prüfkörper sind in den Tabellen ferner die bei den maßgebenden Versagenslasten $F_{maßg}$ vorliegenden Verschiebungen $v_{Fmaßg}$ angegeben. Ebenfalls ist die Ursache des Versagens aufgeführt.

Bei Versuchen mit 5er und 6er Schrauben des Typs A bzw. A-2 trat immer ein Versagen durch Aufspalten auf. Die Verschiebungen lagen hierbei unterhalb von 15 mm. Insbesondere bei den Versuchen mit Einschraubbildern, bei denen nur eine Schraubenreihe vorgesehen wurde, versagten die Prüfkörper bei geringen Verschiebungen. Bild 10-59 in Anhang 10.5 zeigt einen typischen Verlauf der Last-Verschiebungskurven.

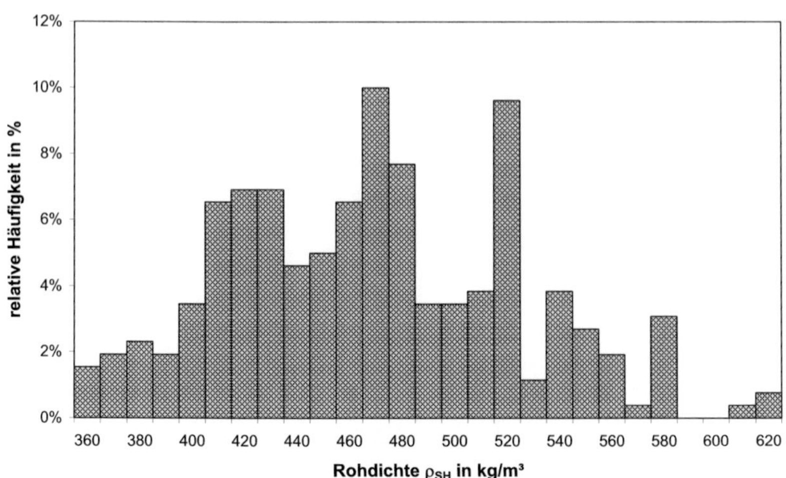

Bild 4-6   Häufigkeitsverteilung der Rohdichte der Seitenhölzer (260 Werte)

Bei den Versuchen mit 12er Schrauben des Typs A und Anschlussbildern mit mehreren Verbindungsmittelreihen (m_{Sr} = 3) wurde eine Verschiebung von 15 mm vor Versagen des Anschlusses erreicht. Der Verlauf der Last-Verschiebungskurve eines hierfür repräsentativen Versuchs ist in Bild 10-60 wiedergegeben. Bei Versuchen dieser Reihen mit einer Verbindungsmittelreihe (Einschraubbilder A12, B12) konnte ein Versagen durch Aufspalten der Seiten- oder Mittelhölzer auch bei Verschiebungen unterhalb von 15 mm beobachtet werden. In den Versuchsreihen mit Schraubentyp B trat sowohl bei einreihiger als auch bei dreireihiger Anordnung der Schrauben im Anschlussbild ein Versagen durch Aufspalten auf. Die Verschiebungen waren nahezu immer kleiner als 15 mm. Für den Schraubentyp C mit d = 6 und d = 8 mm wurden nur dreireihige Schraubenbilder untersucht. In allen Versuchen konnte ein Versagen durch Aufspalten festgestellt werden, wie beispielhaft in Bild 10-61 (Anhang 10.5) dokumentiert. Hierbei wurde nur bei drei Versuchen mit 8er Schrauben eine Verschiebung von mindestens 15 mm erreicht. In den Versuchsreihen mit dem Schraubentyp D wurden nur Schraubenbilder mit einreihiger Anordnung (Schraubenbilder A12 und A13) geprüft. Es trat i. d. R. ein Versagen durch Aufspalten der Seitenhölzer bei Verschiebungen unterhalb von 15 mm auf. Insgesamt verhalten sich mehrreihige Anordnungen redundanter. Bei Versuchen mit dreireihigen Schraubenbildern konnte die Last nach Versagen bzw. teilweisem Versagen einer Schraubenreihe gehalten oder weiter gesteigert werden. Dies ist durch Lastumlagerungen begründbar.

Die Tragfähigkeit der geprüften Konfiguration wird aus einem Anteil R_{Joh} gemäß der Theorie von Johansen und dem zusätzlichen Tragfähigkeitszuwachs ΔR_{la} aus dem Einhängeeffekt berechnet, vgl. Blaß und Bejtka (2002a, b). Daher gilt für den Erwartungswert der Tragfähigkeit:

$$R_{pred} = R_{Joh} + \Delta R_{la} \tag{37}$$

Zur Berechnung der Komponente R_{Joh} wird die Lochleibungsfestigkeit gemäß folgendem Vorschlag von Blaß et al. (2006) berücksichtigt:

$$f_h = \frac{0{,}022 \cdot \rho^{1,24} \cdot d^{-0,3}}{2{,}5 \cdot \cos^2 \varepsilon + \sin^2 \varepsilon} \quad \text{in N/mm}^2 \tag{38}$$

Für das Fließmoment der Schrauben werden die Ergebnisse von Versuchen zur Ermittlung des Fließmomentes nach DIN EN 409 verwendet. Der Einfluss des tatsächlichen Biegewinkels findet Beachtung (s. Jorissen und Blaß (1998), Blaß et al. (2000)), indem das Fließmoment für einen Winkel von ϕ = 110°/d ausgewertet wird. Der Anteil des Einhängeeffekts an der Tragfähigkeit wird konservativ in Anlehnung an DIN 1052: 2008-12 abgeschätzt. Abweichend zur DIN 1052 wird die Tragfähigkeit auch für zweischnittige Verbindungen um den Betrag ΔR_{la} aus Gleichung (39) erhöht.

$$\Delta R_{la} = \min\{0,25 \cdot R_{ax}; R_{Joh}\} \tag{39}$$

mit

R_{ax} Axiale Tragfähigkeit der Schraube in Anlehnung an Gleichung (35) unter Berücksichtigung der Tragfähigkeit bei Kopfdurchziehen und der Zugtragfähigkeit R_Z der Schraube

R_{Joh} Tragfähigkeit der Schraube auf Abscheren nach Johansen Theorie

Bei den geprüften Anordnungen wird die Zugtragfähigkeit R_Z der Schrauben nicht maßgebend. Der Ausziehwiderstand wird gemäß Gleichung (35) bestimmt. Kopfdurchziehen wird für die Vollgewindeschrauben nicht maßgebend, wogegen dies bei Teilgewindeschrauben in einigen Anordnungen relevant wird. Der Kopfdurchziehwiderstand war entweder aus Versuchen bekannt oder wurde zu $R_{Kopf} = (d_K)^2 \cdot 80 \cdot \rho^2 \cdot 10^{-6}$ angenommen.

Die Diagramme in Bild 4-7 bis Bild 4-11 zeigen einen Vergleich zwischen den Höchstlasten aus den Versuchen und den Erwartungswerten der Tragfähigkeit unter Berücksichtigung des Einhängeeffekts. Die Angaben beziehen sich jeweils auf ein Verbindungsmittel und eine Scherfuge.

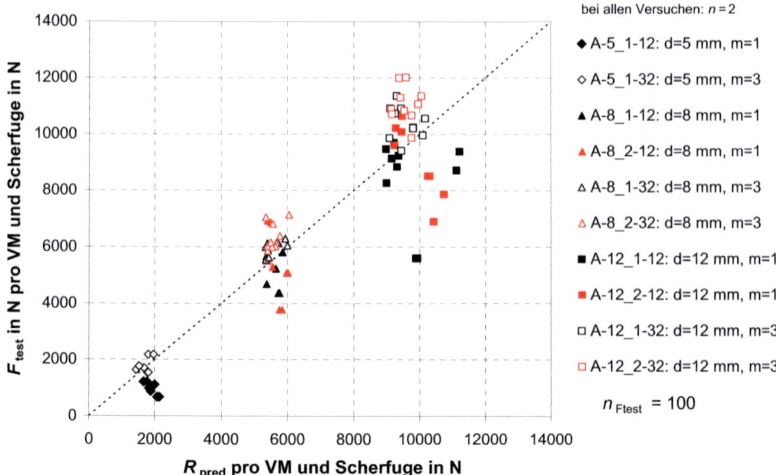

Bild 4-7   Tragfähigkeit der Schrauben des Typs A-1 aus den Zug-Scherversuchen im Vergleich zu den Erwartungswerten, t_{SH} = 24 mm für $\varnothing$ 5, t_{SH} = 80 mm für $\varnothing$ 8 und t_{SH} = 96 mm für $\varnothing$ 12

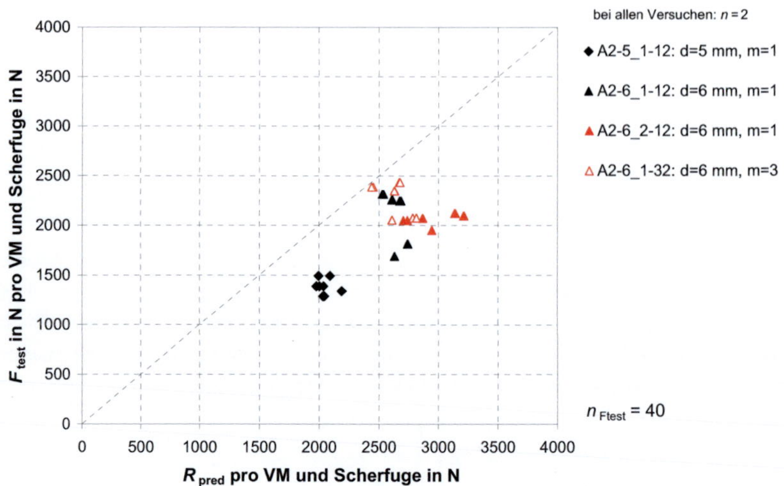

Bild 4-8   Tragfähigkeit der Schrauben des Typs A-2 aus den Zug-Scher-versuchen im Vergleich zu den Erwartungswerten, t_{SH} = 30 mm

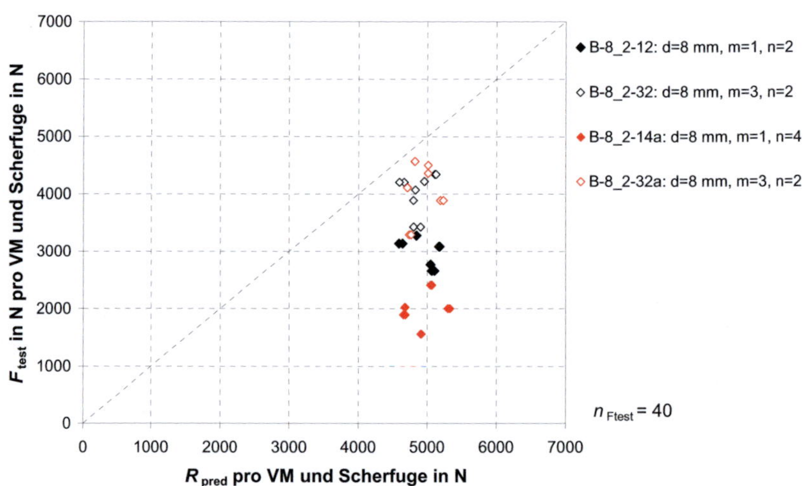

Bild 4-9   Tragfähigkeit der Schrauben des Typs B aus den Zug-Scher-versuchen im Vergleich zu den Erwartungswerten, t_{SH} = 40 mm

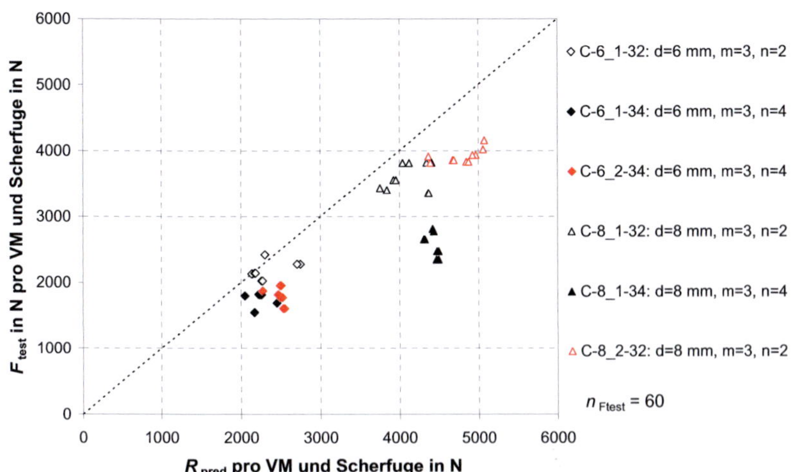

Bild 4-10   Tragfähigkeit der Schrauben des Typs C aus den Zug-Scherversuchen im Vergleich zu den Erwartungswerten, t_{SH} = 30 mm für $\varnothing$ 6 und t_{SH} = 48 mm für $\varnothing$ 8

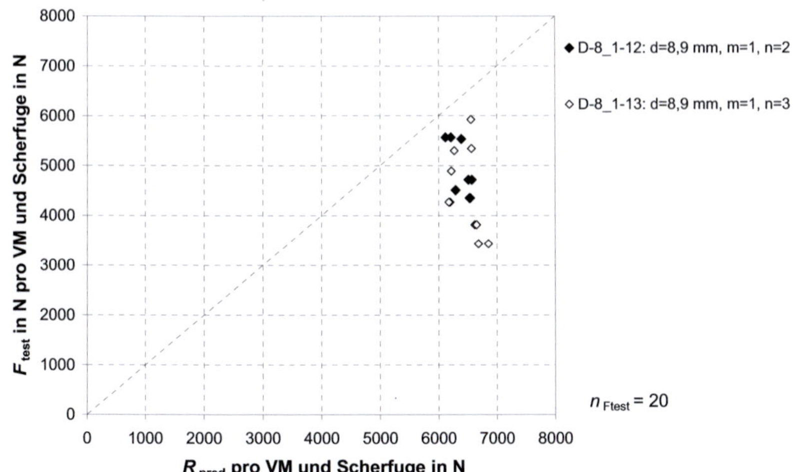

Bild 4-11   Tragfähigkeit der Schrauben des Typs D aus den Zug-Scherversuchen im Vergleich zu den Erwartungswerten, t_{SH} = 89 mm für Reihe D-8_1-12 und t_{SH} = 107 mm für Reihe D-8_1-13

Es wird deutlich, dass für die Schrauben vom Typ A bei mehrreihiger Anordnung die erreichten Lasten mit den berechneten Tragfähigkeiten übereinstimmen. Bei Anschlussbildern mit einer Verbindungsmittelreihe trifft dies nicht zu. Hier liegt das Verhältnis von Bruchlast zu Erwartungswert für Schrauben des Durchmessers 8 mm und 12 mm im Mittel unter 1,0. Für 5er und 6er Schrauben erreicht die Höchstlast bei den gewählten, geringen Holzdicken (t_{SH} = 24 bzw. 30 mm) nur zwischen 50 % und 90 % des Erwartungswertes. Bei den Versuchen mit den Schraubentypen B, C und D liegen die Erwartungswerte im Mittel unterhalb bzw. größtenteils deutlich unterhalb der im Versuch festgestellten Höchstlasten. Bei Versuchen mit drei und vier hintereinander liegenden Schrauben in einer Verbindungsmittelreihe (Reihen B-8_2-14a, C-6_1-34, C-6_2-34, C-8_1-34C und D-8_1-13) sind die erreichten Lasten im Verhältnis geringer als bei Anordnung von zwei Schrauben in einer Reihe.

Die Ursache für die Differenzen zwischen Vorhersagewert und tatsächlich erreichter Höchstlast ist das Versagen durch Aufspalten. Die mit der Theorie von Johansen ermittelten Versagenslasten liegen oberhalb der tatsächlichen Bruchlast, da die Annahmen eines idealen starr-plastischen Verhaltens der Verbindungsmittel und des Holzes nicht zutreffen. Des Weiteren hat ein Versagen durch frühzeitiges Aufspalten einen Einfluss auf die Erhöhung der Traglast durch den Einhängeeffekt. Bei geringen Verschiebungen treten nur geringe oder keine Verformungen bzw. Schrägstellungen der Verbindungsmittel auf. Entsprechend der Abnahme der Biegewinkel ist aus Gleichgewichtsgründen die zusätzliche Kraftkomponente rechtwinklig zur unverformten Stiftachse geringer. Eine Erhöhung der Abschertragfähigkeit aufgrund des Einhängeeffektes ist also nur noch teilweise bzw. nicht mehr vorhanden.

Die Holzdicken und Abstände müssten demnach so weit vergrößert werden, dass ein Spaltversagen verhindert wird, oder es ist erforderlich, die Lasten abzumindern bzw. das Versagen durch Aufspalten mit einer separaten Berechnung zu erfassen. Derartige Ansätze wurden für Stabdübelverbindungen bereits verfolgt. Werner (1993) entwickelt auf der Grundlage numerischer und bruchmechanischer Betrachtungen ein Spaltbruchkriterium. Jorissen (1998) leitet aus seinen Versuchsbeobachtungen eine Formulierung zur Ermittlung einer wirksamen Verbindungsmittelanzahl unter Berücksichtigung des Spaltversagens ab. Diese Formulierung ist Grundlage für die entsprechende Regelung in der DIN 1052, siehe Gleichung (40). Aufbauend auf einer Idee von Jorissen stellt Schmid (2002) eine Möglichkeit zur Berechnung der Tragfähigkeit stiftförmiger Verbindungsmittel in vorgebohrten Hölzern mittels bruchmechanischer Analysen vor.

Für Stabdübel wird in der DIN 1052 ein Versagen durch Aufspalten durch eine Reduzierung der Anzahl hintereinander liegender Verbindungsmittel auf eine wirksame

Anzahl n_{ef} berücksichtigt. Diese Regelung gilt analog für Schrauben mit einem Durchmesser $d > 8$ mm. Die wirksame Anzahl n_{ef} wird berechnet zu:

$$n_{ef,DIN} = \left[\min\left\{ n;\, n^{0,9} \cdot \left(\sqrt[4]{\frac{a_1}{10 \cdot d}} \right) \right\} \right] \cdot \frac{90-\alpha}{90} + n \cdot \frac{\alpha}{90} \tag{40}$$

Die Tragfähigkeit einer Verbindung ist unter Berücksichtigung der wirksamen Anzahl der Verbindungsmittel gemäß Gleichung (41) zu bestimmen.

$$R_{Verbindung} = m \cdot n_{ef,DIN} \cdot R_{VM} \tag{41}$$

mit

m Anzahl der Verbindungsmittelreihen in einer Verbindung

R_{VM} Tragfähigkeit eines Verbindungsmittels

Obgleich zwischen Verbindungen mit selbstbohrenden Schrauben und Verbindungsmitteln in vorgebohrten Hölzern deutliche Unterschiede bestehen, sollen zunächst reduzierte Erwartungswerte der Tragfähigkeit mit den Gleichungen (40) und (41) berechnet werden. Hierdurch soll geprüft werden, ob die bestehenden Regelungen genügen, das Spaltverhalten bei reduzierten Mindestabständen und geringen Holzdicken zu erfassen. Gegenüberstellungen von Erwartungswerten und Versuchsergebnissen sind in Bild 4-12 bis Bild 4-16 abgebildet.

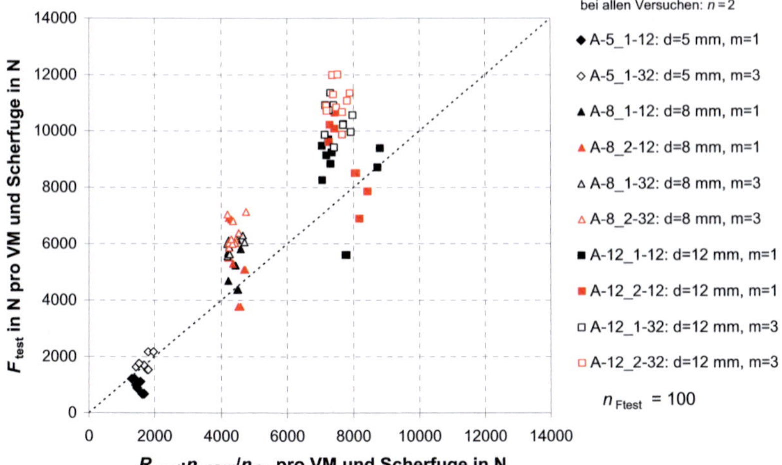

Bild 4-12   Vergleiche zwischen Versuchsergebnis und Erwartungswert für Schraubentyp A unter Berücksichtigung von $n_{ef,DIN}$

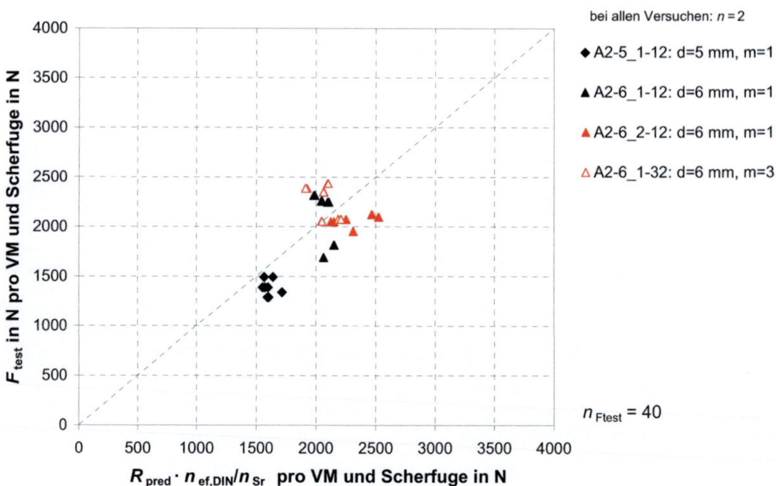

Bild 4-13   Vergleiche zwischen Versuchsergebnis und Erwartungswert für Schraubentyp A-2 unter Berücksichtigung von $n_{ef,DIN}$

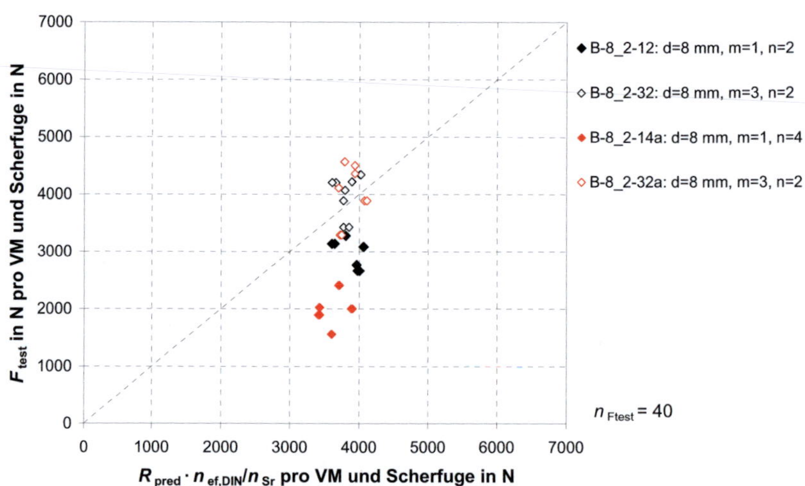

Bild 4-14   Vergleiche zwischen Versuchsergebnis und Erwartungswert für Schraubentyp B unter Berücksichtigung von $n_{ef,DIN}$

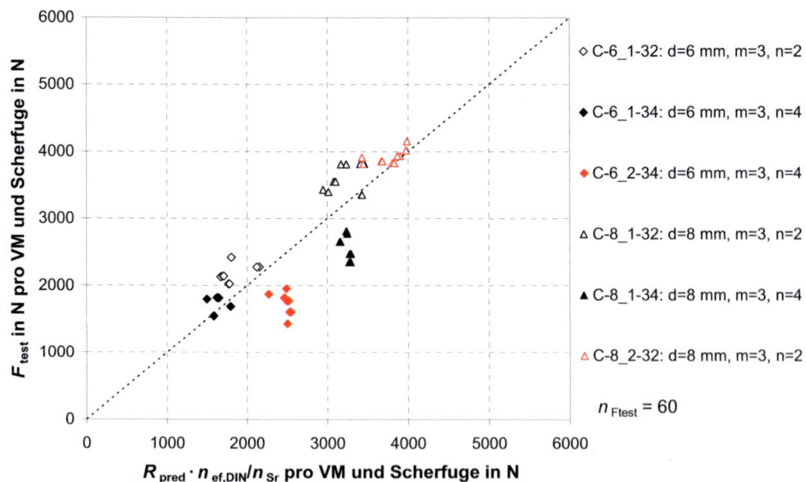

Bild 4-15   Vergleiche zwischen Versuchsergebnis und Erwartungswert für Schraubentyp C unter Berücksichtigung von $n_{ef,DIN}$

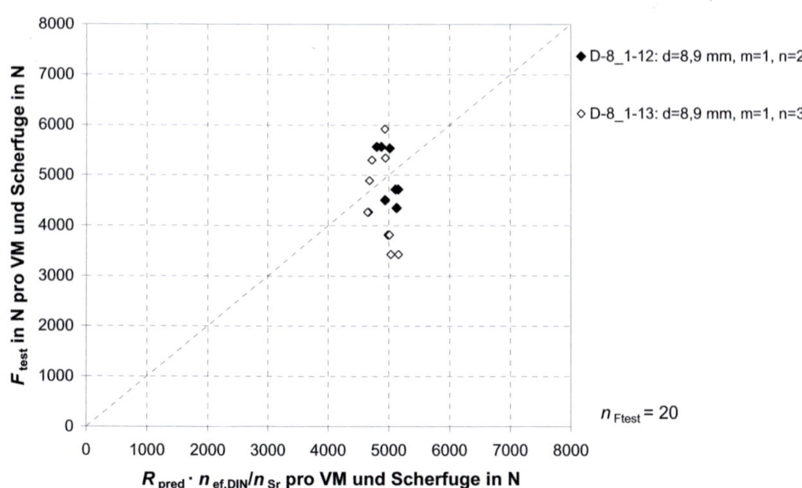

Bild 4-16   Vergleiche zwischen Versuchsergebnis und Erwartungswert für Schraubentyp D unter Berücksichtigung von $n_{ef,DIN}$

Aus den Gegenüberstellungen wird ersichtlich, dass für einige Versuchsreihen mit einreihigen Schraubenbildern die Tragfähigkeit auch unter Berücksichtigung der wirksamen Schraubenanzahl im Mittel signifikant überschätzt wird. Bei Verbindungen mit mehr als zwei hintereinander angeordneten Schrauben wird auch für Anschlussbilder mit mehreren Schraubenreihen die Tragfähigkeit überschätzt (Versuche mit Typ C und D). Die Tragfähigkeit von Verbindungen mit mehreren Schraubenreihen und zwei Schrauben pro Reihe wird i. d. R. zutreffend ermittelt.

Ein Vergleich zwischen den Versuchsergebnissen und den charakteristischen Tragfähigkeiten der Schrauben ist in Bild 10-62 bis Bild 10-71 des Anhangs 10.5 aufgeführt. Zur Ermittlung der charakteristischen Werte der Tragfähigkeit wird nicht die tatsächliche charakteristische Rohdichte der Hölzer von 380 kg/m³ verwendet. Stattdessen sind vergleichend Auswertungen mit ρ_k = 350 kg/m³ (wie für Vollholz der Festigkeitsklasse C24) und ρ_k = 420 kg/m³ (C40) angeben, um den Einfluss unterer und oberer Werte der charakteristischen Rohdichte zu zeigen. Bei diesen Vergleichen wird ebenfalls für alle Schraubendurchmesser die tatsächliche Schraubenanzahl pro Verbindungsmittelreihe mit Gleichung (40) abgemindert. Die generellen Aussagen aus den Vergleichen zwischen Versuchsergebnissen und Erwartungswerten bestätigen sich. Lediglich für Schrauben des Typs A bzw. A-2 und Seitenhölzern mit Holzdicken von $t \geq 5 \cdot d$ sind die Verhältnisse zwischen Versuchsergebnissen und berechneter charakteristischer Tragfähigkeit bei mehrreihigen Anordnungen akzeptabel.

Bild 4-17 zeigt einen Vergleich zwischen den Versuchsergebnissen und Erwartungswerten der Tragfähigkeit für alle Versuche. Hierbei wird bezüglich der maßgebenden Verschiebung $v_{Fmaßg}$ bei Versagen unterschieden. Für $v_{Fmaßg}$ > 10 mm wird die Tragfähigkeit bis auf wenige Ausnahmen sehr gut vorhergesagt. Dieses wird unter Berücksichtigung einer Korrektur mit der wirksamen Verbindungsmittelanzahl eo ipso bestätigt, siehe Bild 4-18. Bild 4-19 zeigt diesen Vergleich auf dem Niveau der charakteristischen Verbindungsmitteltragfähigkeit.

In Bild 4-20 ist der Zusammenhang zwischen der bei Versagen maßgebenden Verschiebung als Kennzeichen der Duktilität der Verbindung in Abhängigkeit von der Rohdichte dargestellt. Es bestätigen sich die bekannten Tendenzen, dass mit steigender Rohdichte spröde Versagensformen begünstigt werden. Hervorgehoben ist der Grenzwert für die maßgebende Verschiebung von $v_{Fmaßg}$ = 10 mm sowie für die Rohdichte von 480 kg/m³. Dies trifft insbesondere auf höhere Rohdichten jenseits der aufgezeigten Grenze zu.

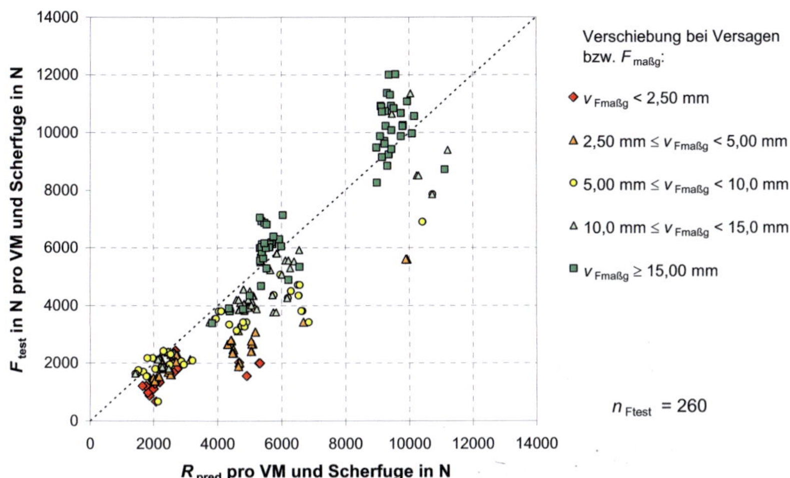

Bild 4-17   Vergleiche zwischen Versuchsergebnis und Erwartungswert für alle Versuche, unterschieden nach der Verschiebung bei Versagen

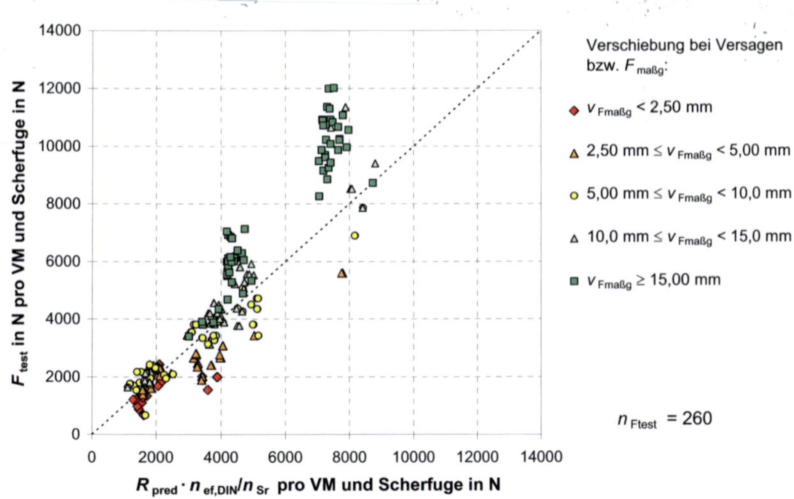

Bild 4-18   Vergleiche zwischen Versuchsergebnis und Erwartungswert für alle Versuche unter Berücksichtigung von $n_{ef,DIN}$

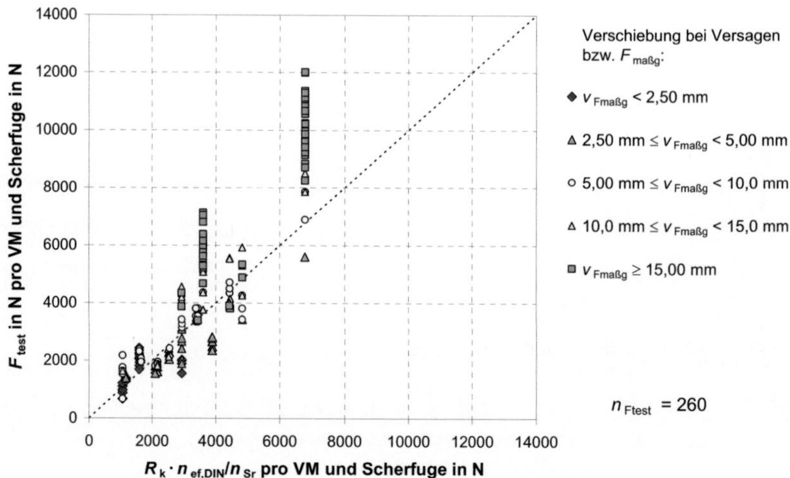

Bild 4-19　　　Vergleiche zwischen Versuchsergebnis und charakteristischer Tragfähigkeit (ρ_k = 350 kg/m³) für alle Versuche, unterschieden nach der Verschiebung bei Versagen

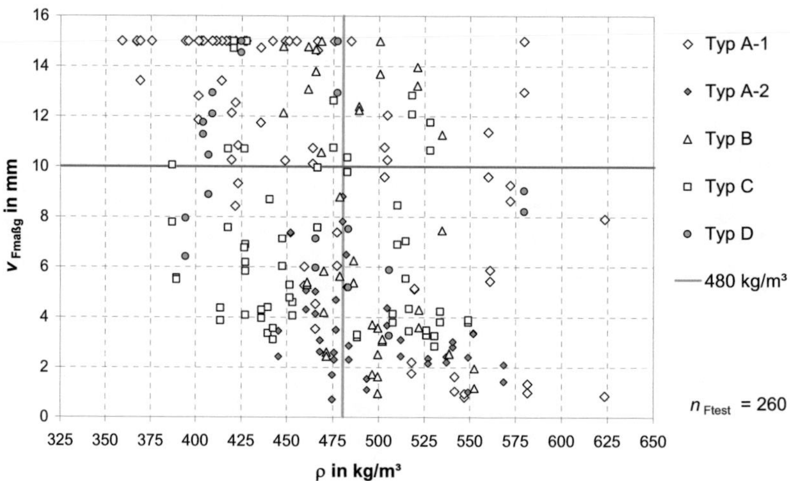

Bild 4-20　　　Maßgebende Verschiebung bei Versagen ($F_{maßg}$) in Abhängigkeit von der Rohdichte für alle Versuche

Insgesamt können die bisherigen Regelungen bezüglich der Berücksichtigung des Spaltversagens nicht direkt für Verbindungen mit Schrauben bei geringen Abständen und Holzdicken angewendet werden. Durch den Einschraubvorgang liegen bereits Anfangsrisse vor, die sich ungünstig auf das weitere Risswachstum auswirken.

Für eine analytische oder numerische Berechnung der Tragfähigkeit bei Versagen durch Aufspalten ist die Kenntnis über die Größe der Kraft erforderlich, die vom Verbindungsmittel rechtwinklig zur Verschiebungsrichtung wirkt. Diese Spaltkraft wurde für Stabdübelverbindungen bereits ermittelt (z. B. Werner (1993), Jorissen (1998)). Für Verbindungen mit selbstbohrenden Schrauben liegen hierzu noch keine Erkenntnisse vor.

Die Tragfähigkeitsversuche an Verbindungen mit auf Abscheren beanspruchten selbstbohrenden Holzschrauben bei reduzierten Mindestabständen und Holzdicken erlauben folgende Schlussfolgerungen und Hinweise für künftige Untersuchungen:

- Zur Gewährleistung der Duktilität der Verbindung sollte in Zug-Scherversuchen eine Verschiebung von $v_{Fmaßg} > 10$ mm am Anschluss vor einem Versagen bzw. vor einem ersten ausgeprägten Lastabfall erreicht werden. Bei den Versuchen sind Hölzer mit hoher Rohdichte (für Tanne/Fichte > 480 kg/m³) zu verwenden.

- Für selbstbohrende Holzschrauben, die mit reduzierten Abständen angeordnet werden, wäre eine wirksame Anzahl n_{ef} in Abhängigkeit des Abstands a_1 der Schrauben untereinander in Faserrichtung zu berücksichtigen. Dieser wäre für Schraubenverbindungen gezielt zu untersuchen. Alternativ wäre zu prüfen, ob a_1 konservativ so groß festgelegt werden kann, dass ein Spaltversagen verhindert wird. Gegebenenfalls ist eine wirksame Anzahl bei allen Durchmessern – also auch für $d < 8$ mm – zu berücksichtigen.

- Bei Tragfähigkeitsversuchen sind Schraubenbilder mit mehreren in einer Reihe angeordneten Schrauben zu berücksichtigen ($n \geq 4$).

- Aufgrund der geringen Redundanz sollten Schraubenverbindungen mit nur einer Verbindungsmittelreihe bei geringen Holzdicken vermieden werden. Hierbei ist auch zu berücksichtigen, dass Hölzer mit höherer Rohdichte ($\rho > 480$ kg/m³), die bei kleineren Querschnittsmaßen häufiger auftreten als bei größeren, spaltempfindlicher sind. Daher sollte zwingend der Nachweis erbracht werden, dass eine Verschiebung $v_{Fmaßg} > 10$ mm auch für mehrere in der Verbindungsmittelreihe angeordnete Schrauben ($n \geq 4$) erreicht werden kann.

5 Mindestabstände für Schraubenverbindungen in Brettsperrholz

Der Holzwerkstoff Brettsperrholz (BSPH) besteht aus kreuzweise verklebten Brettlagen, wobei eine Brettlage aus mehreren nebeneinander liegenden Brettern gebildet wird. Je nach Produkt können die Einzelbretter einer Brettlage an deren Schmalseiten mit oder ohne Fugen gestoßen bzw. sogar verklebt sein. Bild 5-1 zeigt zwei typische Brettsperrholzprodukte. Als Seitenfläche werden die zur Plattenebene parallelen Oberflächen bezeichnet. Diese werden durch die äußeren Brettlagen gebildet. Die Oberflächen rechtwinklig zur Plattenebene werden als Schmalflächen bezeichnet und begrenzen die Brettsperrholzplatten an den jeweiligen Kanten. Die Schmalflächen enthalten sowohl Seitenholzflächen als auch Hirnholzflächen der einzelnen Brettlagen.

Werden Verbindungsmittel in die Seitenfläche von BSPH eingebracht, so wirken die kreuzweise verklebten Bretter absperrend. Dies führt dazu, dass bei Querzugbeanspruchungen ein Versagen in den einzelnen Brettlagen i. d. R. ausgeschlossen werden kann oder zumindest erheblich reduziert wird. Daher sollten deutlich geringere Mindestabstände als in Vollholz möglich sein. In den Schmalflächen können Verbindungsmittel im Hirnholz einer Brettlage ($\varepsilon = 0°$) oder rechtwinklig zur Faserrichtung einer Brettlage ($\varepsilon = 90°$) angeordnet werden. Der Randabstand innerhalb einer Brettlage wird durch die Brettdicke begrenzt. Die angrenzenden Brettlagen behindern wiederum in gewissem Maße ein Versagen durch Aufspalten.

Aufgrund des kreuzweisen Aufbaus von Brettsperrholz ist die Anwendung der neuen Prüfmethoden nach Abschnitt 3.3 und 3.4 nicht ohne Weiteres übertragbar. Darüber hinaus befanden sich diese zum Zeitpunkt der Untersuchungen noch in der Entwicklungsphase, so dass konventionelle Einschraubversuche zur Ermittlung der Mindestabstände vorgesehen wurden, vgl. Blaß und Uibel (2007). Das Versuchsmaterial wurde aus den in Tabelle 10-59, Anhang 10.6, aufgeführten Brettsperrholzprodukten ausgewählt.

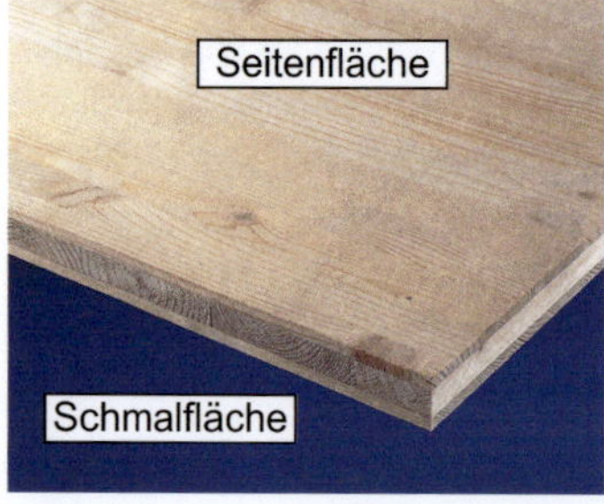

Bild 5-1   Verschiedene Brettsperrholzprodukte mit Definition von Seiten- und Schmalfläche (Bilder: Informationsdienst Holz)

In den Seitenflächen von Brettsperrholz wurden Versuche mit selbstbohrenden Holzschrauben der Durchmesser 6, 8 und 12 mm durchgeführt. Es handelte sich hierbei um bauaufsichtlich zugelassene Schrauben ohne Bohrspitze der Hersteller A und B. Es wurde ein Einschraubbild mit drei Verbindungsmittelreihen zu je drei Verbindungsmitteln gewählt. Die einzelnen Versuchsreihen zur Ermittlung der Mindestabstände von Schrauben in den Seitenflächen sind in Tabelle 10-60 zusammengestellt. Die Versuchsergebnisse werden durch Bild 10-72 bis Bild 10-76 in Anhang 10.6 dokumentiert. Zur Beschreibung der beobachteten Risserscheinungen werden die Kategorien 0 bis 3 nach Abschnitt 3.1 verwendet. Ein Aufspalten wurde bei keinem Einschraubversuch festgestellt. Es ließen sich lediglich bei einigen Prüfkörpern oberflächliche Spaltrisse geringen Ausmaßes (Kategorie 1) beobachten.

Bei den Einschraubversuchen in den Schmalflächen musste die Anordnung der Verbindungsmittelachse bezüglich der Faserrichtung der maßgebenden Brettlage in die Untersuchungen einbezogen werden. Außerdem galt es, das Verhältnis zwischen Verbindungsmitteldurchmesser und Dicke der Brettlage sowie der Dicke des Gesamtaufbaus zu berücksichtigen. Die Einschraubversuche wurden mit selbstbohrenden Holzschrauben ohne Bohrspitze der Durchmesser d = 8 mm und d = 12 mm durchgeführt. Eine Übersicht der Versuche, bei denen die Stiftachse rechtwinklig zur Faserrichtung angeordnet wurde (ε = 90°), ist in Tabelle 10-61 des Anhangs 10.6 zusammengestellt. Die Versuche für faserparallel eingebrachte Schrauben (ε = 0°) sind in Tabelle 10-62 aufgeführt. Im Anhang 10.6 (Bild 10-77 bis Bild 10-80) werden typische Ergebnisse der Einschraubversuche dokumentiert.

Bei faserparalleler Anordnung der Verbindungsmittel in den Schmalseiten sind erwartungsgemäß geringere Abstände möglich. Bei Anordnung der Verbindungsmittel rechtwinklig zur Faserrichtung sind die erforderlichen Mindestabstände von der Dicke der maßgebenden Brettlage sowie von der Gesamtdicke des Brettsperrholzes in Bezug zum Durchmesser des Verbindungsmittels abhängig. In diesem Fall zeigen fünflagige BSPH-Aufbauten ein günstigeres Spaltverhalten als Brettsperrholzprodukte mit drei Brettlagen.

Ergänzend zu den Einschraubversuchen wurden von Blaß und Uibel (2007) Zug-Scherversuche mit Verbindungen durchgeführt, so dass in Tabelle 5-1 abgesicherte Vorschläge für die Mindestabstände von selbstbohrenden Holzschrauben angegeben werden können. Die Definition der Abstände in den Schmalflächen ist in Bild 5-2 dargestellt. Für Verbindungen in den Schmalflächen sind zusätzlich die Bedingungen in Tabelle 5-2 einzuhalten. Da die vorgeschlagenen Mindestabstände mit Schrauben ohne Bohrspitze ermittelt wurden, können sie i. d. R. auf alle Schraubentypen mit ähnlicher Geometrie übertragen werden.

Tabelle 5-1   Mindestabstände von selbstbohrenden Holzschrauben in den Seiten- und Schmalflächen von Brettsperrholz

	$a_{1,t}$	$a_{1,c}$	a_1	$a_{2,t}$	$a_{2,c}$	a_2
Seitenfläche	$6 \cdot d$	$6 \cdot d$	$4 \cdot d$	$6 \cdot d$	$2,5 \cdot d$	$2,5 \cdot d$
Schmalfläche	$12 \cdot d$	$7 \cdot d$	$10 \cdot d$ [1)]	[3)]	$5 \cdot d$	$3 \cdot d$ [2)]

[1)] in Plattenebene   [2)] rechtwinklig zur Plattenebene

[3)] Beanspruchungen rechtwinklig zur Plattenebene wurden nicht explizit untersucht, ggf. ist ein Querzugnachweis zu führen oder eine Querzugverstärkung anzuordnen

Tabelle 5-2   Mindestbrettlagendicken, Mindestdicken und Mindesteinbindetiefen für Schraubenverbindungen in den Schmalflächen

Mindestdicke der maßgebenden Brettlage t_i in mm	Mindestdicke des Brettsperrholzes t_{BSPH} in mm	Mindesteinbindetiefe in den Schmalflächen t_1 bzw. t_2 in mm
$d > 8$ mm: $3 \cdot d$ $d \leq 8$ mm: $2 \cdot d$	$10 \cdot d$	$10 \cdot d$

t_1 Mindesteinbindetiefe des Verbindungsmittels in den Schmalflächen des Seitenholzes bzw. Seitenholzdicke

t_2 Mindesteinbindetiefe des Verbindungsmittels in den Schmalflächen des Mittelholzes

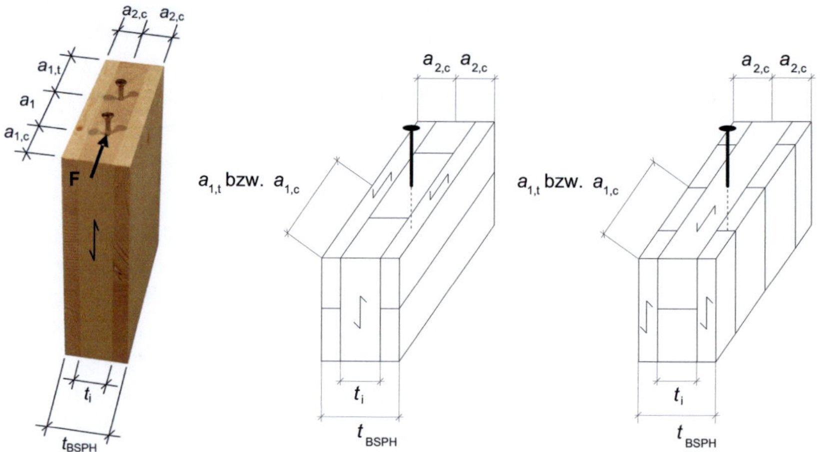

Bild 5-2   Definition der Mindestabstände von Schrauben in den Schmalflächen

6 Zusammenfassung und Ausblick

Selbstbohrende Holzschrauben haben sich in den letzten Jahren als wirtschaftliche Möglichkeit zur Herstellung von Anschlüssen oder Verstärkungsmaßnahmen im Holzbau etabliert. Bei den meisten Anwendungen sind geringe Abstände der Verbindungsmittel untereinander und zu den Bauteilrändern aus statischer Sicht sinnvoll oder aus ökonomischen Gründen gewünscht. Selbstbohrende Holzschrauben werden häufig mit Merkmalen produziert, die sich günstig auf das Spaltverhalten des Holzes beim Einschrauben auswirken. Zu diesen zählen unter anderem besondere Bohrspitzen, Reibschäfte, Fräsrippen an der Spitze, an den Gewindeflanken oder unter dem Schraubenkopf sowie spezielle Kopfformen. Hierdurch sind geringe Abstände der Schrauben untereinander und zu den Bauteilrändern realisierbar, ohne dass ein Versagen des Holzes durch Aufspalten eintritt. Bisher werden die erforderlichen Mindestabstände und Mindestholzdicken für den jeweiligen Schraubentyp iterativ durch aufwändige konventionelle Einschraubversuche bestimmt. Andere Prüfverfahren sind bislang nicht bekannt. Über diese experimentelle Methode hinaus wurde explizit das Spaltverhalten von Holz beim Eindrehen von selbstbohrenden Holzschrauben kaum wissenschaftlich untersucht, so dass keine analytischen oder numerischen Methoden dokumentiert sind.

Im Rahmen eigener Untersuchungen wurden umfangreiche konventionelle Einschraubversuche mit unterschiedlichen Schraubentypen durchgeführt und die erforderlichen Mindestholzdicken und Mindestabstände ermittelt. Es bestätigte sich, dass aufgrund der verschiedenartigen Schraubenausbildungen eine Übertragung von Ergebnissen auf andere Schraubentypen und Schraubengeometrien nur teilweise oder gar nicht möglich ist. Darüber hinaus ist die Qualität der durch konventionelle Einschraubversuche getroffenen Aussagen eingeschränkt, da sich diese lediglich auf Beobachtungen von Risserscheinungen an der Holzoberfläche stützen. Das Ziel dieser Arbeit ist daher die Entwicklung von Methoden, mit denen sich die erforderlichen Mindestabstände und Holzdicken effizienter und zuverlässiger bestimmen lassen. Das hierzu entwickelte Verfahren besteht aus einer Kombination unterschiedlicher numerischer Modelle und neu entwickelter Prüfmethoden.

Zunächst wird geklärt, welche Beanspruchung das Holz durch den Einschraubvorgang erfährt. Mit der zu diesem Zweck entwickelten Prüfmethode lassen sich Kräfte messen, die beim Einschrauben auf das Holz wirken und so die Einflüsse der schraubenspezifischen Merkmale wie u. a. Bohrspitzen qualitativ und quantitativ erfassen. Durch Vergleichsversuche mit Referenzschrauben sind die erforderlichen Mindestholzdicken und Mindestabstände direkt abschätzbar. Die Prüfmethode erlaubt es, mit wenigen Versuchen das Spaltverhalten von Holz beim Eindrehen einer Schraube auf Grundlage objektiver Messgrößen zu beurteilen. Sie wird bereits erfolgreich im Rahmen von Untersuchungen für neue Schraubentypen angewendet. Ebenso können im Rahmen der Entwicklung neuer Schraubentypen die Wirksamkeit unterschiedlicher Varianten von Schraubenmerkmalen im direkten Vergleich beurteilt und ihre Auswirkungen auf das Spaltverhalten abgeschätzt werden.

Das Prüfverfahren wurde durch eine Vielzahl von experimentellen, statistischen und numerischen Untersuchungen abgesichert. Unterschiedliche Einflüsse auf das Spaltverhalten – wie z. B. durch die Rohdichte, die Einschraubgeschwindigkeit, durch den Winkel zwischen Schraubenachse und Jahrringtangente oder durch den Winkel zwischen Schraubenachse und Faserrichtung – wurden systematisch ermittelt. Durch abgeleitete Regressionsgleichungen bzw. Korrekturfunktionen können diese Parameter zutreffend bei numerischen Berechnungen erfasst werden.

Mit dem entwickelten Rechenmodell auf Grundlage der Methode der finiten Elemente kann das Spaltverhalten von Holz beim Eindrehen von Schrauben abgeschätzt werden. Das Modell ermöglicht eine Prognose der aus dem Einschraubvorgang resultierenden Risserscheinungen für unterschiedliche Abstände und Holzdicken. Hierbei werden materialspezifische Einflüsse des Holzes auf das Spaltverhalten berücksichtigt. Die für das Aufspalten relevante Querzugtragfähigkeit des Holzes wird mit Hilfe von Federelementen modelliert. Das benötigte nichtlineare Materialgesetz wird durch Simulationen vorhandener Versuche mit CT-Proben bestimmt. Zur Erfassung verbindungsmittelspezifischer Einflüsse auf das Spaltverhalten wurde ein weiteres numerisches Modell entwickelt. Mit diesem wird die Beanspruchung des Holzes durch den Einschraubvorgang auf Basis der Ergebnisse von Versuchen mit der neuen Prüfmethode ermittelt.

Zur Kalibrierung und Verifizierung des Rechenmodells wurden Einschraubversuche durchgeführt, bei denen die Rissflächen durch Einfärben visualisiert wurden. Es zeigte sich für verschiedene Einschraubbilder eine akzeptable qualitative und quantitative Übereinstimmung zwischen den simulierten und den experimentell ermittelten Risserscheinungen. Des Weiteren wurden Grenzkriterien zur Beurteilung der Spaltgefahr anhand der beobachteten Rissbildung abgeleitet. Diese Kriterien und die Rissflächenvisualisierung sind inzwischen Bestandteil europäischer Regeln für Zulassungsversuche von Holzschrauben.

Damit die ermittelten Anforderungen an Mindestabstände und Mindestholzdicken in praxi angewendet werden können, genügt es jedoch nicht, nur die Herstellbarkeit der Schraubenverbindung nachzuweisen. Darüber hinaus sollen beim Einschrauben entstehende Risserscheinungen die Tragfähigkeit der Verbindung nicht maßgebend beeinflussen. Dies gilt sowohl für axial als auch für lateral beanspruchte Schrauben. Durch Vergleichsversuche konnte angedeutet werden, dass die unvermeidbare Rissbildung innerhalb der Grenzkriterien keinen Einfluss auf die Herausziehtragfähigkeit der Schrauben hat. In Tragfähigkeitsversuchen zeigte sich jedoch, dass die ermittelten Randbedingungen nicht immer ausreichen, um ein sprödes Versagen der Verbindung unter Abscherbeanspruchung zu vermeiden.

Die aufgezeigten Methoden erlauben eine direkte Abschätzung sowie eine wirklichkeitsgetreue Simulation des Spaltverhaltens von Holz beim Eindrehen von Schrauben. Hierdurch wird der Aufwand bei Versuchen zur Festlegung von Mindestabständen und Mindestholzdicken deutlich reduziert. Ebenso werden wertvolle Kenntnisse über das Spaltverhalten von Holz beim Einschrauben und über die damit verbundenen Schädigungen in Form von Rissbildung gewonnen. Hierdurch werden Grundlagen für die analytische oder numerische Erfassung des Spaltverhaltens von Verbindungen geschaffen. Diese können zukünftig die realitätsgetreue rechnerische Ermittlung der Tragfähigkeit von Anschlüssen oder Verbindungselementen auch unter Berücksichtigung des Spaltversagens ermöglichen.

7 Bezeichnungen

7.1 Lateinische und griechische Buchstaben

a — Größe zur geometrischen Beschreibung eines Prüfkörpers, Prüfkörperdicke bei Einschraub-Spaltkraft-Versuchen

Länge von Federelementen im FE-Modell

BSPH — Brettsperrholz

BS, BSH — Brettschichtholz

b — Größe zur geometrischen Beschreibung eines Prüfkörpers, i. d. R. Breite

Ordinatenabschnitt einer Funktion

c — Größe zur geometrischen Beschreibung eines Prüfkörpers, Abstand der Messschrauben vom Prüfkörperrand bei Einschraub-Spaltkraft-Versuchen

Ordinatenabschnitt einer Geraden

CoV — Variationskoeffizient

d — Durchmesser

DG — Doppelgewinde, Angabe zur Gewindeausführung einer Schraube

E — Elastizitätsmodul

EB — Einschraubbild

FE, FEM — Finite Elemente, Finite-Elemente-Methode

FSH — Furnierschichtholz

e — Größe zur geometrischen Beschreibung einer Prüfanordnung, Abstand der Messschrauben in Breitenrichtung bei Einschraub-Spaltkraft-Versuchen

F — Kraft, Einzellast

f — Größe zur geometrischen Beschreibung einer Prüfanordnung, Abstand der Messschrauben in Höhenrichtung bei Einschraub-Spaltkraft-Versuchen

h — Höhe, Bauteilhöhe, Prüfkörperhöhe

LVL — Furnierschichtholz, vgl. FSH

ℓ — Länge

m	Anzahl VM-Reihen; Steigung einer Geraden
M	Moment
MSr	Messschraube, Messschraubenposition
n	Anzahl, Versuchsanzahl, Werteanzahl
q	Last, Streckenlast
t	Holzdicke
u	Holzfeuchte in %
R	Korrelationskoeffizient
SF	Scherfuge
Sr	Schraube
TG	Teilgewinde, Angabe zur Gewindeausführung einer Schraube
U	Drehzahl
VG	Vollgewinde, Angabe zur Gewindeausführung einer Schraube
VH	Vollholz
VM	Verbindungsmittel
α	Winkel zwischen Kraftrichtung und Faserrichtung
γ	Winkel zwischen Schraubenachse und Jahrringtangente
Δ	Differenz
ε	Winkel zwischen Schraubenachse und Faserrichtung
ι	Verhältnis bleibender Verformungen bei Einschraub-Spaltkraft-Versuch
ρ	Rohdichte
ϕ	Biegewinkel eines stiftförmigen Verbindungsmittels

7.2 Lateinische und griechische Buchstaben mit Index

A_{Ri} — Rissfläche

$A_{Ri,1}$ — Rissflächenanteil zwischen Schraubenachse und maßgebendem Hirnholzende

$A_{Ri,2}$ — Rissflächenanteil in der vom maßgebenden Hirnholzende abgewandten Richtung

a_1 — Abstand von Verbindungsmitteln untereinander in Faserrichtung, gem. Definition in DIN 1052: 2008

a_2 — Abstand von Verbindungsmitteln untereinander rechtwinklig zur Faserrichtung, gem. Definition in DIN 1052: 2008

$a_{1,c}$ — Abstand eines Verbindungsmittels in Faserrichtung zum unbeanspruchten Hirnholz, gem. Definition in DIN 1052: 2008

$a_{1,t}$ — Abstand eines Verbindungsmittels in Faserrichtung zum beanspruchten Hirnholz, gem. Definition in DIN 1052: 2008

$a_{2,c}$ — Abstand eines Verbindungsmittels rechtwinklig zur Faserrichtung zum unbeanspruchten Rand, gem. Definition in DIN 1052: 2008

$a_{2,t}$ — Abstand eines Verbindungsmittels rechtwinklig zur Faserrichtung zum beanspruchten Rand, gem. Definition in DIN 1052: 2008

c_1 — Exponent für die rohdichteabhängige Korrektur

c_{LVL} — Korrekturbeiwert bei Furnierschichtholz

d_2 — Kerndurchmesser

d_s — Schaftdurchmesser

d_k — Kopfdurchmesser

e_{050} — Abstand parallel zur Schraubenachse, in dem sich 50 Prozent der jeweiligen Rissfläche befinden

e_{085} — Abstand parallel zur Schraubenachse, in dem sich 85 Prozent der jeweiligen Rissfläche befinden

e_{095} — Abstand parallel zur Schraubenachse, in dem sich 95 Prozent der jeweiligen Rissfläche befinden

e_F — Fehler

f_1 — Ausziehparameter

f_2 — Kopfdurchziehparameter

f_h	Lochleibungsfestigkeit
$f_{t,90}$	Querzugfestigkeit
E_T	Elastizitätsmodul in tangentialer Richtung
E_R	Elastizitätsmodul in radialer Richtung
E_0	Elastizitätsmodul in Faserrichtung
E_{90}	Elastizitätsmodul rechtwinklig zur Faserrichtung
$F_{maßg}$	maßgebende Last, maßgebende Versagenslast
F_{max}	Höchstlast, Versagenslast, Größtwert der Kraft
$F_{m,tot}$	mittlere Gesamtkraft aus Einschraub-Spaltkraft-Versuchen
$F_{m,tot,n}$	mittlere Gesamtkraft, bezogen auf die Nennlänge der Schraube
$F_{m,tot,r}$	mittlere Gesamtkraft, bezogen auf die tatsächliche Schraubenlänge
$F_{m,tot,r,cor}$	korrigierte mittlere Gesamtkraft, bezogen auf die tatsächliche Schraubenlänge
$F_{m,tot,r,LVL}$	mittlere Gesamtkraft, ermittelt mit Prüfkörpern aus Furnierschichtholz
$F_{m,tot,r,pred}$	Vorhersagewert der mittleren Gesamtkraft, bezogen auf die tatsächliche Schraubenlänge
$F_{MSr,i}$	Kraft an der i-ten Messschraube
$F_{MSr,p}$	Vorspannkraft, mit der Messschrauben angezogen werden
$F_{tip,max}$	erstes lokales Maximum im Verlauf der Einschraub-Spaltkraft im Bereich der Schraubenspitze, gemessen an MSr 1/2
ΔF_{head}	Kraftdifferenz im Verlauf der Einschraub-Spaltkraft im Bereich des Schraubenkopfes, gemessen an MSr 1/2
ΔF_{rsh}	Kraftdifferenz im Verlauf der Einschraub-Spaltkraft im Bereich eines Reibschaftes, gemessen an MSr 1/2
$k_{E1}; k_{E2}$	Federsteifigkeiten
k_{MSr}	Steifigkeit der Messschraube
k_r	Korrekturbeiwert für die Drehzahl beim Einschrauben
k_{sp}	Kalibrierungsfaktor bzw. Korrekturbeiwert für Spaltkraft bei der Rissflächenberechnung
k_γ	Korrekturbeiwert für den Winkel γ zwischen Schraubenachse und Jahrringtangente

k_ρ	Korrekturbeiwert für die Rohdichte
ℓ_{ef}	wirksame Einschraubtiefe, wirksame Gewindelänge
ℓ_K	Höhe/Länge des Schraubenkopfes
ℓ_{pd}	Einschraubtiefe, Einschraubweg
$\ell_{Sr,nom}$	nominelle Schraubenlänge, Nennlänge
$\ell_{Sr,real}$	tatsächliche Schraubenlänge, gemessene Schraubenlänge
$\ell_{Sr,ref}$	Referenzlänge einer Schraube, bezogene Schraubenlänge
m_p	Definition der Schraubenpositionen bezüglich der Schraubenreihe rechtwinklig zur Faserrichtung
m_{Sr}	Anzahl der Schraubenreihen
m_{tip}	Anfangssteigung im Verlauf der Einschraub-Spaltkraft für den Bereich der Schraubenspitze, gemessen an MSr 1/2
n_{Ftest}	Anzahl der Werte (Lastwerte) aus den Versuchen
n_{MSr}	Anzahl der Messschrauben
n_p	Definition der Schraubenpositionen innerhalb einer Schraubenreihe in Faserrichtung
n_{Sr}	Schraubenanzahl, Anzahl der Schrauben pro Schraubenreihe
Δp	Prozesszonenhöhe
p_1, p_2	Regressionsparameter
q_i	inkrementeller Lastabschnitt
$q\,(x_{Sr})$	Ersatzlastfunktion
$v_{Fmaßg}$	Verschiebung bei der maßgebenden Last/Versagenslast
$t_{p,1}$; $t_{p,2}$	gemessene Eindringtiefe der Schraube in Prüfkörperhälfte 1 bzw. 2
R_{ax}	axiale Tragfähigkeit einer Schraube, hier: Herausziehtragfähigkeit
R_{Joh}	Tragfähigkeit bei Beanspruchung auf Abscheren nach der Theorie von Johansen
R_{Kopf}	Tragfähigkeit bei Beanspruchung auf Kopfdurchziehen
ΔR_{la}	Tragfähigkeitserhöhung infolge Einhängeeffekt
R_{pred}	Erwartungswert der Tragfähigkeit
$R_{Verbindung}$	Tragfähigkeit einer Verbindung oder eines Anschlusses

R_{VM}	Tragfähigkeit eines Verbindungsmittels
R_Z	Zugtragfähigkeit einer Schraube
u_e	Größe zur Beschreibung der Federkennlinie
u_{gr}	Grenzverschiebung, Größe zur Beschreibung der Federkennlinie
Δu_{pl}	Größe zur Beschreibung der Federkennlinie, plastischer Bereich
U_{ref}	Referenzdrehzahl bzw. Bezugsdrehzahl beim Einschrauben
U_{SpK}	Drehzahl beim Einschraub-Spaltkraft-Versuch
v	Verschiebung
v_1; v_2; v_3; v_4	Verschiebung an Messstelle 1, 2, 3, 4 bei Zug-Scherversuchen
Δx_{Sr}	Wegdifferenz einer Schraube beim Eindrehen
γ_{min}	kleinster Winkel zwischen Schraubenachse und Jahrringtangente
γ_{max}	größter Winkel zwischen Schraubenachse und Jahrringtangente
γ_K	Winkel zwischen Schraubenachse und Jahrringtangente im Bereich des Schraubenkopfes
γ_S	Winkel zwischen Schraubenachse und Jahrringtangente im Bereich der Schraubenspitze
ι_i	Verhältnis der bleibenden Verformungen an der i-ten Messstelle bei Spaltkraft-Versuchen
κ_{Typ}	Beiwert zur Berücksichtigung von schraubenspezifischen Einflüssen auf das Spaltverhalten
ρ_k	charakteristischer Wert der Rohdichte, 5-%-Quantil
ρ_{ref}	Bezugsrohdichte

7.3 Ergänzende Indizes

bez	Bezugswert
cal	berechneter Wert
ef	effektiv, wirksam
i	Laufvariable, i-ter Wert
max	größter Wert
min	kleinster Wert
mean	mittlerer Wert, arithmetisches Mittel
nom	Nennwert
pred	Vorhersagewert, Erwartungswert
r	tatsächlicher Wert
real	tatsächlicher Wert
ref	Referenzwert, Bezugswert
sim	simulierter Wert
tot	Gesamtwert, absoluter Wert
Sr	Schraube
test	Wert aus einem Versuch, Versuchsergebnis

8 Literatur

Bejtka, I. (2005): Verstärkung von Bauteilen aus Holz mit Vollgewindeschrauben. Band 2 der Reihe „Karlsruher Berichte zum Ingenieurholzbau", Universitätsverlag Karlsruhe; ISSN 1860-093X; ISBN 3-937300-54-6

Blaß, H. J. (2000): Verbindungen mit Nägeln und Schrauben - Bemessung nach E DIN 1052 und neuere Entwicklungen. In: Tagungsband. Ingenieurholzbau - Karlsruher Tage, Forschung für die Praxis, Bruderverlag, Karlsruhe, S. 57-65.

Blaß, H. J.; Bejtka, I. (2002a): Standardisierung und Typisierung von Anschlüssen und Verbindungen zur Rationalisierung der Planung und Fertigung im Holz-Wohnhausbau – Teil A. Forschungsbericht 2002. Versuchsanstalt für Stahl, Holz und Steine, Universität Karlsruhe (TH)

Blaß, H.J.; Bejtka, I. (2002b): Joints with Inclined Screws. In: Proceedings. CIB-W18 Meeting 2002, Kyoto, Japan, Paper 35-7-4

Blaß, H. J.; Bejtka, I. (2008): Numerische Berechnung der Tragfähigkeit und der Steifigkeit von querzugverstärkten Verbindungen mit stiftförmigen Verbindungsmitteln, Karlsruher Berichte zum Ingenieurholzbau, Band 10, Lehrstuhl für Ingenieurholzbau und Baukonstruktionen (Hrsg.), Universitätsverlag Karlsruhe, ISSN 1860-093X, ISBN 978-3-86644-252-8

Blaß, H. J.; Bejtka, I.; Uibel, T. (2006): Tragfähigkeit von Verbindungen mit selbstbohrenden Holzschrauben mit Vollgewinde, Karlsruher Berichte zum Ingenieurholzbau, Band 4, Lehrstuhl für Ingenieurholzbau und Baukonstruktionen (Hrsg.), Universitätsverlag Karlsruhe, ISSN 1860-093X, ISBN 3-86644-034-0

Blaß, H. J.; Bienhaus, A.; Krämer, V. (2000): Effective Bending Capacity of Dowel-Type Fasteners. In: Proceedings. CIB-W18 Meeting 2000, Delft, Niederlande

Blaß, H. J.; Ehlbeck, J.; Schmid, M. (1998): Ermittlung der Querzugfestigkeit von Voll- und Brettschichtholz. Forschungsbericht, Versuchsanstalt für Stahl, Holz und Steine, Abteilung Ingenieurholzbau, Universität Karlsruhe (TH)

Blaß, H. J.; Schmid, M. (2002): Spaltgefahr von Nadelhölzern. Forschungsbericht, Versuchsanstalt für Stahl, Holz und Steine, Abteilung Ingenieurholzbau, Universität Karlsruhe (TH)

Blaß, H. J.; Uibel, T. (2007): Tragfähigkeit von stiftförmigen Verbindungsmitteln in Brettsperrholz. Karlsruher Berichte zum Ingenieurholzbau, Band 8, Lehrstuhl für Ingenieurholzbau und Baukonstruktionen (Hrsg.), Universitätsverlag Karlsruhe, ISSN 1860-093X, ISBN 978-3-86644-129-3

Blaß, H. J.; Uibel, T. (2009): Spaltversagen von Holz in Verbindungen – Ein Rechenmodell für die Rissbildung beim Eindrehen von Holzschrauben, Karlsruher Berichte zum Ingenieurholzbau, Band 12, Lehrstuhl für Ingenieurholzbau und Baukonstruktionen (Hrsg.), Universitätsverlag Karlsruhe, ISSN 1860-093X, ISBN 978-3-86644-312-9

Chaplain, M.; Valentin, G. (2006): Fracture mechanics models applied to delayed failure of LVL beams. In: Holz als Roh- und Werkstoff 65 (2007), S. 7 – 16

Egner, K. (1953): Verhalten von Nagelverbindungen mit dicken Drahtstiften, Fortschritte und Forschung im Bauwesen, Reihe D, Berichte des Beirats für Bauforschung beim Bundesminister für Wohnungsbau, Heft 9, Versuche für den Holzbau, S. 73 -89

Ehlbeck, J. (1979): Nailed Joints in wood structures. Virginia Polytechnic Institute and State University. Wood research and wood construction laboratory, Blacksburg, Virginia, No. 166

Ehlbeck, J.; Eberhart, O. (1988): Untersuchungen von Stahlblech-Holz-Nagelverbindungen mit nicht vorgebohrten Stahlblechen von mindestens 2 mm Dicke unter Verwendung von Stahlnägeln. Forschungsbericht, Versuchsanstalt für Stahl, Holz und Steine, Abteilung Ingenieurholzbau, Universität Karlsruhe (TH)

Ehlbeck, J.; Görlacher, R. (1982): Mindestabstände bei Stahlblech-Holz-Nagelverbindungen. Forschungsbericht, Versuchsanstalt für Stahl, Holz und Steine, Abteilung Ingenieurholzbau, Universität Karlsruhe (TH)

Ehlbeck, J.; Kürth, J. (1994): Ermittlung der Querzugfestigkeit von Voll- und Brettschichtholz – Entwicklung eines Prüfverfahrens. Forschungsbericht, Versuchsanstalt für Stahl, Holz und Steine, Abteilung Ingenieurholzbau, Universität Karlsruhe (TH)

Ehlbeck, J.; Siebert, W. (1988): Ermittlung von Mindestholzabmessungen und Mindestnagelabständen bei Nagelverbindungen mit europäischem Douglasienholz. Forschungsbericht, Versuchsanstalt für Stahl, Holz und Steine, Abteilung Ingenieurholzbau, Universität Karlsruhe (TH)

Ehlbeck, J.; Werner, H. (1989): Tragverhalten von Stabdübeln in Brettschichtholz und Vollholz verschiedener Holzarten bei unterschiedlichen Risslinienanordnungen. Forschungsbericht, Versuchsanstalt für Stahl, Holz und Steine, Abteilung Ingenieurholzbau, Universität Karlsruhe (TH)

Fleischmann, M. (2005): Numerische Berechnung von Holzkonstruktionen unter Verwendung eines realitätsnahen orthotropen elasto-plastischen Werkstoffmodells, Dissertation, Technische Universität Wien, Österreich

Fleischmann, M.; Krenn, H.; Eberhardsteiner, J.; Schickhofer, G. (2007): Numerische Berechnung von Holzkonstruktionen unter Verwendung eines realitätsnahen orthotropen elasto-plastischen Werkstoffmodells. In: Holz als Roh- und Werkstoff 65 (2007), S. 301 - 313

Frese, M.; Fellmoser, P.; Blaß H. J. (2010): Modelle für die Berechnung der Auszieh-tragfähigkeit von selbstbohrenden Holzschrauben. In: European Journal of Wood and Wood Products 68 (2010), S. 373 - 384

Görlacher, R. (1984): Ein neues Messverfahren zur Bestimmung des Elastizitäts-moduls von Holz. In: Holz als Roh- und Werkstoff 41 (1984), S. 219 – 222

Görlacher, R. (2002): Ein Verfahren zur Bestimmung des Rollschubmoduls von Holz. In: Holz als Roh- und Werkstoff 60 (2002), S. 317 – 322

Gross, D.; Seelig, Th. (2001): Bruchmechanik - mit einer Einführung in die Mikrome-chanik. 3. Auflage, Springer Verlag, Berlin

Gustafsson, P.J. (1988): A Study of Strength of Notched Beams. CIB-W18 Meeting 1988, Parksville, Canada, Paper 21-10-1

Gustafsson, P.J. (1995): Ausgeklinkte Träger und Durchbrüche in Brettschichtholz. In: Blaß, H.J.; Görlacher, R.; Steck, G. (Hrsg.): Holzbauwerke STEP 1 - Bemessung und Baustoffe, Fachverlag Holz, Düsseldorf

Hilson, B.O.; (1995): Verbindungen mit stiftförmigen Verbindungsmitteln - Theorie. In: Blaß, H.J.; Görlacher, R.; Steck, G. (Hrsg.): Holzbauwerke STEP 1 - Bemessung und Baustoffe, Fachverlag Holz, Düsseldorf

Johansen, K. W. (1949): Theory of timber connections. In: International Association for Bridge and Structural Engineering, Vol. 9, S.249-262

Jorissen, A. J. M. (1997): Multiple Fastener Timber Connections with Dowel Type Fasteners. In: Proceedings. CIB-W18 Meeting 1997, Vancouver, Canada, Paper 30-7-5

Jorissen, A. J. M. (1998): Double Shear Timber Connections with Dowel Type Fas-teners. Delft University Press, Delft, 1998.

Jorissen, A. J. M.; Blaß, H. J. (1998): The Fastener Yield Strength in Bending. In: Proceedings. CIB-W18 Meeting 1998, Savonlinna, Finnland, Paper 31-7-6

Kevarinmäki, A. (2005): Nails in spruce – splitting sensitivity, end grain joints and withdrawal strength, In: Proceedings. CIB-W18 Meeting 2005, Karlsruhe, Paper 38-7-6

Kollman, F. (1951): Technologie des Holzes und der Holzwerkstoffe, 1. Auflage, Springerverlag, Heidelberg

Krenn, H. (2010): Der Einfluss der Gruppenwirkung von Schraubenverbindungen auf das Nachweisverfahren. In: 16. Internationales Holzbau-Forum Garmisch-Partenkirchen, Aus der Praxis - Für die Praxis, Band 1, Fraunhofer IRB Verlag, Stuttgart

Lau, P.W.C.; (1990): Factors affecting crack formation in wood as result of nailing. Proceedings of the 1990 International Timber Engineering Conference, Vol. I, Tokyo

Lau, P.W.C.; Tardiff, Y.; (1987): Progress report: Cracks produced by driving nails into wood – effects of wood and nail variables. Forintek Canada Corp.

Lau, P.W.C.; Tardiff, Y.; (1990): A Computer-Aided Image System for Analyzing Cracks Created by Nailing in Wood. Journal of Testing and Evaluation, JTEVA, Vol. 18, No. 2, 03/1990, S. 131-137

Logemann, M. (1991). Abschätzung der Tragfähigkeit von Holzbauteilen mit Ausklinkungen und Durchbrüchen. Fortschrittberichte VDI, VDI-Verlag, Düsseldorf.

Logemann, M.; Schelling, W. (1992a): Die Bruchzähigkeit von Fichte und ihre wesentlichen Einflussparameter – Untersuchungen im Mode-1; In: Holz als Roh- und Werkstoff 50 (1992), S. 47 - 52

Logemann, M.; Schelling, W. (1992b): Die Bruchzähigkeit von Fichte und ihre wesentlichen Einflussparameter – Untersuchungen im Mode-2; In: Holz als Roh- und Werkstoff 50 (1992), S. 117 - 121

Marten, G.; (1953): Spalten und Tragfähigkeit von Nagelverbindungen, Fortschritte und Forschung im Bauwesen, Reihe D, Berichte des Beirats für Bauforschung beim Bundesminister für Wohnungsbau, Heft 9, Versuche für den Holzbau, S. 55 - 89

Mischler, A. (1997): Influence of Ductility on the Load-Carrying Capacity of Joints with Dowel Type Fasteners. In: Proceedings. CIB-W18 Meeting 1997, Vancouver, Canada, Paper 30-7-6

Neuhaus, H. (1981): Elastizitätszahlen von Fichtenholz in Abhängigkeit von der Holzfeuchtigkeit. Diss. In: Technisch-wissenschaftliche Mitteilungen , Nr. 81-8, Institut für konstruktiven Ingenieurbau, Ruhr-Universität Bochum

Neuhaus, H. (1983): Über das elastische Verhalten von Fichtenholz in Abhängigkeit von der Holzfeuchtigkeit. In: Holz als Roh- und Werkstoff 42 (1983), S. 21 - 25

Neuhaus, H. (1994): Lehrbuch des Ingenieurholzbaus. B. G. Teubner, Stuttgart

Schmid, M. (2002): Anwendung der Bruchmechanik auf Verbindungen mit Holz. 5. Folge - Heft 7. Berichte der Versuchsanstalt für Stahl, Holz und Steine der Universität Fridericiana in Karlsruhe (TH)

Schmid, M.; Blaß, H. J. (2002): Effect of Distances, Spacing and Number of Dowels in a Row on the Load Carrying Capacity of Connections with Dowels Failing by Splitting. In: Proceedings. CIB-W18 Meeting 2002, Kyoto, Japan, Paper 35-7-7

Schmidt, J.; Kaliske, M. (2003): Entwicklung von Materialmodellen für Holz, In: Leipzig Annual Civil Engineering Report 8 (2003), S. 315 - 332

Schmidt, J.; Geißler, G.; Kaliske, M. (2004): Zur Simulation des spröden Versagens von Holz und Holzstrukturen. In: Leipzig Annual Civil Engineering Report 9 (2004): 399-415

Schmidt, J.; Kaliske, M. (2006): Zur dreidimensionalen Materialmodellierung von Fichtenholz mittels eines Mehrflächen-Plastizitätsmodells. In: Holz als Roh- und Werkstoff 64 (2006), S. 393 - 402

Uibel, T.; Blaß, H. J. (2010): A New Method to Determine Suitable Spacings and Distances for Self-tapping Screws. In: Proceedings. CIB-W18 Meeting 2010, Nelson, Neuseeland, Paper 43-21-2

Valentin, G.H.; Boström, L.; Gustafsson, P.J.; Ranta-Maunus, A.; Gowda, S. (1991): Application of fracture mechanics to timber structures. RILEM state-of-the-art report. Technical Research Center of Finland, Espoo, Research Notes 1262.

Weibull, W. (1939): A Statistical Theory of the Strength of Materials. In: Royal Swedish Institute for Engineering Research, Proceedings, N. 141, S. 45

Werner, H. (1993): Tragfähigkeit von Holz-Verbindungen mit stiftförmigen Verbindungsmitteln unter Berücksichtigung streuender Einflussgrößen. 4. Folge - Heft 28. Berichte der Versuchsanstalt für Stahl, Holz und Steine der Universität Fridericiana in Karlsruhe (TH)

9 Zitierte Normen

DIN 1052, Ausgabe Dezember 2008. Entwurf, Berechnung und Bemessung von Holzbauwerken - Allgemeine Bemessungsregeln und Bemessungsregeln für den Hochbau

DIN 7997, Ausgabe März 2000.

DIN 7998, Ausgabe Februar 1975. Gewinde und Schraubenenden für Holzschrauben

DIN EN 409, Ausgabe Oktober 1993. Holzbauwerke – Prüfverfahren - Bestimmung des Fließmomentes von stiftförmigen Verbindungsmitteln – Nägel; Deutsche Fassung EN 409: 1993

DIN EN 409, Ausgabe August 2009. Holzbauwerke – Prüfverfahren - Bestimmung des Fließmoments von stiftförmigen Verbindungsmitteln; Deutsche Fassung EN 409: 2009

DIN EN 1382, Ausgabe. Holzbauwerke – Prüfverfahren - Ausziehtragfähigkeit von Holzverbindungsmitteln; Deutsche Fassung EN 1382: 1999

DIN EN 1995-1-1, Ausgabe September 2008. Eurocode 5: Bemessung und Konstruktion von Holzbauten - Teil 1-1: Allgemeines - Allgemeine Regeln und Regeln für den Hochbau; Deutsche Fassung EN 1995-1-1: 2004 + A1: 2008

DIN EN 14358, Ausgabe März 2007. Holzbauwerke – Berechnung der 5%-Quantile für charakteristische Werte und Annahmekriterien für Proben; Deutsche Fassung EN 14358: 2006

DIN EN 26891, Ausgabe Juli 1991. Holzbauwerke – Verbindungen mit mechanischen Verbindungsmitteln – Allgemeine Grundsätze für die Ermittlung der Tragfähigkeit und des Verformungsverhaltens (ISO 6891:1983)

DIN EN 28970, Ausgabe Juli 1991. Holzbauwerke – Prüfung von Verbindungen mit mechanischen Verbindungsmitteln – Anforderungen an die Rohdichte des Holzes; Deutsche Fassung EN 28970: 1991

10 Anhang

10.1 Anhang zu Abschnitt 3.1

Tabelle 10-1   Übersicht wichtiger geometrischer Eigenschaften der untersuchten Schraubentypen, Nennmaße

Her-steller	Typ	Art	d mm	d_2 mm	d_s mm	d_k mm	ℓ_k mm	$\dfrac{d_2}{d}$	$\dfrac{d_s}{d}$	$\dfrac{d_k}{d}$	$\dfrac{\ell_k}{d}$
A	1	TG	5	3,10	3,55	9,70	2,90	0,62	0,71	1,94	0,58
A	1	TG	6	3,80	4,30	11,6	3,40	0,63	0,72	1,93	0,57
A	1	VG	8	5,00	-	15,1	5,00	0,63	-	1,89	0,63
A	1	VG	10	6,10	-	18,6	6,00	0,61	-	1,86	0,60
A	1	VG	12	7,50	-	18,6	5,50	0,63	-	1,55	0,46
A	2	TG	5	3,10	3,55	9,70	2,90	0,62	0,71	1,94	0,58
A	2	TG	6	3,80	4,30	11,6	3,40	0,63	0,72	1,93	0,57
B	1	VG	6	3,80	-	8,00	4,60	0,63	-	1,33	0,77
B	1	VG	8	4,90	-	9,80	7,50	0,61	-	1,23	0,94
B	2	TG	8	5,00	-	14,5	7,00	0,63	-	1,81	0,88
C	1	TG	6	3,75	4,30	11,8	3,30	0,63	0,72	1,97	0,55
C	1	TG	8	5,25	5,70	14,8	4,35	0,66	0,71	1,85	0,54
C	1	TG	10	6,43	7,00	18,5	5,60	0,64	0,70	1,85	0,56
D	1	VG	8,9	5,40	-	10,0	3,50	0,61	-	1,12	0,39
D	2	DG	8,2 (8,9)[1]	5,40	6,30	10,0	3,50	0,66	0,77	1,22	0,43
E	1	VG	8	5,20	-	10,0	7,20	0,65	-	1,25	0,90
F	1	VG	8	5,30	-	15,0	3,40	0,66	-	1,88	0,43

Art: TG – Teilgewinde, VG – Vollgewinde, DG - Doppelgewinde

d Nenndurchmesser / Gewindeaußendurchmesser

d_2 Kerndurchmesser

d_s Schaftdurchmesser

d_k Kopfdurchmesser

ℓ_k Kopfhöhe

1)   Kopfgewindedurchmesser 8,9 mm, Verhältnisse beziehen sich auf Nenn-durchmesser 8,2 mm

10.2 Anhang zu Abschnitt 3.3

Tabelle 10-2   Übersicht Einschraub-Spaltkraft-Versuche, Prüfkörper aus Vollholz

| Reihe | Holzschraube | | | Versuchskonfiguration | | | | | Versuchsanzahl | |
| | Hersteller | Maße in mm | | Prüfkörpermaße in mm | | | Drehzahl | Vorspan-nung | gesamt | verwert-bar |
		d	ℓ	a	b	h	U in min^{-1}	$F_{MSr,p}$ in N		
1.1-A	A	8	200	24	80	180	50	100	10	9
1.1-B	B	8	200	24	80	180	50	100	10	8
1.1-C	C	8	200	24	80	180	50	100	10	7
1.2.1-A	A	8	200	24	80	200	50	100	14	9
1.2.1-B	B	8	200	24	80	200	50	100	10	10
1.2.1-C	C	8	200	24	80	200	50	100	10	10
1.2.2-A	A	8	200	24	80	200	50	100	12	9
1.2.2-B	B	8	200	24	80	200	50	100	12	8
1.2.2-C	C	8	200	24	80	200	50	100	10	7
1.2.3-A	A	8	200	24	80	200	50	100	13	6
1.2.3-B	B	8	200	24	80	200	50	100	10	7
1.2.3-C	C	8	200	24	80	200	50	100	10	8
1.3.1-A	A	8	200	24	80	200	10	100	15	6
1.3.1-B	B	8	200	24	80	200	10	100	16	10
1.3.1-C	C	8	200	24	80	200	10	100	11	8
1.3.2-A	A	8	200	24	80	200	100	100	15	10
1.3.2-B	B	8	200	24	80	200	100	100	16	10
1.3.2-C	C	8	200	24	80	200	100	100	11	9
1.4.1-A	A	8	200	24	80	200	50	75	12	11
1.4.1-B	B	8	200	24	80	200	50	75	12	10
1.4.2-A	A	8	200	24	80	200	50	150	12	10
1.4.2-B	B	8	200	24	80	200	50	150	12	10
1.5.1-A	A	8	240	24	80	240	50	100	12	9
1.5.1-B	B	8	240	24	80	240	50	100	11	9
1.5.2-A	A	8	300	24	80	300	50	100	10	8
1.5.2-B	B	8	300	24	80	300	50	100	10	7
1.5.3-C	C	8	280	24	80	240	50	100	10	8
1.5.4-C	C	8	320	24	80	320	50	100	10	8
1.6.1-B	B	6	200	24	80	200	50	100	6	3
1.6.1-C	C	6	180	24	80	180	50	100	6	5
1.6.2-B	B	6	200	18	60	200	50	100	6	3
1.6.2-C	C	6	180	18	60	180	50	100	6	5
1.6.3-A	A	12	200	24	80	200	50	100	6	5
1.6.3-C	C	10	180	24	80	180	50	100	6	5
1.6.4-A	A	12	200	36	120	200	50	100	6	4
1.6.4-C	C	10	180	30	100	180	50	100	6	6
1.7-D	D-2	8,2	190	24	80	190	50	100	10	7

Tabelle 10-3 Übersicht Einschraub-Spaltkraft-Versuche, Prüfkörper aus speziellem Brettschichtholz, $\varepsilon = 90°$

Reihe	Holzschraube			Versuchskonfiguration						Versuchsanzahl	
	Hersteller	Maße in mm		Prüfkörpermaße in mm			n_{MSr}	ε in °	Var. γ	gesamt	verwertbar
		d	ℓ	a	b	h					
2.1.1-A	A	8	200	24	80	180	8	90	I	13	8
2.1.1-B	B	8	200	24	80	180	8	90	I	13	11
2.1.1-C	C	8	200	24	80	180	8	90	I	13	11
2.1.2-A	A	8	200	24	80	180	8	90	III	10	8
2.1.2-B	B	8	200	24	80	180	8	90	III	10	10
2.1.2-C	C	8	200	24	80	180	8	90	III	10	10
2.1.3-A	A	8	200	24	80	180	8	90	I	10	7
2.1.3-B	B	8	200	24	80	180	8	90	I	10	8
2.1.3-C	C	8	200	24	80	180	8	90	I	10	8
2.1.4-A	A	8	200	24	80	180	8	90	III	10	10
2.1.4-B	B	8	200	24	80	180	8	90	III	10	9
2.1.4-C	C	8	200	24	80	180	8	90	III	10	8
2.1.5-A	A	8	200	24	80	180	8	90	II	8	4
2.1.5-B	B	8	200	24	80	180	8	90	II	8	8
2.1.5-C	C	8	200	24	80	180	8	90	II	8	8
2.2.1-A	A	8	240	24	80	200	6	90	I, III	10	9
2.2.2-A	A	8	240	24	80	200	10	90	I, III	10	7
2.3.1-A	A	8	240	24	80	200	6	90	III	5	5
2.3.2-A	A	8	240	24	80	200	8	90	III	5	4
2.4.1-A	A	8	200	24	80	180	8	90	I, III	8	6
2.4.2-A	A	10	200	24	80	180	8	90	I, III	8	5
2.4.3-A	A	12	200	24	80	180	8	90	I, III	8	8
2.5-A	A	8	200	24	80	180	8	90	I, II, III	6	6
2.5-E	E	8	220	24	80	180	8	90	I, II, III	6	6
2.5-F	F	8	200	24	80	180	8	90	I, II, III	6	6

Tabelle 10-4   Übersicht Einschraub-Spaltkraft-Versuche, Prüfkörper aus speziellem Brettschichtholz, $\varepsilon = 45°$

Reihe	Holzschraube			Versuchskonfiguration						Versuchsanzahl	
	Hersteller	Maße in mm		Prüfkörpermaße in mm			n_{MSr}	ε in °	Var. γ	gesamt	verwertbar
		d	ℓ	a	b	h					
3.1-B	B	8	200	24	80	180	8	45	-	10	3
3.1-C	C	8	200	24	80	180	8	45	-	10	9

Tabelle 10-5   Übersicht Einschraub-Spaltkraft-Versuche, Prüfkörper aus Vollholz, faserparallel eingedrehte Schrauben, $\varepsilon = 0°$

Reihe	Holzschraube			Versuchskonfiguration						Versuchsanzahl	
	Hersteller	Maße in mm		Prüfkörpermaße in mm			n_{MSr}	ε in °	Var. γ	gesamt	verwertbar
		d	ℓ	a	b	h					
4.1-B	B	8	200	24	80	180	8	0	-	8	5
4.1-C	C	8	200	24	80	180	8	0	-	6	6
4.2-B	B	8	200	24	80	180	8	0	-	6	3
4.2-C	C	8	200	24	80	180	8	0	-	6	5

Tabelle 10-6   Ergebnisse der Einschraub-Spaltkraft-Versuche mit Prüfkörpern aus Vollholz, Versuchsreihen 1.1 bis 1.7

| Reihe | Anzahl | | Holzschraube | | | Versuchskonfiguration | | | | Prüfkörper | | | | | | Ergebnisse | | |
| | ges. | verw. | Typ | d | ℓ | ε | U | n_{MSr} | $F_{Msr,p}$ | Mat. | a | b | h | ρ_{mean} | u_{mean} | $F_{m,tot,n}$ | $F_{m,tot,r}$ | CoV |
				mm	mm	°	min^{-1}		N		mm	mm	mm	kg/m³	%	N	N	%
1.1-A	10	9	A	8	200	90	50	6	100	VH	24	80	180	454	13,3	1646	1724	9,69
1.1-B	10	8	B	8	200	90	50	6	100	VH	24	80	180	460	13,5	886	900	10,0
1.1-C	10	7	C	8	200	90	50	6	100	VH	24	80	180	461	13,7	1466	1473	10,9
1.2.1-A	14	9	A	8	200	90	50	6	100	VH	24	80	200	377	13,2	1003	1051	12,1
1.2.1-B	10	10	B	8	200	90	50	6	100	VH	24	80	200	393	13,0	595	604	15,7
1.2.1-C	10	10	C	8	200	90	50	6	100	VH	24	80	200	388	12,9	908	912	11,7
1.2.2-A	12	9	A	8	200	90	50	6	100	VH	24	80	200	467	13,1	2040	2136	14,8
1.2.2-B	12	8	B	8	200	90	50	6	100	VH	24	80	200	468	13,3	1018	1034	15,7
1.2.2-C	10	7	C	8	200	90	50	6	100	VH	24	80	200	481	13,5	1685	1694	13,5
1.2.3-A	13	6	A	8	200	90	50	6	100	VH	24	80	200	504	13,4	1689	1769	5,49
1.2.3-B	10	7	B	8	200	90	50	6	100	VH	24	80	200	498	13,7	1013	1029	8,06
1.2.3-C	10	8	C	8	200	90	50	6	100	VH	24	80	200	503	13,3	1576	1584	12,6
1.3.1-A	15	6	A	8	200	90	10	6	100	VH	24	80	200	446	13,3	1546	1619	11,8
1.3.1-B	16	10	B	8	200	90	10	6	100	VH	24	80	200	452	13,3	846	859	12,9
1.3.1-C	11	8	C	8	200	90	10	6	100	VH	24	80	200	442	13,0	1498	1506	12,0
1.3.2-A	15	10	A	8	200	90	100	6	100	VH	24	80	200	442	13,2	1678	1757	11,2
1.3.2-B	16	10	B	8	200	90	100	6	100	VH	24	80	200	453	13,0	967	982	18,5
1.3.2-C	11	9	C	8	200	90	100	6	100	VH	24	80	200	447	13,1	1768	1777	12,0
1.4.1-A	12	11	A	8	200	90	50	6	75	VH	24	80	200	417	13,3	1408	1474	18,3
1.4.1-B	12	10	B	8	200	90	50	6	75	VH	24	80	200	412	12,9	915	929	12,3
1.4.2-A	12	10	A	8	200	90	50	6	150	VH	24	80	200	413	13,5	1263	1323	15,8
1.4.2-B	12	10	B	8	200	90	50	6	150	VH	24	80	200	413	13,4	652	662	12,3
1.5.1-A	12	9	A	8	240	90	50	6	100	VH	24	80	240	471	13,5	1650	1664	9,19
1.5.1-B	11	9	B	8	240	90	50	6	100	VH	24	80	240	473	13,8	892	903	12,4
1.5.2-A	10	8	A	8	300	90	50	6	100	VH	24	80	300	460	11,9	2167	2174	12,0
1.5.2-B	10	7	B	8	300	90	50	6	100	VH	24	80	300	467	11,7	1409	1428	6,72
1.5.3-C	10	8	C	8	280	90	50	6	100	VH	24	80	240	475	14,0	1665	1671	13,4
1.5.4-C	10	8	C	8	320	90	50	6	100	VH	24	80	320	457	11,9	1766	1766	11,2
1.6.1-B	6	3	B	6	200	90	50	6	100	VH	24	80	200	453	13,8	758	773	11,7
1.6.1-C	6	5	C	6	180	90	50	6	100	VH	24	80	180	434	13,6	739	739	13,2
1.6.2-B	6	3	B	6	200	90	50	6	100	VH	18	60	200	434	13,7	766	782	8,30
1.6.2-C	6	5	C	6	180	90	50	6	100	VH	18	60	180	459	13,9	923	923	23,1
1.6.3-A	6	5	A	12	200	90	50	6	100	VH	24	80	200	449	13,6	2279	2303	25,9
1.6.3-C	6	5	C	10	180	90	50	6	100	VH	24	80	180	452	13,7	1897	1908	38,2
1.6.4-A	6	4	A	12	200	90	50	6	100	VH	36	120	200	490	13,3	2456	2481	6,85
1.6.4-C	6	6	C	10	180	90	50	6	100	VH	30	100	180	476	13,4	1902	1913	8,10
1.7-D	10	7	D-2	8,2	190	90	50	6	100	VH	24	80	190	416	13,5	3130	3130	7,41
Summe	384	284																

Tabelle 10-7   Ergebnisse der Einschraub-Spaltkraft-Versuche mit Prüfkörpern aus speziellem Brettschichtholz, Versuchsreihen 2.1 bis 2.5

Reihe	Anzahl		Holzschraube			Versuchskonfiguration					Prüfkörper						Ergebnisse		
	ges.	verw.	Typ	d mm	ℓ mm	ε °	U min^{-1}	n_{MSr}	$F_{Msr,p}$ N	γ_{mean} °	Mat.	a mm	b mm	h mm	ρ_{mean} kg/m³	u_{mean} %	$F_{m,tot,n}$ N	$F_{m,tot,r}$ N	CoV %
2.1.1-A	13	8	A	8	200	90	50	8	100	19	BSH	24	80	180	490	12,4	1861	1948	15,1
2.1.1-B	13	11	B	8	200	90	50	8	100	20	BSH	24	80	180	490	12,5	1062	1079	16,2
2.1.1-C	13	11	C	8	200	90	50	8	100	21	BSH	24	80	180	490	12,5	1954	1964	14,4
2.1.2-A	10	8	A	8	200	90	50	8	100	82	BSH	24	80	180	503	12,3	2321	2431	16,2
2.1.2-B	10	10	B	8	200	90	50	8	100	82	BSH	24	80	180	506	12,3	1358	1378	17,1
2.1.2-C	10	10	C	8	200	90	50	8	100	81	BSH	24	80	180	501	12,3	2251	2263	17,6
2.1.3-A	10	7	A	8	200	90	50	8	100	22	BSH	24	80	180	432	12,3	1390	1456	9,82
2.1.3-B	10	8	B	8	200	90	50	8	100	22	BSH	24	80	180	432	12,4	666	677	26,0
2.1.3-C	10	8	C	8	200	90	50	8	100	24	BSH	24	80	180	436	12,4	1534	1542	13,4
2.1.4-A	10	10	A	8	200	90	50	8	100	70	BSH	24	80	180	443	12,0	1698	1785	17,5
2.1.4-B	10	9	B	8	200	90	50	8	100	68	BSH	24	80	180	445	12,1	848	861	10,7
2.1.4-C	10	8	C	8	200	90	50	8	100	75	BSH	24	80	180	448	12,1	1405	1412	17,5
2.1.5-A	8	4	A	8	200	90	50	8	100	49	BSH	24	80	180	433	12,4	1388	1453	11,4
2.1.5-B	8	8	B	8	200	90	50	8	100	49	BSH	24	80	180	458	12,4	827	839	26,3
2.1.5-C	8	8	C	8	200	90	50	8	100	49	BSH	24	80	180	458	12,4	1579	1587	19,9
2.2.1-A	10	9	A	8	240	90	50	6	100	-	BSH	24	80	200	439	10,9	1511	1524	11,4
2.2.2-A	10	7	A	8	240	90	50	10	100	-	BSH	24	80	200	435	10,9	1506	1519	14,7
2.3.1-A	5	5	A	8	240	90	50	6	100	83	BSH	24	80	200	453	10,9	1717	1731	23,2
2.3.2-A	5	4	A	8	240	90	50	8	100	83	BSH	24	80	200	451	10,9	1845	1860	17,5
2.4.1-A	8	6	A	8	200	90	50	8	100	-	BSH	24	80	180	466	12,5	1701	1782	24,2
2.4.2-A	8	5	A	10	200	90	50	8	100	-	BSH	24	80	180	458	12,5	3015	3076	26,2
2.4.3-A	8	8	A	12	200	90	50	8	100	-	BSH	24	80	180	455	12,4	2528	2554	27,3
2.5-A	6	6	A	8	200	90	50	8	100	-	BSH	24	80	180	470	12,6	1937	2028	27,9
2.5-E	6	6	E	8	220	90	50	8	100	-	BSH	24	80	180	470	12,6	4031	4068	17,5
2.5-F	6	6	F	8	200	90	50	8	100	-	BSH	24	80	180	471	12,6	2289	2301	33,5
Summe	225	190																	

Tabelle 10-8   Ergebnisse der Einschraub-Spaltkraft-Versuche mit Prüfkörpern aus speziellem Brettschichtholz, $\varepsilon = 45°$, Versuchsreihe 3.1

Reihe	Anzahl		Holzschraube			Versuchskonfiguration					Prüfkörper						Ergebnisse		
	ges.	verw.	Typ	d mm	ℓ mm	ε °	U min^{-1}	n_{MSr}	$F_{Msr,p}$ N	γ_{mean} °	Mat.	a mm	b mm	h mm	ρ_{mean} kg/m³	u_{mean} %	$F_{m,tot,n}$ N	$F_{m,tot,r}$ N	CoV %
3.1-B	10	3	B	8	200	45	50	8	100	-	BSH	24	80	180	445	12,2	723	734	30,0
3.1-C	10	9	C	8	200	45	50	8	100	-	BSH	24	80	180	449	12,8	849	853	25,7
Summe	20	12																	

Tabelle 10-9   Ergebnisse der Einschraub-Spaltkraft-Versuche mit Prüfkörpern aus Vollholz, faserparallel eingedrehte Schrauben, $\varepsilon = 0°$

Reihe	Anzahl		Holzschraube			Versuchskonfiguration					Prüfkörper						Ergebnisse		
	ges.	verw.	Typ	d mm	ℓ mm	ε °	U min^{-1}	n_{MSr}	$F_{Msr,p}$ N	γ_{mean} °	Mat.	a mm	b mm	h mm	ρ_{mean} kg/m³	u_{mean} %	$F_{m,tot,n}$ N	$F_{m,tot,r}$ N	CoV %
4.1-B	8	5	B	8	200	0	50	8	100	-	VH	24	80	180	460	12,0	937	951	3,89
4.1-C	6	6	C	8	200	0	50	8	100	-	VH	24	80	180	448	12,0	943	948	16,2
4.2-B	6	3	B	8	200	0	50	8	100	-	VH	24	80	180	445	12,3	671	681	5,58
4.2-C	6	5	C	8	200	0	50	8	100	-	VH	24	80	180	396	12,7	595	598	28,3
Summe	26	19																	

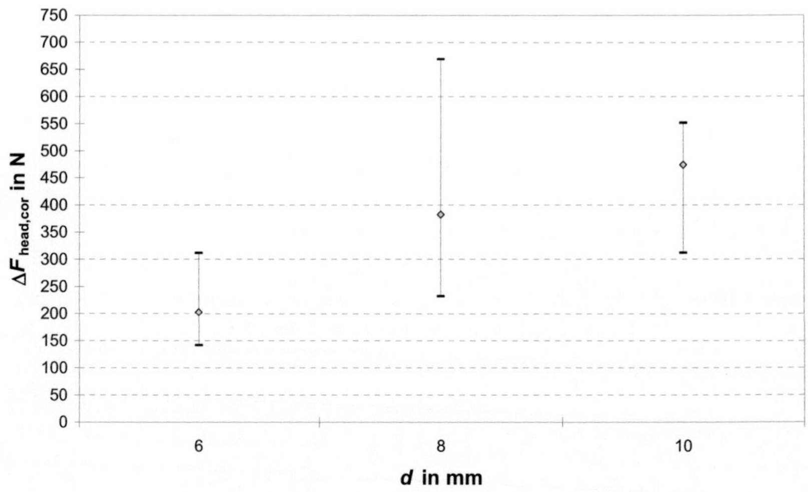

Bild 10-1   Korrigierte Mittelwerte, Minimal- und Maximalwerte $\Delta F_{head,cor}$ in Abhängigkeit vom Durchmesser für Typ C, ρ_{ref} = 430 kg/m³

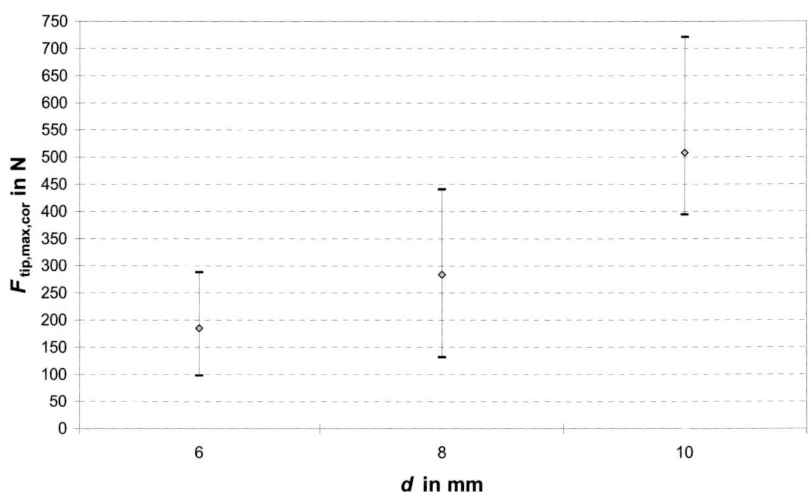

Bild 10-2   Korrigierte Mittelwerte, Minimal- und Maximalwerte $F_{tip,max,cor}$ in Abhängigkeit vom Durchmesser für Typ C, ρ_{ref} = 430 kg/m³

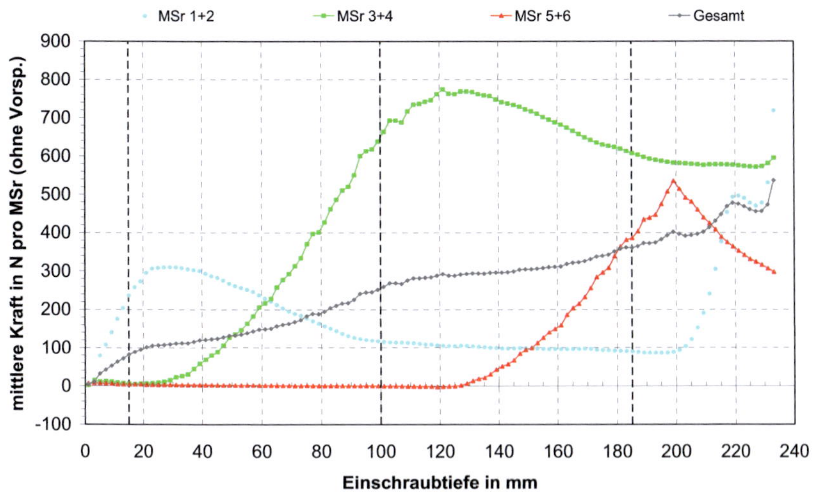

Bild 10-3   Ergebnisse der Vergleichsversuche mit 6 Messschrauben, Reihe 2.2.1-A, Mittelwerte aus 9 Einzelversuchen (ohne Vorspannung)

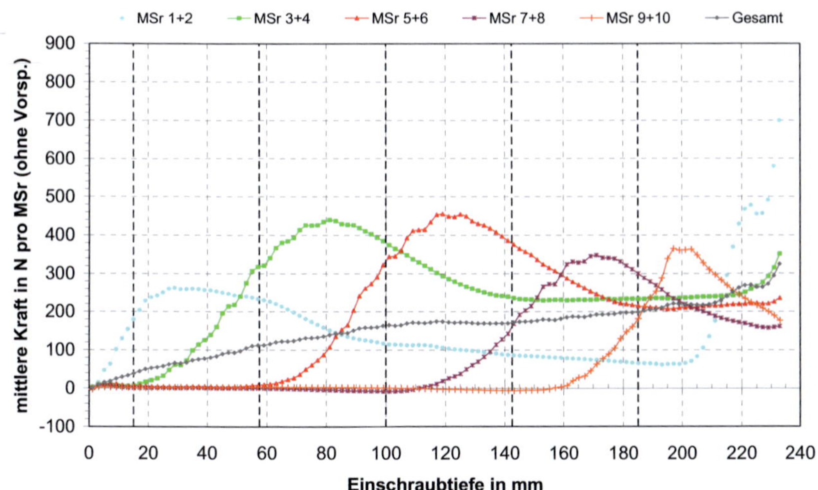

Bild 10-4   Ergebnisse der Vergleichsversuche mit 10 Messschrauben, Reihe 2.2.2-A, Mittelwerte aus 7 Einzelversuchen (ohne Vorspannung)

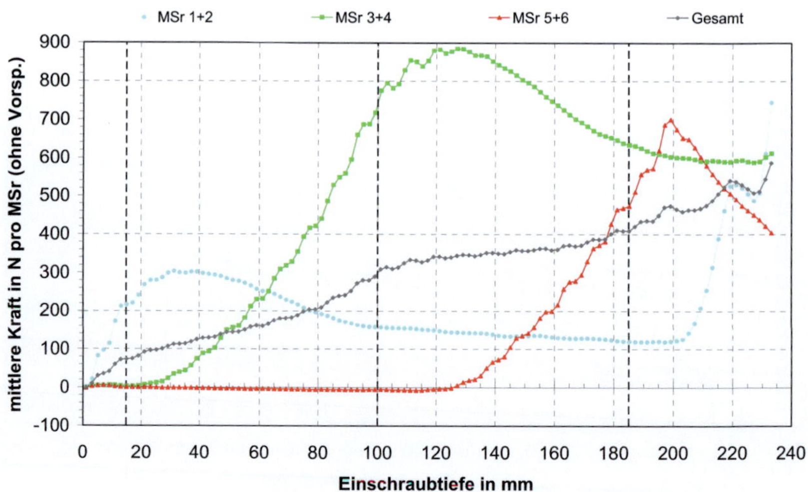

Bild 10-5   Ergebnisse der Vergleichsversuche mit 6 Messschrauben, Reihe 2.3.1-A, Mittelwerte aus 5 Einzelversuchen (ohne Vorspannung)

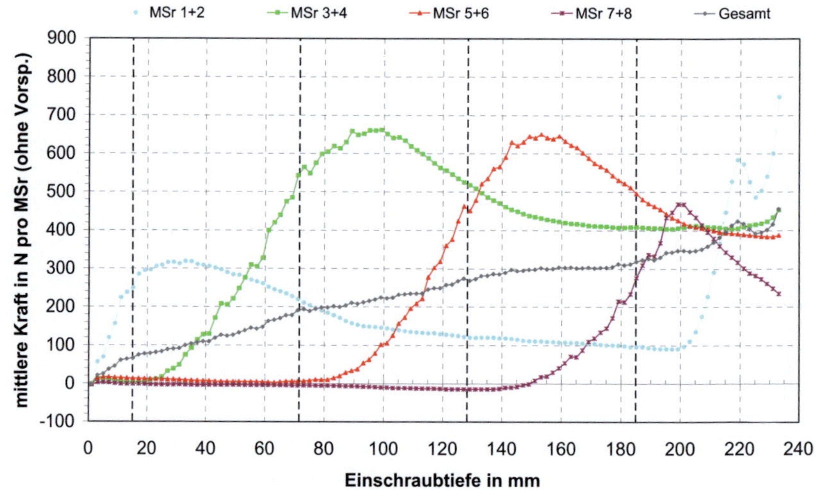

Bild 10-6   Ergebnisse der Vergleichsversuche mit 8 Messschrauben, Reihe 2.3.2-A, Mittelwerte aus 4 Einzelversuchen (ohne Vorspannung)

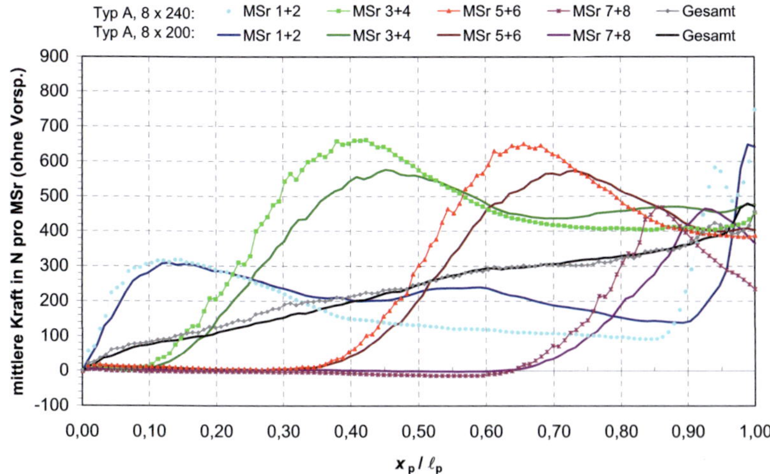

Bild 10-7   Kraftverlauf in Abhängigkeit von der relativen Einschraubtiefe für Schraubentyp A, 8 x 240 mm, Prüfkörperhöhe h = 200 mm (Reihe 2.3.2-A) im Vergleich mit dem korrigierten Verlauf für Typ A, 8 x 200 mm, h = 180 mm (Reihe 2.1.1-A), ρ_{ref} = 451 kg/m³, γ_{ref} = 83°

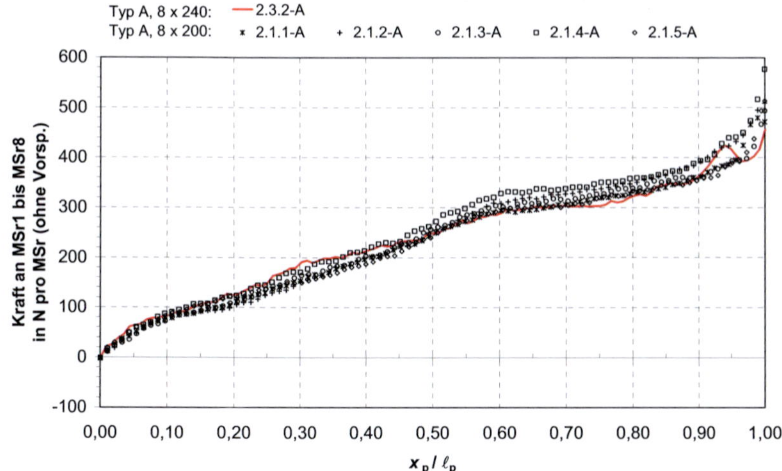

Bild 10-8   Summe der Kräfte an den Messschrauben (angegeben pro MSr) über die relative Einschraubtiefe für Typ A, 8 x 240 mm, h = 200 mm (Reihe 2.3.2-A) im Vergleich mit Typ A, 8 x 200, h = 180 mm (Reihen 2.1.1-A bis 2.1.5-A), ρ_{ref} = 451 kg/m³, γ_{ref} = 83°

10.3 Anhang zu Abschnitt 3.4

Tabelle 10-10   Versuchsreihen zur experimentellen Ermittlung der Rissflächen, Versuchsanordnungen mit einer Schraube

Reihe	Schraubenparameter				Holz-dicke	Abstände				Anzahl	
	Hersteller/Typ	d mm	m	n	t mm	$a_{1,c}$ mm	a_1 mm	$a_{2,c}$ mm	a_2 mm	gesamt	nicht geeignet
1.1-A-1	A	8	1	1	185	40	-	24	-	12	4
1.1-B-1	B	8	1	1	194	40	-	24	-	12	3
1.1-C-1	C	8	1	1	195	40	-	24	-	12	2
1.1-A-2	A	8	1	1	80	56	-	24	-	5	-
1.1-B-2	B	8	1	1	40	56	-	24	-	5	-
1.1-C-2	C	8	1	1	64	56	-	24	-	5	-
1.1-A-3	A	8	1	1	100	56	-	24	-	3	-
1.1-B-3	B	8	1	1	100	56	-	24	-	3	1
1.1-C-3	C	8	1	1	100	56	-	24	-	3	-
1.1-A-4	A	8	1	1	40	40	-	24	-	4	1
1.1-A-5	A	8	1	1	40	56	-	24	-	4	-
1.1-A-6	A	8	1	1	80	40	-	24	-	3	1
1.1-B-4	B	8	1	1	24	40	-	24	-	4	-
1.1-B-5	B	8	1	1	24	32	-	24	-	4	-
1.1-B-6	B	8	1	1	40	32	-	24	-	2	-
1.1-B-7	B	8	1	1	40	40	-	24	-	2	-
16 Reihen									Summen:	83	12

Tabelle 10-11 Versuchsreihen zur experimentellen Ermittlung der Rissflächen, Versuchsanordnungen mit mehreren Schrauben der Hersteller A und B

Reihe	Schraubenparameter				Holz-dicke	Abstände				Anzahl	
	Hersteller/Typ	d mm	m	n	t mm	$a_{1,c}$ mm	a_1 mm	$a_{2,c}$ mm	a_2 mm	gesamt	nicht geeignet
2.1-A-1	A	8	1	2	80	56	40	24	-	3	-
2.1-A-2	A	8	1	5	80	56	40	24	-	6	-
2.2-A-1	A	8	2	2	80	56	40	24	24	4	1
2.2-A-2	A	8	2	2	80	40	40	22	40	3	-
2.2-A-3	A	8	2	2	80	40	40	24	24	3	-
2.2-A-4	A	8	2	2	80	40	24	22	40	3	-
2.3-A-1	A	8	3	3	80	56	40	24	24	3	-
2.2-B-1	B	8	2	2	40	40	40	22	40	3	-
2.2-B-2	B	8	2	2	40	40	40	24	24	3	-
2.2-B-3	B	8	2	2	40	40	24	22	40	3	-
10 Reihen									Summen:	34	1

Tabelle 10-12   Rissflächenermittlung für Reihe 1.1-A-1, Schraubentyp A, $d = 8$ mm, $t = 185$ mm, $a_{1,c} = 40$ mm, $a_{2,c} = 24$ mm

Versuch	Schraubenbild			ρ	γ_{mean}	Rissflächen in mm²				max. Risslänge in mm				Abstände e_{085} in mm			
	m_p	n_p	Folge	in kg/m³	in °	$A_{Ri,1}$	$A_{Ri,11}$	$A_{Ri,13}$	$A_{Ri,3}$	$a_{Ri,1}$	$a_{Ri,11}$	$a_{Ri,13}$	$a_{Ri,3}$	$e_{085,1}$	$e_{085,11}$	$e_{085,13}$	$e_{085,3}$
1.1-A-1-01	1	1	1	386	32	1463	-	-	1188	24,7	-	-	11,8	7,32	-	-	5,95
1.1-A-1-02	1	1	1	386	31	1084	-	-	1555	11,4	-	-	17,1	5,37	-	-	7,63
1.1-A-1-03	1	1	1	404	32	1265	-	-	1297	29,0	-	-	21,9	6,88	-	-	7,19
1.1-A-1-04	1	1	1	(404)*	-	-	-	-	-	-	-	-	-	-	-	-	-
1.1-A-1-05	1	1	1	(421)*	-	-	-	-	-	-	-	-	-	-	-	-	-
1.1-A-1-06	1	1	1	421	45	1154	-	-	1007	32,5	-	-	28,2	6,16	-	-	5,89
1.1-A-1-07	1	1	1	451	19	1365	-	-	1348	19,5	-	-	21,4	7,00	-	-	6,92
1.1-A-1-08	1	1	1	(451)*	-	-	-	-	-	-	-	-	-	-	-	-	-
1.1-A-1-09	1	1	1	541	43	2797	-	-	2172	39,2	-	-	31,3	21,31	-	-	14,52
1.1-A-1-10	1	1	1	(541)*	-	-	-	-	-	-	-	-	-	-	-	-	-
1.1-A-1-11	1	1	1	483	42	1632	-	-	1482	31,0	-	-	24,1	8,93	-	-	7,67
1.1-A-1-12	1	1	1	483	42	1287	-	-	1700	13,2	-	-	27,9	6,66	-	-	8,55
Mittelwerte				444		1506			1469	25,1			23,0	8,70			8,04
Variationskoeffizient in %				12,4		36,5			24,3	38,9			27,8	59,7			34,5

* Versuch nicht verwertbar

Tabelle 10-13   Rissflächenermittlung für Reihe 1.1-B-1, Schraubentyp B, d = 8 mm, t = 194 mm, $a_{1,c}$ = 40 mm, $a_{2,c}$ = 24 mm

Versuch	Schraubenbild			ρ in kg/m³	γ_{mean} in °	Rissflächen in mm²				max. Risslänge in mm				Abstände e_{085} in mm			
	m_p	n_p	Folge			$A_{Ri,1}$	$A_{Ri,11}$	$A_{Ri,13}$	$A_{Ri,3}$	$a_{Ri,1}$	$a_{Ri,11}$	$a_{Ri,13}$	$a_{Ri,3}$	$e_{085,1}$	$e_{085,11}$	$e_{085,13}$	$e_{085,3}$
1.1-B-1-01	1	1	1	402	36	1861	-	-	1462	19,8	-	-	14,3	8,57	-	-	6,90
1.1-B-1-02	1	1	1	402	35	1898	-	-	1526	19,0	-	-	18,9	8,84	-	-	7,52
1.1-B-1-03	1	1	1	397	35	1746	-	-	1730	18,8	-	-	21,1	8,30	-	-	8,33
1.1-B-1-04	1	1	1	397	37	1811	-	-	1491	21,7	-	-	15,8	8,86	-	-	7,53
1.1-B-1-05	1	1	1	(428)*	-	-	-	-	-	-	-	-	-	-	-	-	-
1.1-B-1-06	1	1	1	428	44	1260	-	-	1294	15,6	-	-	13,6	6,02	-	-	6,21
1.1-B-1-07	1	1	1	446	28	1491	-	-	1269	13,0	-	-	12,2	7,01	-	-	6,19
1.1-B-1-08	1	1	1	(446)*	-	-	-	-	-	-	-	-	-	-	-	-	-
1.1-B-1-09	1	1	1	535	37	1447	-	-	1628	25,2	-	-	20,7	7,60	-	-	8,54
1.1-B-1-10	1	1	1	535	43	1647	-	-	922	20,6	-	-	20,7	7,97	-	-	6,01
1.1-B-1-11	1	1	1	479	42	1852	-	-	1275	20,0	-	-	16,9	9,00	-	-	6,82
1.1-B-1-12	1	1	1	(479)*	-	-	-	-	-	-	-	-	-	-	-	-	-
Mittelwerte				447		1668			1400	19,3			17,1	8,02			7,12
Variationskoeffizient in %				12,7		13,4			17,1	18,0			19,7	12,3			13,1

* Versuch nicht verwertbar

Tabelle 10-14 Rissflächenermittlung für Reihe 1.1-C-1, Schraubentyp C, d = 8 mm, t = 195 mm, $a_{1,c}$ = 40 mm, $a_{2,c}$ = 24 mm

Versuch	Schraubenbild			ρ	γ_{mean}	Rissflächen in mm²				max. Risslänge in mm				Abstände e_{085} in mm			
	m_p	n_p	Folge	in kg/m³	in °	$A_{Ri,1}$	$A_{Ri,11}$	$A_{Ri,13}$	$A_{Ri,3}$	$a_{Ri,1}$	$a_{Ri,11}$	$a_{Ri,13}$	$a_{Ri,3}$	$e_{085,1}$	$e_{085,11}$	$e_{085,13}$	$e_{085,3}$
1.1-C-1-01	1	1	1	403	31	1755	-	-	1806	19,4	-	-	21,1	8,59	-	-	9,02
1.1-C-1-02	1	1	1	403	32	1890	-	-	1931	22,7	-	-	25,1	9,46	-	-	9,57
1.1-C-1-03	1	1	1	398	35	1994	-	-	2272	19,7	-	-	25,8	9,76	-	-	10,98
1.1-C-1-04	1	1	1	398	34	2105	-	-	1995	27,2	-	-	21,8	10,86	-	-	9,87
1.1-C-1-05	1	1	1	(422)*	-	-	-	-	-	-	-	-	-	-	-	-	-
1.1-C-1-06	1	1	1	422	41	1538	-	-	1021	18,9	-	-	22,4	7,49	-	-	5,24
1.1-C-1-07	1	1	1	441	42	1203	-	-	1389	18,1	-	-	24,8	6,14	-	-	7,25
1.1-C-1-08	1	1	1	441	43	1286	-	-	1287	15,5	-	-	18,2	6,15	-	-	6,56
1.1-C-1-09	1	1	1	485	39	2260	-	-	2161	31,2	-	-	23,1	11,60	-	-	12,05
1.1-C-1-10	1	1	1	(485)*	-	-	-	-	-	-	-	-	-	-	-	-	-
1.1-C-1-11	1	1	1	525	38	2521	-	-	2426	30,2	-	-	27,5	13,67	-	-	12,65
1.1-C-1-12	1	1	1	525	35	2398	-	-	2764	40,1	-	-	30,6	21,85	-	-	16,39
Mittelwerte				444		1895			1905	24,3			24,0	10,56			9,96
Variationskoeffizient in %				11,4		23,8			28,5	31,7			14,6	43,8			32,8

* Versuch nicht verwertbar

Tabelle 10-15 Rissflächenermittlung für Reihe 1.1-A-2, Schraubentyp A, d = 8 mm, t = 80 mm, $a_{1,c}$ = 56 mm, $a_{2,c}$ = 24 mm

Versuch	Schraubenbild			ρ	γ_{mean}	Rissflächen in mm²				max. Risslänge in mm				Abstände e_{085} in mm			
	m_p	n_p	Folge	in kg/m³	in °	$A_{Ri,1}$	$A_{Ri,11}$	$A_{Ri,13}$	$A_{Ri,3}$	$a_{Ri,1}$	$a_{Ri,11}$	$a_{Ri,13}$	$a_{Ri,3}$	$e_{085,1}$	$e_{085,11}$	$e_{085,13}$	$e_{085,3}$
1.1-A-2-01	1	1	1	456	64	1034	-	-	657	29,2	-	-	17,8	12,05	-	-	9,17
1.1-A-2-02	1	1	1	455	56	840	-	-	727	21,5	-	-	21,2	11,51	-	-	9,00
1.1-A-2-03	1	1	1	497	63	902	-	-	722	25,6	-	-	20,1	12,73	-	-	9,36
1.1-A-2-04	1	1	1	476	76	790	-	-	888	24,6	-	-	25,2	12,77	-	-	11,40
1.1-A-2-05	1	1	1	446	33	548	-	-	561	15,3	-	-	22,5	6,79	-	-	8,24
Mittelwerte				466		823			711	23,2			21,4	11,17			9,43
Variationskoeffizient in %				4,40		21,7			16,8	22,5			12,9	22,4			12,5

Tabelle 10-16 Rissflächenermittlung für Reihe 1.1-B-2, Schraubentyp B, d = 8 mm, t = 40 mm, $a_{1,c}$ = 56 mm, $a_{2,c}$ = 24 mm

Versuch	Schraubenbild			ρ	γ_{mean}	Rissflächen in mm²				max. Risslänge in mm				Abstände e_{085} in mm			
	m_p	n_p	Folge	in kg/m³	in °	$A_{Ri,1}$	$A_{Ri,11}$	$A_{Ri,13}$	$A_{Ri,3}$	$a_{Ri,1}$	$a_{Ri,11}$	$a_{Ri,13}$	$a_{Ri,3}$	$e_{085,1}$	$e_{085,11}$	$e_{085,13}$	$e_{085,3}$
1.1-B-2-01	1	1	1	509	44	359	-	-	313	16,3	-	-	22,9	8,66	-	-	12,41
1.1-B-2-02	1	1	1	484	55	332	-	-	265	16,0	-	-	13,4	8,04	-	-	6,60
1.1-B-2-03	1	1	1	447	58	378	-	-	365	21,7	-	-	29,7	9,37	-	-	9,41
1.1-B-2-04	1	1	1	448	62	262	-	-	285	18,9	-	-	16,9	7,37	-	-	8,09
1.1-B-2-05	1	1	1	484	83	292	-	-	359	21,1	-	-	19,6	9,36	-	-	10,95
Mittelwerte				474		325			317	18,8			20,5	8,56			9,49
Variationskoeffizient in %				5,61		14,6			13,9	14,0			30,3	10,0			24,1

Tabelle 10-17 Rissflächenermittlung für Reihe 1.1-C-2, Schraubentyp C, d = 8 mm, t = 64 mm, $a_{1,c}$ = 56 mm, $a_{2,c}$ = 24 mm

Versuch	Schraubenbild			ρ	γ_{mean}	Rissflächen in mm²				max. Risslänge in mm				Abstände e_{085} in mm			
	m_p	n_p	Folge	in kg/m³	in °	$A_{Ri,1}$	$A_{Ri,11}$	$A_{Ri,13}$	$A_{Ri,3}$	$a_{Ri,1}$	$a_{Ri,11}$	$a_{Ri,13}$	$a_{Ri,3}$	$e_{085,1}$	$e_{085,11}$	$e_{085,13}$	$e_{085,3}$
1.1-C-2-01	1	1	1	458	59	719	-	-	539	28,5	-	-	21,3	11,80	-	-	11,84
1.1-C-2-02	1	1	1	505	37	781	-	-	1056	29,4	-	-	24,3	17,44	-	-	16,09
1.1-C-2-03	1	1	1	495	71	741	-	-	601	26,7	-	-	25,9	12,82	-	-	10,32
1.1-C-2-04	1	1	1	481	66	770	-	-	670	27,0	-	-	25,5	13,61	-	-	12,72
1.1-C-2-05	1	1	1	496	39	1036	-	-	781	26,6	-	-	32,5	16,87	-	-	19,84
Mittelwerte				487		809			729	27,6			25,9	14,51			14,16
Variationskoeffizient in %				3,77		15,9			27,9	4,53			15,9	17,3			26,9

Tabelle 10-18 Rissflächenermittlung für Reihe 1.1-A-3, Schraubentyp A, d = 8 mm, t = 100 mm, $a_{1,c}$ = 56 mm, $a_{2,c}$ = 24 mm

Versuch	Schraubenbild			ρ	γ_{mean}	Rissflächen in mm²				max. Risslänge in mm				Abstände e_{085} in mm			
	m_p	n_p	Folge	in kg/m³	in °	$A_{Ri,1}$	$A_{Ri,11}$	$A_{Ri,13}$	$A_{Ri,3}$	$a_{Ri,1}$	$a_{Ri,11}$	$a_{Ri,13}$	$a_{Ri,3}$	$e_{085,1}$	$e_{085,11}$	$e_{085,13}$	$e_{085,3}$
1.1-A-3-01	1	1	1	487	40	585	-	-	1070	17,7	-	-	20,9	8,76	-	-	10,79
1.1-A-3-02	1	1	1	452	59	687	-	-	990	19,4	-	-	32,7	6,53	-	-	12,22
1.1-A-3-03	1	1	1	465	44	716	-	-	738	17,6	-	-	14,3	6,98	-	-	7,31
Mittelwerte				468		663			933	18,2			22,6	7,42			10,11
Variationskoeffizient in %				3,78		10,4			18,6	5,55			41,2	15,9			25,0

Tabelle 10-19 Rissflächenermittlung für Reihe 1.1-B-3, Schraubentyp B, d = 8 mm, t = 100 mm, $a_{1,c}$ = 56 mm, $a_{2,c}$ = 24 mm

Versuch	Schraubenbild			ρ	γ_{mean}	Rissflächen in mm²				max. Risslänge in mm				Abstände e_{085} in mm			
	m_p	n_p	Folge	in kg/m³	in °	$A_{Ri,1}$	$A_{Ri,11}$	$A_{Ri,13}$	$A_{Ri,3}$	$a_{Ri,1}$	$a_{Ri,11}$	$a_{Ri,13}$	$a_{Ri,3}$	$e_{085,1}$	$e_{085,11}$	$e_{085,13}$	$e_{085,3}$
1.1-B-3-01	1	1	1	(459)*	-	-	-	-	-	-	-	-	-	-	-	-	-
1.1-B-3-02	1	1	1	486		598	-	-	731	18,0	-	-	22,5	5,80	-	-	7,89
1.1-B-3-03	1	1	1	492		796	-	-	713	17,0	-	-	16,6	7,78	-	-	8,25

* Versuch nicht verwertbar

Tabelle 10-20 Rissflächenermittlung für Reihe 1.1-C-3, Schraubentyp C, d = 8 mm, t = 100 mm, $a_{1,c}$ = 56 mm, $a_{2,c}$ = 24 mm

Versuch	Schraubenbild			ρ	γ_{mean}	Rissflächen in mm²				max. Risslänge in mm				Abstände e_{085} in mm			
	m_p	n_p	Folge	in kg/m³	in °	$A_{Ri,1}$	$A_{Ri,11}$	$A_{Ri,13}$	$A_{Ri,3}$	$a_{Ri,1}$	$a_{Ri,11}$	$a_{Ri,13}$	$a_{Ri,3}$	$e_{085,1}$	$e_{085,11}$	$e_{085,13}$	$e_{085,3}$
1.1-C-3-01	1	1	1	473	55	638	-	-	948	28,3	-	-	28,8	7,93	-	-	12,31
1.1-C-3-02	1	1	1	498	48	1314	-	-	629	29,6	-	-	29,4	14,40	-	-	12,02
1.1-C-3-03	1	1	1	450	48	1055	-	-	1112	26,1	-	-	27,8	13,11	-	-	11,56
Mittelwerte				474		1002			896	28,0			28,7	11,81			11,96
Variationskoeffizient in %				5,07		34,0			27,4	6,32			2,82	29,0			3,20

Tabelle 10-21 Rissflächenermittlung für Reihe 1.1-A-4, Schraubentyp A, d = 8 mm, t = 40 mm, $a_{1,c}$ = 40 mm, $a_{2,c}$ = 24 mm

Versuch	Schraubenbild			ρ	γ_{mean}	Rissflächen in mm²				max. Risslänge in mm				Abstände e_{085} in mm			
	m_p	n_p	Folge	in kg/m³	in °	$A_{Ri,1}$	$A_{Ri,11}$	$A_{Ri,13}$	$A_{Ri,3}$	$a_{Ri,1}$	$a_{Ri,11}$	$a_{Ri,13}$	$a_{Ri,3}$	$e_{085,1}$	$e_{085,11}$	$e_{085,13}$	$e_{085,3}$
1.1-A-4-01	1	1	1	468	8	665	-	-	579	41,4	-	-	46,7	30,42	-	-	22,08
1.1-A-4-02	1	1	1	(485)*	-	-	-	-	-	-	-	-	-	-	-	-	-
1.1-A-4-03	1	1	1	459	73	1014	-	-	823	41,0	-	-	40,2	30,59	-	-	26,41
1.1-A-4-04	1	1	1	517	8	737	-	-	1040	41,7	-	-	39,3	33,37	-	-	25,52
Mittelwerte				481		805			814	41,4			42,1	31,46			24,67
Variationskoeffizient in %				6,48		22,9			28,4	0,85			9,60	5,30			9,30

* Versuch nicht verwertbar

Tabelle 10-22 Rissflächenermittlung für Reihe 1.1-A-5, Schraubentyp A, d = 8 mm, t = 40 mm, $a_{1,c}$ = 56 mm, $a_{2,c}$ = 24 mm

Versuch	Schraubenbild			ρ	γ_{mean}	Rissflächen in mm²				max. Risslänge in mm				Abstände e_{085} in mm			
	m_p	n_p	Folge	in kg/m³	in °	$A_{Ri,1}$	$A_{Ri,11}$	$A_{Ri,13}$	$A_{Ri,3}$	$a_{Ri,1}$	$a_{Ri,11}$	$a_{Ri,13}$	$a_{Ri,3}$	$e_{085,1}$	$e_{085,11}$	$e_{085,13}$	$e_{085,3}$
1.1-A-5-01	1	1	1	470	5	353	-	-	656	37,7	-	-	41,1	8,66	-	-	23,84
1.1-A-5-02	1	1	1	474	88	589	-	-	498	37,2	-	-	26,1	17,60	-	-	11,76
1.1-A-5-03	1	1	1	455	72	662	-	-	817	31,2	-	-	35,5	14,09	-	-	20,09
1.1-A-5-04	1	1	1	517	11	1616	-	-	1843	56,6	-	-	88,6	44,93	-	-	38,29
Mittelwerte				479		805			954	40,7			47,8	21,32			23,50
Variationskoeffizient in %				5,56		69,1			63,6	27,1			58,3	75,8			47,1

Tabelle 10-23 Rissflächenermittlung für Reihe 1.1-A-6, Schraubentyp A, d = 8 mm, t = 80 mm, $a_{1,c}$ = 40 mm, $a_{2,c}$ = 24 mm

Versuch	Schraubenbild			ρ	γ_{mean}	Rissflächen in mm²				max. Risslänge in mm				Abstände e_{085} in mm			
	m_p	n_p	Folge	in kg/m³	in °	$A_{Ri,1}$	$A_{Ri,11}$	$A_{Ri,13}$	$A_{Ri,3}$	$a_{Ri,1}$	$a_{Ri,11}$	$a_{Ri,13}$	$a_{Ri,3}$	$e_{085,1}$	$e_{085,11}$	$e_{085,13}$	$e_{085,3}$
1.1-A-6-01	1	1	1	436	10	702	-	-	760	18,9	-	-	17,9	8,23	-	-	9,32
1.1-A-6-02	1	1	1	(431)*	-	-	-	-	-	-	-	-	-	-	-	-	-
1.1-A-6-03	1	1	1	416	45	700	-	-	811	28,4	-	-	20,1	8,87	-	-	9,36

* Versuch nicht verwertbar

Tabelle 10-24 Rissflächenermittlung für Reihe 1.1-B-4, Schraubentyp B, d = 8 mm, t = 24 mm, $a_{1,c}$ = 40 mm, $a_{2,c}$ = 24 mm

Versuch	Schraubenbild			ρ	γ_{mean}	Rissflächen in mm²				max. Risslänge in mm				Abstände e_{085} in mm			
	m_p	n_p	Folge	in kg/m³	in °	$A_{Ri,1}$	$A_{Ri,11}$	$A_{Ri,13}$	$A_{Ri,3}$	$a_{Ri,1}$	$a_{Ri,11}$	$a_{Ri,13}$	$a_{Ri,3}$	$e_{085,1}$	$e_{085,11}$	$e_{085,13}$	$e_{085,3}$
1.1-B-4-01	1	1	1	462	23	202	-	-	205	19,2	-	-	17,6	8,27	-	-	8,87
1.1-B-4-02	1	1	1	496	8	347	-	-	333	21,0	-	-	20,2	13,38	-	-	12,43
1.1-B-4-03	1	1	1	502	88	293	-	-	243	23,1	-	-	23,2	13,27	-	-	11,78
1.1-B-4-04	1	1	1	482	90	187	-	-	152	17,0	-	-	18,1	7,81	-	-	6,82
Mittelwerte				486		257			233	20,1			19,8	10,68			9,98
Variationskoeffizient in %				3,66		29,5			32,5	12,9			12,9	28,7			26,2

Tabelle 10-25 Rissflächenermittlung für Reihe 1.1-B-5, Schraubentyp B, d = 8 mm, t = 24 mm, $a_{1,c}$ = 32 mm, $a_{2,c}$ = 24 mm

Versuch	Schraubenbild			ρ	γ_{mean}	Rissflächen in mm²				max. Risslänge in mm				Abstände e_{085} in mm			
	m_p	n_p	Folge	in kg/m³	in °	$A_{Ri,1}$	$A_{Ri,11}$	$A_{Ri,13}$	$A_{Ri,3}$	$a_{Ri,1}$	$a_{Ri,11}$	$a_{Ri,13}$	$a_{Ri,3}$	$e_{085,1}$	$e_{085,11}$	$e_{085,13}$	$e_{085,3}$
1.1-B-5-01	1	1	1	469	28	270	-	-	272	17,8	-	-	19,9	10,88	-	-	11,23
1.1-B-5-02	1	1	1	510	8	477	-	-	292	26,7	-	-	20,8	18,30	-	-	12,76
1.1-B-5-03	1	1	1	513	83	367	-	-	454	24,2	-	-	28,0	16,05	-	-	18,32
1.1-B-5-04	1	1	1	484	85	275	-	-	183	18,8	-	-	17,8	10,93	-	-	7,71
Mittelwerte				494		347			300	21,9			21,6	14,04			12,51
Variationskoeffizient in %				4,28		28,0			37,6	19,5			20,5	26,6			35,3

Tabelle 10-26 Rissflächenermittlung für Reihe 1.1-B-6, Schraubentyp B, d = 8 mm, t = 40 mm, $a_{1,c}$ = 32 mm, $a_{2,c}$ = 24 mm

Versuch	Schraubenbild			ρ	γ_{mean}	Rissflächen in mm²				max. Risslänge in mm				Abstände e_{085} in mm			
	m_p	n_p	Folge	in kg/m³	in °	$A_{Ri,1}$	$A_{Ri,11}$	$A_{Ri,13}$	$A_{Ri,3}$	$a_{Ri,1}$	$a_{Ri,11}$	$a_{Ri,13}$	$a_{Ri,3}$	$e_{085,1}$	$e_{085,11}$	$e_{085,13}$	$e_{085,3}$
1.1-B-6-01	1	1	1	513	88	380	-	-	340	23,4	-	-	21,4	12,24	-	-	10,50
1.1-B-6-02	1	1	1	526	20	366	-	-	455	21,1	-	-	20,3	11,12	-	-	12,87

Tabelle 10-27 Rissflächenermittlung für Reihe 1.1-B-7, Schraubentyp B, d = 8 mm, t = 40 mm, $a_{1,c}$ = 40 mm, $a_{2,c}$ = 24 mm

Versuch	Schraubenbild			ρ	γ_{mean}	Rissflächen in mm²				max. Risslänge in mm				Abstände e_{085} in mm			
	m_p	n_p	Folge	in kg/m³	in °	$A_{Ri,1}$	$A_{Ri,11}$	$A_{Ri,13}$	$A_{Ri,3}$	$a_{Ri,1}$	$a_{Ri,11}$	$a_{Ri,13}$	$a_{Ri,3}$	$e_{085,1}$	$e_{085,11}$	$e_{085,13}$	$e_{085,3}$
1.1-B-7-01	1	1	1	518	90	393	-	-	319	26,2	-	-	17,0	12,53	-	-	8,45
1.1-B-7-02	1	1	1	516	18	551	-	-	363	29,2	-	-	28,1	20,62	-	-	12,67

Tabelle 10-28 Rissflächenermittlung für Reihe 2.1-A-1, Schraubentyp A, d = 8 mm, t = 80 mm, $a_{1,c}$ = 56 mm, $a_{2,c}$ = 24 mm, a_1 = 40 mm

Versuch	Schraubenbild			ρ	γ_{mean}	Rissflächen in mm²				max. Risslänge in mm				Abstände e_{085} in mm			
	m_p	n_p	Folge	in kg/m³	in °	$A_{Ri,1}$	$A_{Ri,11}$	$A_{Ri,13}$	$A_{Ri,3}$	$a_{Ri,1}$	$a_{Ri,11}$	$a_{Ri,13}$	$a_{Ri,3}$	$e_{085,1}$	$e_{085,11}$	$e_{085,13}$	$e_{085,3}$
2.1-A-1-01	1	1	1	506	20	970	-	910	-	27,6	-	20,0	-	12,66	-	13,21	-
		2	2			-	1398	-	994	-	28,1	-	34,1	-	16,72	-	16,87
2.1-A-1-02	1	1	1	485	18	886	-	966	-	20,4	-	23,2	-	11,24	-	14,54	-
		2	2			-	1095	-	1022	-	21,9	-	32,4	-	14,89	-	16,14
2.1-A-1-03	1	1	1	493	70	4237	-	1572	-	56,0	-	23,5	-	47,64	-	16,94	-
		2	2			-	1619	-	4087	-	33,6	-	105,4	-	17,72	-	72,62
Mittelwerte				495		2031	1371	1149	2034	34,7	27,9	22,2	57,3	23,85	16,44	14,90	35,21
Variationskoeffizient in %				2,14		94,1	19,2	31,9	87,4	54,3	21,0	8,73	72,7	86,5	8,73	12,69	92,0

Tabelle 10-29   Rissflächenermittlung für Reihe 2.1-A-2, Schraubentyp A, d = 8 mm, t = 80 mm, $a_{1,c}$ = 56 mm, $a_{2,c}$ = 24 mm, a_1 = 40 mm

Versuch	Schraubenbild			ρ	γ_{mean}	Rissflächen in mm²				max. Risslänge in mm				Abstände e_{085} in mm			
	m_p	n_p	Folge	in kg/m³	in °	$A_{Ri,1}$	$A_{Ri,11}$	$A_{Ri,13}$	$A_{Ri,3}$	$a_{Ri,1}$	$a_{Ri,11}$	$a_{Ri,13}$	$a_{Ri,3}$	$e_{085,1}$	$e_{085,11}$	$e_{085,13}$	$e_{085,3}$
2.1-A-2-01	1	1	1	483	18	1454	-	1044	-	44,3	-	20,0	-	27,82	-	14,38	-
		2	2			-	1051	1290	-	-	20,0	20,0	-	-	14,40	16,18	-
		3	3			-	1303	1218	-	-	20,0	20,0	-	-	16,17	16,46	-
		4	4			-	1353	1258	-	-	20,0	20,0	-	-	16,14	15,74	-
		5	5			-	1280	-	2836	-	20,0	-	102,3	-	15,71	-	64,42
2.1-A-2-02	1	1	1	502	10	946	-	1146	-	45,1	-	20,0	-	28,93	-	14,79	-
		2	2			-	1120	1192	-	-	22,6	20,0	-	-	15,31	15,88	-
		3	3			-	1137	1187	-	-	20,0	20,0	-	-	16,08	16,03	-
		4	4			-	1262	1271	-	-	20,0	20,0	-	-	15,89	16,44	-
		5	5			-	1322	-	4734	-	20,0	-	105,0	-	16,38	-	84,48
2.1-A-2-03	1	1	1	509	68	2089	-	1600	-	37,7	-	20,0	-	24,92	-	17,00	-
		2	2			-	1600	1600	-	-	20,0	20,0	-	-	17,00	17,00	-
		3	3			-	1600	1600	-	-	20,0	20,0	-	-	17,00	17,00	-
		4	4			-	1600	1600	-	-	20,0	20,0	-	-	17,00	17,00	-
		5	5			-	1680	-	4409	-	20,0	-	86,9	-	17,00	-	56,68
2.1-A-2-04	1	1*	5	500	70	-	-	-	-	-	-	-	-	-	-	-	-
		2	4			-	7680	1600	-	-	96,0	20,0	-	-	81,60	17,00	-
		3	3			-	1600	1600	-	-	20,0	20,0	-	-	17,00	17,00	-
		4	2			-	1600	1600	-	-	20,0	20,0	-	-	17,00	17,00	-
		5	1			-	1600	-	3627	-	20,0	-	79,0	-	17,00	-	55,86
2.1-A-2-05	1	1*	5	478	40	-	-	-	-	-	-	-	-	-	-	-	-
		2	4			-	5299	1412	-	-	96,0	24,0	-	-	80,57	16,35	-
		3	3			-	1216	1319	-	-	28,3	28,8	-	-	16,78	16,36	-
		4	2			-	1052	1374	-	-	20,8	24,7	-	-	15,54	16,22	-
		5	1			-	1296	-	1127	-	32,5	-	24,1	-	16,45	-	14,52
2.1-A-2-06	1	1*	5	537	50	-	-	-	-	-	-	-	-	-	-	-	-
		2	4			-	7680	1600	-	-	96,0	20,0	-	-	81,60	17,00	-
		3	3			-	1600	1600	-	-	20,0	20,0	-	-	17,00	17,00	-
		4	2			-	1600	1600	-	-	20,0	20,0	-	-	17,00	17,00	-
		5	1			-	1600	-	2217	-	20,0	-	55,6	-	17,00	-	32,81
Mittelwerte				502		1496	2089	1415	2034	42,4	30,5	20,8	75,5	27,22	24,53	16,42	51,46
Variationskoeffizient in %				4,20		38,3	91,2	13,8	67,3	9,59	83,5	10,8	40,9	7,61	89,4	4,56	47,7

* nicht verwertbar

Tabelle 10-30 Rissflächenermittlung für Reihe 2.2-A-1, Schraubentyp A, d = 8 mm, t = 80 mm, $a_{1,c}$ = 56 mm, $a_{2,c}$ = 24 mm, a_1 = 40 mm, a_2 = 24 mm

Versuch	Schraubenbild			ρ	γ_{mean}	Rissflächen in mm²				max. Risslänge in mm				Abstände e_{085} in mm			
	m_p	n_p	Folge	in kg/m³	in °	$A_{Ri,1}$	$A_{Ri,11}$	$A_{Ri,13}$	$A_{Ri,3}$	$a_{Ri,1}$	$a_{Ri,11}$	$a_{Ri,13}$	$a_{Ri,3}$	$e_{085,1}$	$e_{085,11}$	$e_{085,13}$	$e_{085,3}$
2.2-A-1-01	1	1	1	461	43	954	-	601	-	23,6	-	15,0	-	12,49	-	7,70	-
		2	3			-	929	-	685	-	22,0	-	16,2	-	10,97	-	7,76
	2	1	2		30	1145	-	835	-	29,2	-	20,3	-	14,22	-	12,10	-
		2	4			-	926	-	616	-	27,8	-	17,8	-	10,98	-	7,50
2.2-A-1-02	1	1	1	(473)*	-	-	-	-	-	-	-	-	-	-	-	-	-
		2	3			-	-	-	-	-	-	-	-	-	-	-	-
	2	1	2		-	-	-	-	-	-	-	-	-	-	-	-	-
		2	4			-	-	-	-	-	-	-	-	-	-	-	-
2.2-A-1-03	1	1	1	457	28	836	-	896	-	25,1	-	20,0	-	11,25	-	12,03	-
		2	3			-	1111	-	1043	-	31,3	-	29,1	-	14,31	-	13,15
	2	1	2		45	691	-	755	-	17,8	-	18,0	-	8,16	-	10,15	-
		2	4			-	797	-	709	-	23,5	-	30,6	-	9,71	-	10,53
2.2-A-1-04	1	1	1	473	53	1063	-	745	-	27,9	-	20,0	-	14,56	-	11,02	-
		2	3			-	1190	-	1016	-	22,4	-	29,0	-	14,28	-	12,82
	2	1	2		33	1204	-	865	-	29,5	-	20,0	-	14,43	-	13,32	-
		2	4			-	1498	-	978	-	32,9	-	26,3	-	18,66	-	12,96
Mittelwerte				464		982	1075	783	2034	25,5	26,7	18,9	24,8	12,52	13,15	11,05	10,79
Variationskoeffizient in %				1,80		19,8	23,3	13,7	9,4	17,4	17,7	11,0	25,1	20,0	25,1	17,8	24,3

* Versuch nicht verwertbar

Tabelle 10-31 Rissflächenermittlung für Reihe 2.2-A-2, Schraubentyp A, $d = 8$ mm, $t = 80$ mm, $a_{1,c} = 40$ mm, $a_{2,c} = 22$ mm, $a_1 = 40$ mm, $a_2 = 40$ mm

Versuch	Schraubenbild			ρ in kg/m³	γ_{mean} in °	Rissflächen in mm²				max. Risslänge in mm				Abstände e_{085} in mm			
	m_p	n_p	Folge			$A_{Ri,1}$	$A_{Ri,11}$	$A_{Ri,13}$	$A_{Ri,3}$	$a_{Ri,1}$	$a_{Ri,11}$	$a_{Ri,13}$	$a_{Ri,3}$	$e_{085,1}$	$e_{085,11}$	$e_{085,13}$	$e_{085,3}$
2.2-A-2-01	1	1	2	471	23	1834	-	1100	-	40,0	-	20,0	-	32,01	-	15,06	-
		2	1			-	1124	-	1200	-	20,0	-	26,5	-	15,05	-	16,49
	2	1	4		30	852	-	593	-	22,2	-	12,4	-	9,82	-	7,63	-
		2	3			-	838	-	540	-	17,2	-	14,0	-	9,39	-	7,14
2.2-A-2-02	1	1	2	485	33	715	-	485	-	16,2	-	17,2	-	8,42	-	7,97	-
		2	1			-	594	-	642	-	18,4	-	19,5	-	7,24	-	8,93
	2	1	4		25	762	-	611	-	15,8	-	15,0	-	8,84	-	6,82	-
		2	3			-	776	-	618	-	15,1	-	13,7	-	8,80	-	7,60
2.2-A-2-03	1	1	2	465	28	706	-	830	-	17,5	-	20,4	-	8,87	-	10,36	-
		2	1			-	733	-	769	-	14,4	-	22,3	-	8,60	-	9,80
	2	1	4		20	1082	-	837	-	31,3	-	20,1	-	14,46	-	13,96	-
		2	3			-	962	-	803	-	20,0	-	20,0	-	12,93	-	9,72
Mittelwerte				474		992	838	743	2034	23,8	17,5	17,5	19,3	13,74	10,34	10,30	9,95
Variationskoeffizient in %				2,17		43,9	22,1	30,1	11,6	41,2	13,7	18,7	25,4	67,2	29,0	33,8	34,0

Tabelle 10-32 Rissflächenermittlung für Reihe 2.2-A-3, Schraubentyp A, $d = 8$ mm, $t = 80$ mm, $a_{1,c} = 40$ mm, $a_{2,c} = 24$ mm, $a_1 = 40$ mm, $a_2 = 24$ mm

Versuch	Schraubenbild			ρ in kg/m³	γ_{mean} in °	Rissflächen in mm²				max. Risslänge in mm				Abstände e_{085} in mm			
	m_p	n_p	Folge			$A_{Ri,1}$	$A_{Ri,11}$	$A_{Ri,13}$	$A_{Ri,3}$	$a_{Ri,1}$	$a_{Ri,11}$	$a_{Ri,13}$	$a_{Ri,3}$	$e_{085,1}$	$e_{085,11}$	$e_{085,13}$	$e_{085,3}$
2.2-A-3-01	1	1	2	462	50	1186	-	1100	-	20,0	-	20,0	-	16,13	-	15,96	-
		2	1			-	1108	-	864	-	20,0	-	27,1	-	14,64	-	14,24
	2	1	4		35	948	-	595	-	19,5	-	19,2	-	11,47	-	6,83	-
		2	3			-	837	-	476	-	19,0	-	10,0	-	10,42	-	5,69
2.2-A-3-02	1	1	2	478	43	3200	-	1600	-	40,0	-	20,0	-	34,00	-	17,00	-
		2	1			-	1600	-	3852	-	20,0	-	59,0	-	17,00	-	46,47
	2	1	4		50	1808	-	1431	-	40,0	-	31,2	-	28,56	-	19,43	-
		2	3			-	1310	-	1261	-	33,0	-	33,1	-	16,41	-	16,22
2.2-A-3-03	1	1	2	493	40	2284	-	1292	-	40,0	-	22,6	-	32,65	-	15,53	-
		2	1			-	1198	-	830	-	20,0	-	20,9	-	15,42	-	11,35
	2	1	4		65	1160	-	814	-	39,0	-	21,5	-	19,75	-	14,23	-
		2	3			-	1065	-	998	-	28,3	-	30,0	-	14,19	-	14,75
Mittelwerte				478		1764	1186	1139	2034	33,1	23,4	22,4	30,0	23,76	14,68	14,83	18,12
Variationskoeffizient in %				3,25		48,8	21,6	33,4	60,8	31,2	25,0	20,0	54,6	39,1	15,9	28,9	79,4

Tabelle 10-33   Rissflächenermittlung für Reihe 2.2-A-4, Schraubentyp A, d = 8 mm, t = 80 mm, $a_{1,c}$ = 40 mm, $a_{2,c}$ = 22 mm, a_1 = 24 mm, a_2 = 40 mm

Versuch	Schraubenbild			ρ	γ_{mean}	Rissflächen in mm²				max. Risslänge in mm				Abstände e_{085} in mm			
	m_p	n_p	Folge	in kg/m³	in °	$A_{Ri,1}$	$A_{Ri,11}$	$A_{Ri,13}$	$A_{Ri,3}$	$a_{Ri,1}$	$a_{Ri,11}$	$a_{Ri,13}$	$a_{Ri,3}$	$e_{085,1}$	$e_{085,11}$	$e_{085,13}$	$e_{085,3}$
2.2-A-4-01	1	1	2	466	23	1176	-	960	-	28,4	-	12,0	-	16,54	-	10,20	-
		2	1			-	960	-	708	-	12,0	-	16,9	-	10,20	-	9,91
	2*	1*	4		-	-	-	-	-	-	-	-	-	-	-	-	-
		2*	3			-	-	-	-	-	-	-	-	-	-	-	-
2.2-A-4-02	1	1	2	466	25	749	-	565	-	20,6	-	16,0	-	9,35	-	9,24	-
		2	1			-	633	-	640	-	14,0	-	16,6	-	7,97	-	8,49
	2	1	4		30	1088	-	943	-	24,0	-	13,8	-	13,00	-	10,17	-
		2	3			-	947	-	679	-	12,8	-	17,7	-	10,11	-	8,16
2.2-A-4-03	1	1	2	484	25	2186	-	855	-	40,0	-	17,9	-	32,39	-	10,24	-
		2	1			-	830	-	1590	-	16,1	-	46,6	-	9,79	-	32,78
	2	1	4		23	845	-	633	-	18,6	-	13,4	-	9,72	-	8,49	-
		2	3			-	705	-	585	-	12,4	-	12,8	-	8,66	-	7,14
Mittelwerte				472		1209	815	791	2034	26,3	13,5	14,6	22,1	16,20	9,35	9,67	13,30
Variationskoeffizient in %				2,20		47,4	17,8	22,9	20,7	32,3	12,3	15,9	62,5	58,7	10,5	8,07	82,3

* nicht verwertbar

Tabelle 10-34   Rissflächenermittlung für Reihe 2.3-A-1, Schraubentyp A, d = 8 mm, t = 80 mm, $a_{1,c}$ = 56 mm, $a_{2,c}$ = 24 mm, a_1 = 40 mm, a_2 = 24 mm

Versuch	m_p	n_p	Folge	ρ in kg/m³	γ_{mean} in °	Rissflächen in mm² $A_{Ri,1}$	$A_{Ri,11}$	$A_{Ri,13}$	$A_{Ri,3}$	max. Risslänge in mm $a_{Ri,1}$	$a_{Ri,11}$	$a_{Ri,13}$	$a_{Ri,3}$	Abstände e_{085} in mm $e_{085,1}$	$e_{085,11}$	$e_{085,13}$	$e_{085,3}$
2.3-A-1-01	1	1	1	484	55	1352	-	1210	-	32,0	-	33,5	-	17,98	-	18,52	-
	1	2	6		55	-	1110	947	-	-	26,2	20,0	-	-	16,35	15,88	-
	1	3	7		55	-	1202	-	1643	-	22,8	-	55,3	-	15,24	-	35,22
	2	1	2		40	1105	-	607	-	23,4	-	14,2	-	12,60	-	8,27	-
	2	2	5		40	-	1035	745	-	-	20,9	18,6	-	-	12,13	9,41	-
	2	3	8		40	-	1128	-	749	-	26,7	-	15,0	-	13,06	-	9,09
	3	1	3		33	1684	-	1438	-	42,0	-	34,5	-	24,92	-	21,87	-
	3	2	4		33	-	1724	1326	-	-	40,0	30,7	-	-	20,89	16,64	-
	3	3	9		33	-	1522	-	1723	-	27,7	-	50,2	-	17,37	-	28,70
2.3-A-1-02	1	1	1	467	70	973	-	991	-	38,9	-	20,0	-	16,86	-	15,07	-
	1	2	4		70	-	1146	1087	-	-	23,3	20,0	-	-	15,89	15,78	-
	1	3	7		70	-	1234	-	2808	-	30,6	-	74,0	-	16,94	-	58,98
	2	1	2		58	847	-	775	-	30,6	-	20,5	-	12,28	-	10,53	-
	2	2	5		58	-	872	762	-	-	26,2	20,0	-	-	10,38	9,69	-
	2	3	8		58	-	1182	-	1121	-	27,3	-	23,0	-	14,71	-	13,28
	3	1	3		50	1189	-	1447	-	28,1	-	32,8	-	15,16	-	16,87	-
	3	2	6		50	-	1221	1307	-	-	29,3	23,4	-	-	15,75	14,63	-
	3	3	9		50	-	1014	-	1210	-	30,8	-	23,8	-	14,48	-	13,59
2.3-A-1-03	1	1	1	503	50	980	-	1186	-	23,6	-	30,7	-	12,26	-	15,96	-
	1	2	6		50	-	1229	1175	-	-	28,4	30,1	-	-	16,66	15,78	-
	1	3	7		50	-	1356	-	1893	-	32,9	-	54,3	-	19,60	-	38,43
	2	1	2		58	922	-	816	-	19,4	-	17,8	-	10,66	-	9,63	-
	2	2	5		58	-	960	968	-	-	20,3	22,1	-	-	11,04	12,52	-
	2	3	8		58	-	820	-	937	-	21,3	-	21,2	-	9,55	-	10,91
	3	1	3		75	757	-	1012	-	18,2	-	29,2	-	9,49	-	11,93	-
	3	2	4		75	-	1561	1478	-	-	33,1	31,2	-	-	19,10	17,79	-
	3	3	9		75	-	1353	-	1105	-	33,3	-	26,7	-	18,27	-	14,45
Mittelwerte				485		1090	1204	1071	2034	28,5	27,8	25,0	38,2	14,69	15,41	14,27	24,74
Variationskoeffizient in %				3,72		26,3	19,6	24,9	31,0	29,0	18,5	25,9	53,8	32,3	20,8	26,1	68,3

Tabelle 10-35 Rissflächenermittlung für Reihe 2.2-B-1, Schraubentyp B, d = 8 mm, t = 40 mm, $a_{1,c}$ = 40 mm, $a_{2,c}$ = 22 mm, a_1 = 40 mm, a_2 = 40 mm

Versuch	Schraubenbild			ρ	γ_{mean}	Rissflächen in mm²				max. Risslänge in mm				Abstände e_{085} in mm			
	m_p	n_p	Folge	in kg/m³	in °	$A_{Ri,1}$	$A_{Ri,11}$	$A_{Ri,13}$	$A_{Ri,3}$	$a_{Ri,1}$	$a_{Ri,11}$	$a_{Ri,13}$	$a_{Ri,3}$	$e_{085,1}$	$e_{085,11}$	$e_{085,13}$	$e_{085,3}$
2.2-B-1-01	1	1	2	472	53	395	-	437	-	25,0	-	21,2	-	9,94	-	10,84	-
		2	1			-	348	-	340	-	15,9	-	16,5	-	8,05	-	7,77
	2	1	4		35	540	-	402	-	23,3	-	19,8	-	13,69	-	12,51	-
		2	3			-	446	-	341	-	18,8	-	19,8	-	10,11	-	7,97
2.2-B-1-02	1	1	2	472	55	359	-	269	-	17,0	-	15,9	-	8,45	-	7,87	-
		2	1			-	432	-	259	-	25,0	-	13,2	-	10,90	-	5,94
	2	1	4		38	421	-	332	-	17,7	-	17,6	-	10,06	-	7,73	-
		2	3			-	405	-	412	-	18,5	-	18,1	-	9,95	-	9,91
2.2-B-1-03	1	1	2	459	48	396	-	459	-	18,2	-	19,0	-	9,03	-	11,30	-
		2	1			-	283	-	437	-	15,6	-	17,5	-	6,81	-	9,82
	2	1	4		33	500	-	412	-	22,8	-	24,8	-	12,50	-	15,85	-
		2	3			-	440	-	343	-	21,8	-	18,3	-	10,35	-	7,77
Mittelwerte				468		435	392	385	2034	20,7	19,3	19,7	17,2	10,61	9,36	11,02	8,20
Variationskoeffizient in %				1,60		16,0	16,4	18,5	3,09	16,6	18,7	15,7	13,1	19,3	16,9	27,7	18,2

Tabelle 10-36 Rissflächenermittlung für Reihe 2.2-B-2, Schraubentyp B, d = 8 mm, t = 40 mm, $a_{1,c}$ = 40 mm, $a_{2,c}$ = 24 mm, a_1 = 40 mm, a_2 = 24 mm

Versuch	Schraubenbild			ρ	γ_{mean}	Rissflächen in mm²				max. Risslänge in mm				Abstände e_{085} in mm			
	m_p	n_p	Folge	in kg/m³	in °	$A_{Ri,1}$	$A_{Ri,11}$	$A_{Ri,13}$	$A_{Ri,3}$	$a_{Ri,1}$	$a_{Ri,11}$	$a_{Ri,13}$	$a_{Ri,3}$	$e_{085,1}$	$e_{085,11}$	$e_{085,13}$	$e_{085,3}$
2.2-B-2-01	1	1	2	483	60	387	-	291	-	13,7	-	15,4	-	8,57	-	7,04	-
		2	1			-	404	-	265	-	30,4	-	18,5	-	9,80	-	8,10
	2	1	4		68	299	-	271	-	15,6	-	12,1	-	7,72	-	6,11	-
		2	3			-	285	-	263	-	13,9	-	12,4	-	6,73	-	6,05
2.2-B-2-02	1	1	2	477	15	654	-	800	-	30,7	-	33,9	-	16,02	-	19,83	-
		2	1			-	564	-	466	-	20,7	-	19,5	-	14,39	-	11,16
	2	1	4		25	532	-	255	-	25,3	-	20,0	-	13,98	-	7,63	-
		2	3			-	450	-	375	-	20,0	-	17,4	-	10,15	-	8,77
2.2-B-2-03	1	1	2	483	70	398	-	675	-	30,3	-	25,8	-	14,68	-	15,68	-
		2	1			-	501	-	397	-	20,0	-	21,1	-	14,76	-	11,33
	2	1	4		43	444	-	500	-	32,6	-	20,0	-	11,43	-	12,87	-
		2	3			-	481	-	536	-	21,8	-	41,4	-	13,96	-	16,37
Mittelwerte				481		452	448	465	2034	24,7	21,1	21,2	21,7	12,07	11,63	11,53	10,30
Variationskoeffizient in %				0,72		27,6	21,4	49,9	5,33	33,1	25,2	36,6	46,4	28,1	27,8	47,9	34,7

Tabelle 10-37 Rissflächenermittlung für Reihe 2.2-B-3, Schraubentyp B, d = 8 mm, t = 40 mm, $a_{1,c}$ = 40 mm, $a_{2,c}$ = 22 mm, a_1 = 24 mm, a_2 = 40 mm

Versuch	Schraubenbild			ρ	γ_{mean}	Rissflächen in mm²				max. Risslänge in mm				Abstände e_{085} in mm			
	m_p	n_p	Folge	in kg/m³	in °	$A_{Ri,1}$	$A_{Ri,11}$	$A_{Ri,13}$	$A_{Ri,3}$	$a_{Ri,1}$	$a_{Ri,11}$	$a_{Ri,13}$	$a_{Ri,3}$	$e_{085,1}$	$e_{085,11}$	$e_{085,13}$	$e_{085,3}$
2.2-B-3-01	1	1	2	464	48	402	-	301	-	17,8	-	12,5	-	8,91	-	6,86	-
		2	1			-	326	-	400	-	12,1	-	16,4	-	7,55	-	9,47
	2	1	4		23	488	-	309	-	21,1	-	12,5	-	11,71	-	8,14	-
		2	3			-	382	-	407	-	15,1	-	21,7	-	8,69	-	10,06
2.2-B-3-02	1	1	2	468	28	460	-	346	-	16,6	-	12,0	-	9,99	-	9,14	-
		2	1			-	453	-	281	-	16,0	-	17,1	-	9,88	-	7,30
	2	1	4		50	525	-	364	-	21,9	-	15,9	-	12,40	-	9,12	-
		2	3			-	387	-	339	-	12,3	-	16,9	-	8,75	-	8,63
2.2-B-3-03	1	1	2	468	30	433	-	370	-	27,0	-	12,8	-	10,52	-	8,78	-
		2	1			-	431	-	367	-	13,1	-	18,7	-	9,38	-	8,99
	2	1	4		50	440	-	290	-	17,6	-	12,0	-	10,54	-	8,08	-
		2	3			-	385	-	289	-	14,5	-	14,4	-	8,73	-	6,68
Mittelwerte				467		458	394	330	2034	20,3	13,9	13,0	17,5	10,68	8,83	8,35	8,52
Variationskoeffizient in %				0,49		9,51	11,2	10,4	2,66	19,1	11,5	11,4	14,1	11,6	8,89	10,4	15,2

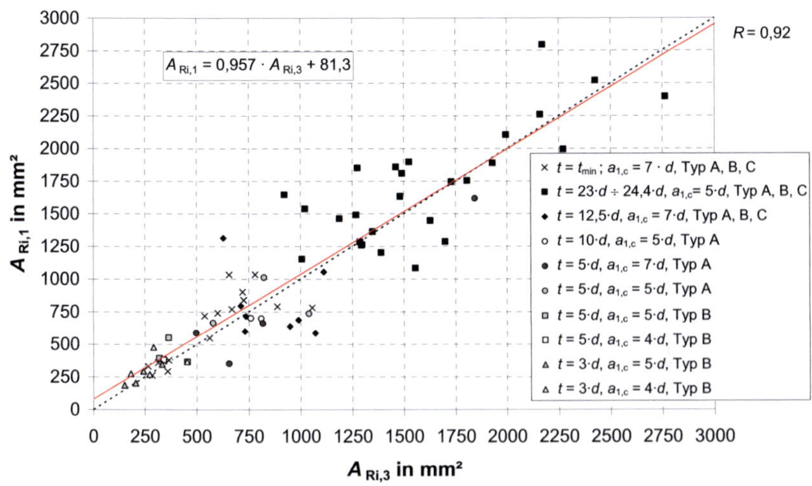

Bild 10-9   Vergleich der experimentell ermittelten Rissflächen $A_{Ri,1}$ und $A_{Ri,3}$ für Reihe 1.1

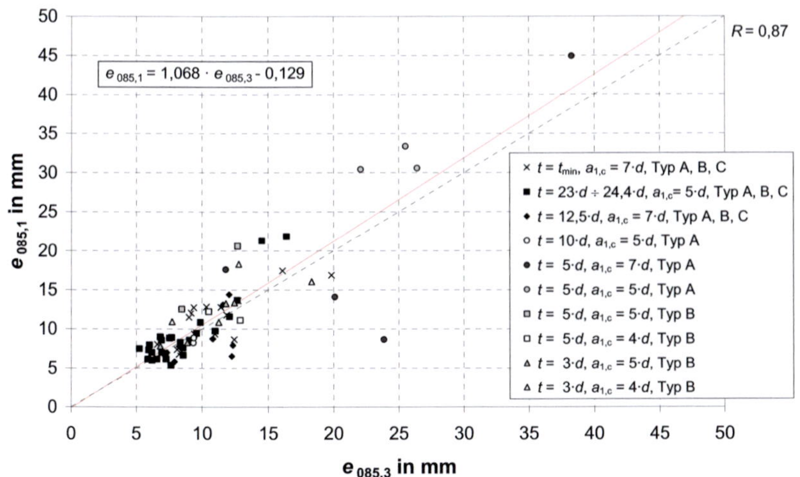

Bild 10-10   Vergleich der Abstände $e_{085,1}$ und $e_{085,3}$ für Reihe 1.1

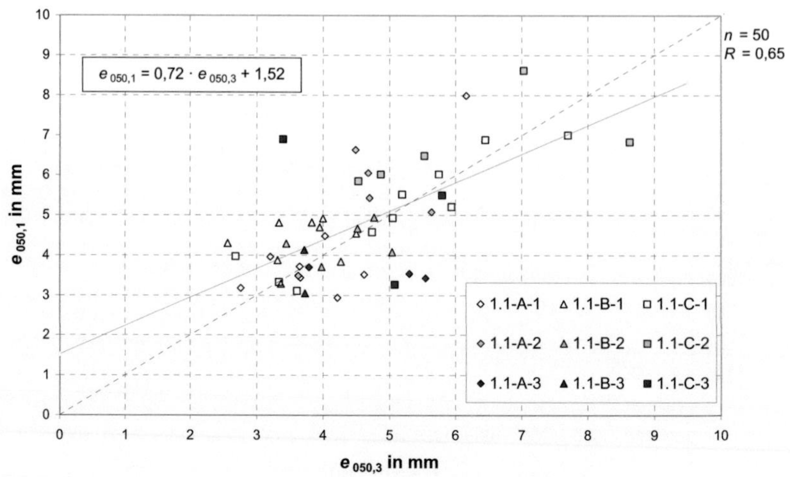

Bild 10-11   Vergleich zwischen den Abständen $e_{050,1}$ und $e_{050,3}$ für Reihe 1.1-A-1
bis 1.1-C-3

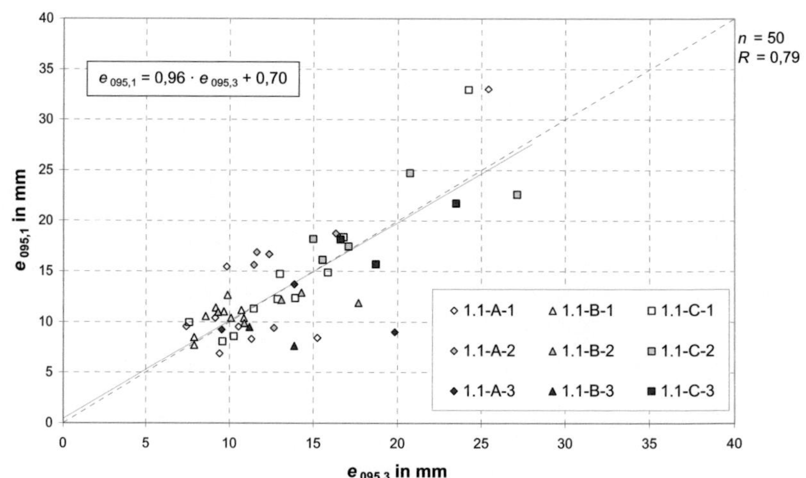

Bild 10-12   Vergleich zwischen den Abständen $e_{095,1}$ und $e_{095,3}$ für Reihe 1.1-A-1
bis 1.1-C-3

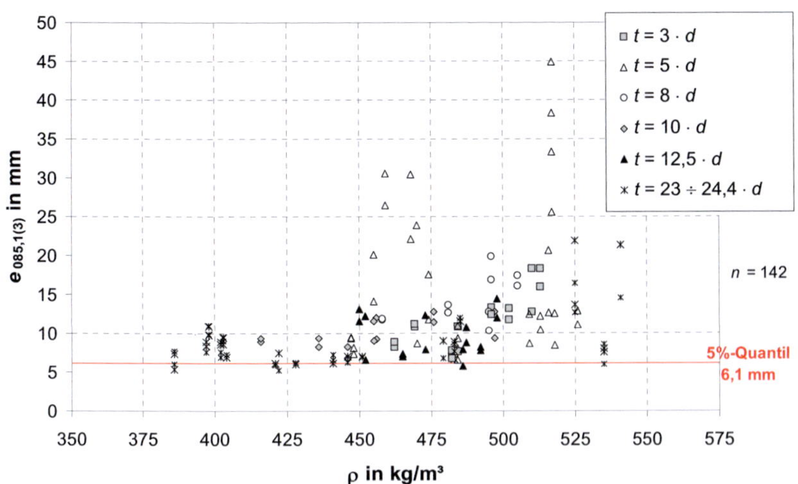

Bild 10-13   Abstände $e_{085,1}$ und $e_{085,3}$ in Abhängigkeit von der Rohdichte für Reihe 1.1

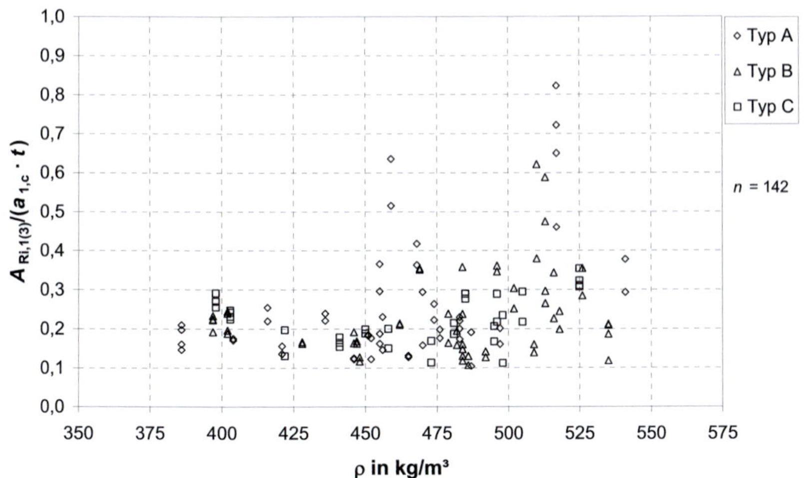

Bild 10-14   Normierte Rissfläche in Abhängigkeit von der Rohdichte, Normierung über die potentielle Rissfläche für Reihe 1.1

10.4 Anhang zu Abschnitt 3.5

Materialgesetz für Volumenelemente SOLID 45 am Beispiel eines Prüfkörpers mit einer Rohdichte von $\rho = 513$ kg/m³:

$$
\begin{bmatrix} \varepsilon_{11} \\ \varepsilon_{22} \\ \varepsilon_{33} \\ \gamma_{23} \\ \gamma_{13} \\ \gamma_{12} \end{bmatrix} = \begin{bmatrix} 1/15034 & -0{,}013/323 & -0{,}013/323 & & & \\ -0{,}601/15034 & 1/323 & -0{,}238/323 & & & \\ -0{,}601/15034 & -0{,}238/323 & 1/323 & & & \\ & & & 1/65 & & \\ & & & & 1/650 & \\ & & & & & 1/650 \end{bmatrix} \cdot \begin{bmatrix} \sigma_{11} \\ \sigma_{22} \\ \sigma_{33} \\ \sigma_{23} \\ \sigma_{13} \\ \sigma_{12} \end{bmatrix} \qquad (42)
$$

Tabelle 10-38 Ergebnisse der Parameterstudie an CT-Proben zur Kalibrierung der Federelemente

Probe-Nr.	ρ in kg/m³	$f_{t,90}$ in N/mm²	Δu_{pl} in mm	u_e in mm	u_{gr} in mm	Korrelations-koeffizient R
01b	403	0,740	0,190	0,250	0,0013	0,87
01c	440	1,130	0,022	0,260	0,0021	0,92
02a	396	0,870	0,017	0,180	0,0016	0,95
02b	417	1,020	0,012	0,230	0,0019	0,99
02c	439	1,750	0,024	0,090	0,0032	0,99
03b	393	0,950	0,160	0,180	0,0017	0,88
03c	399	1,050	0,070	0,250	0,0019	0,74
04a	389	0,860	0,067	0,280	0,0016	0,97
04b	419	0,841	0,160	0,180	0,0015	0,94
04c	433	1,100	0,010	0,170	0,0020	0,99
05a	413	0,930	0,025	0,170	0,0017	0,98
05b	432	0,900	0,005	0,220	0,0016	0,97
05c	513	1,300	0,005	0,160	0,0024	0,98
06b	471	1,200	0,025	0,185	0,0022	0,98
07a	398	1,500	0,015	0,185	0,0027	0,98
07b	390	0,730	0,160	0,220	0,0013	0,94
07c	424	0,620	0,190	0,270	0,0011	0,90
08a	418	0,700	0,100	0,270	0,0013	0,94
08b	445	1,050	0,004	0,160	0,0019	0,99
08c	512	1,100	0,002	0,140	0,0020	0,98
09a	429	0,850	0,150	0,270	0,0015	0,86
09b	471	0,950	0,035	0,128	0,0017	0,97
09c	535	1,200	0,012	0,120	0,0022	0,99
10a	395	0,950	0,080	0,160	0,0017	0,97
10b	389	0,750	0,080	0,280	0,0014	0,96
10c	404	0,650	0,040	0,220	0,0012	0,94
11a	422	0,840	0,110	0,240	0,0015	0,97
11b	488	0,400	0,100	0,200	0,0007	0,77
11c	533	1,180	0,060	0,140	0,0021	0,97
12b	433	0,750	0,070	0,195	0,0014	0,98
12c	490	0,800	0,095	0,110	0,0015	0,98
13a	386	0,850	0,183	0,197	0,0015	0,96
13b	403	0,700	0,070	0,130	0,0013	0,99
13c	419	0,930	0,080	0,100	0,0017	0,99
14a	409	1,200	0,060	0,100	0,0022	0,98
14b	442	0,700	0,110	0,200	0,0013	0,91
14c	465	0,670	0,070	0,150	0,0012	0,96
15a	447	0,850	0,300	0,380	0,0015	0,96
15b	467	0,740	0,250	0,270	0,0013	0,98
15c	485	1,440	0,100	0,150	0,0026	0,89
16b	428	0,700	0,165	0,220	0,0013	0,99
16c	453	0,920	0,060	0,110	0,0017	0,99
17a	468	0,870	0,050	0,140	0,0016	0,99
17b	439	0,770	0,200	0,220	0,0014	0,98
18a	394	0,810	0,135	0,150	0,0015	0,98
18b	419	0,900	0,075	0,220	0,0016	0,98
18c	447	0,900	0,075	0,150	0,0016	0,98
Mittelwerte	436	0,928	0,087	0,191	0,0017	
Variations-koeffizient in %	8,96	26,7	80,6	31,7	26,7	

Tabelle 10-39   Grundfunktion der Ersatzlast für den Schraubentyp A, 8 x 200 mm, Bezugsrohdichte ρ_{ref} = 431 kg/m³, Bezugswinkel γ_{ref} = 21°

Position x in mm	Last q_i (x) in N/mm	Position x in mm	Last q_i (x) in N/mm
0 - 5	19,6	100 - 105	18,4
5 - 10	38,0	105 - 110	18,4
10 - 15	73,6	110 - 115	13,8
15 - 20	32,2	115 - 120	12,7
20 - 25	25,3	120 - 125	12,7
25 - 30	12,7	125 - 130	12,7
30 - 35	12,7	130 - 135	12,7
35 - 40	12,7	135 - 140	12,7
40 - 45	12,7	140 - 145	12,7
45 - 50	12,7	145 - 150	12,7
50 - 55	12,7	150 - 155	12,7
55 - 60	13,8	155 - 160	10,4
60 - 65	18,4	160 - 165	8,05
65 - 70	18,4	165 - 170	13,8
70 - 75	18,4	170 - 175	23,0
75 - 80	18,4	175 - 180	48,3
80 - 85	18,4	180 - 185	58,7
85 - 90	18,4	185 - 186*	41,4
90 - 95	18,4	186 - 200	0*
95 - 100	18,4		

* tatsächliche Länge der verwendeten Schrauben $\ell_{Sr,real}$ = 186 mm

Tabelle 10-40   Grundfunktion der Ersatzlast für den Schraubentyp B, 8 x 200 mm, Bezugsrohdichte ρ_{ref} = 428 kg/m³, Bezugswinkel γ_{ref} = 19°

Position x in mm	Last q_i (x) in N/mm	Position x in mm	Last q_i (x) in N/mm
0 - 5	11,5	100 - 105	6,58
5 - 10	49,4	105 - 110	6,58
10 - 15	17,3	110 - 115	6,58
15 - 20	17,3	115 - 120	6,58
20 - 25	11,5	120 - 125	6,58
25 - 30	11,5	125 - 130	6,58
30 - 35	11,5	130 - 135	6,58
35 - 40	11,5	135 - 140	6,58
40 - 45	11,5	140 - 145	6,58
45 - 50	6,58	145 - 150	6,58
50 - 55	6,58	150 - 155	6,58
55 - 60	6,58	155 - 160	6,58
60 - 65	6,58	160 - 165	6,58
65 - 70	6,58	165 - 170	6,58
70 - 75	6,58	170 - 175	6,58
75 - 80	6,58	175 - 180	6,58
80 - 85	6,58	180 - 185	6,58
85 - 90	6,58	185 - 190	53,5
90 - 95	6,58	190 - 195	45,2
95 - 100	6,58	195 - 196*	45,2
* tatsächliche Länge der verwendeten Schrauben $\ell_{Sr,real}$ = 196 mm			

Tabelle 10-41   Grundfunktion der Ersatzlast für den Schraubentyp C, 8 x 200 mm, Bezugsrohdichte ρ_{ref} = 427 kg/m³, Bezugswinkel γ_{ref} = 20°

Position x in mm	Last q_i (x) in N/mm	Position x in mm	Last q_i (x) in N/mm
0 - 5	18,4	100 - 105	5,75
5 - 10	74,8	105 - 110	5,75
10 - 15	40,3	110 - 115	5,75
15 - 20	34,5	115 - 120	5,75
20 - 25	19,6	120 - 125	5,75
25 - 30	12,7	125 - 130	5,75
30 - 35	12,7	130 - 135	5,75
35 - 40	12,7	135 - 140	5,75
40 - 45	12,7	140 - 145	5,75
45 - 50	12,7	145 - 150	5,75
50 - 55	12,7	150 - 155	5,75
55 - 60	12,7	155 - 160	5,75
60 - 65	12,7	160 - 165	5,75
65 - 70	12,7	165 - 170	5,75
70 - 75	12,7	170 - 175	5,75
75 - 80	12,7	175 - 180	5,75
80 - 85	18,4	180 - 185	5,75
85 - 90	29,9	185 - 190	19,6
90 - 95	47,2	190 - 195	59,8
95 - 100	16,1	195 - 198*	59,8

* tatsächliche Länge der verwendeten Schrauben $\ell_{Sr,real}$ = 198 mm

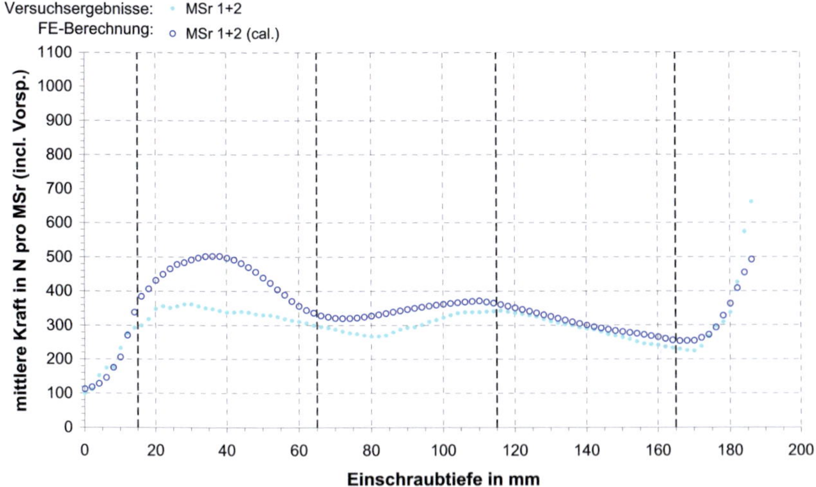

Bild 10-15   Kräfte in den Messschrauben 1/2, Vergleich zwischen Werten aus Versuch und Simulation für Schraubentyp A, Kollektiv 1.2

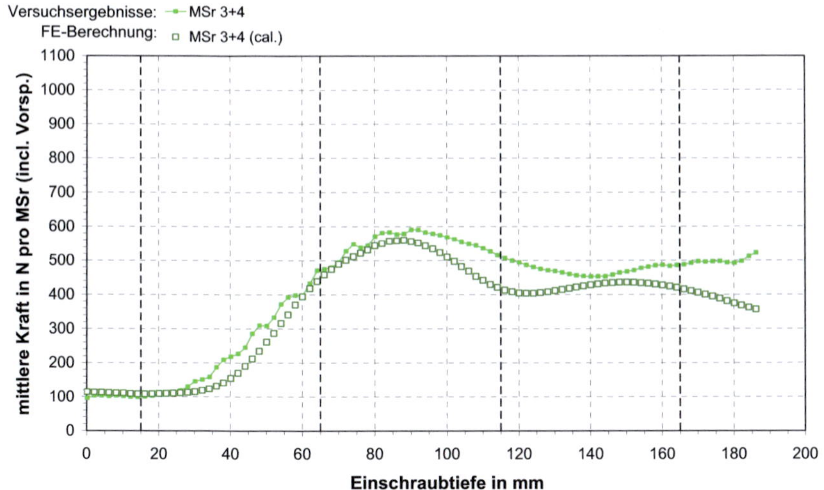

Bild 10-16   Kräfte in den Messschrauben 3/4, Vergleich zwischen Werten aus Versuch und Simulation für Schraubentyp A, Kollektiv 1.2

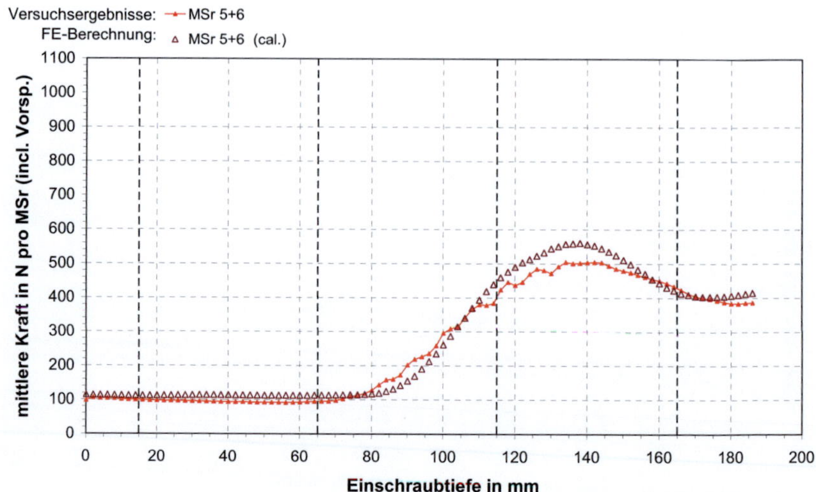

Bild 10-17   Kräfte in den Messschrauben 5/6, Vergleich zwischen Werten aus Versuch und Simulation für Schraubentyp A, Kollektiv 1.2

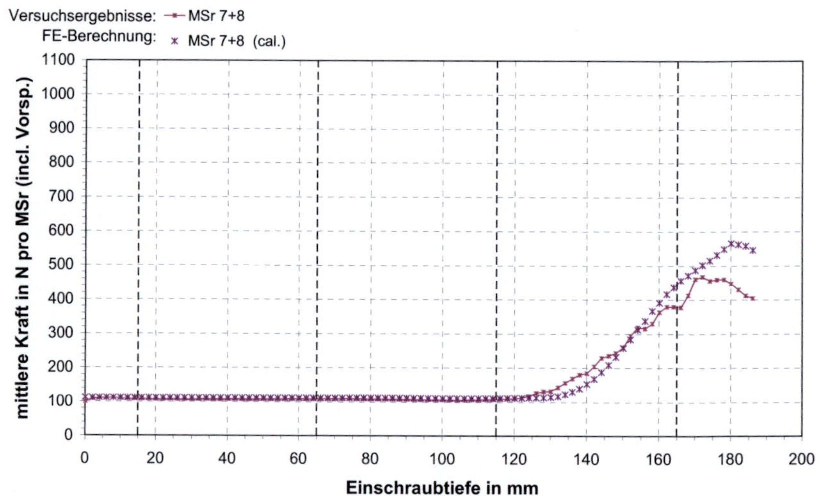

Bild 10-18   Kräfte in den Messschrauben 7/8, Vergleich zwischen Werten aus Versuch und Simulation für Schraubentyp A, Kollektiv 1.2

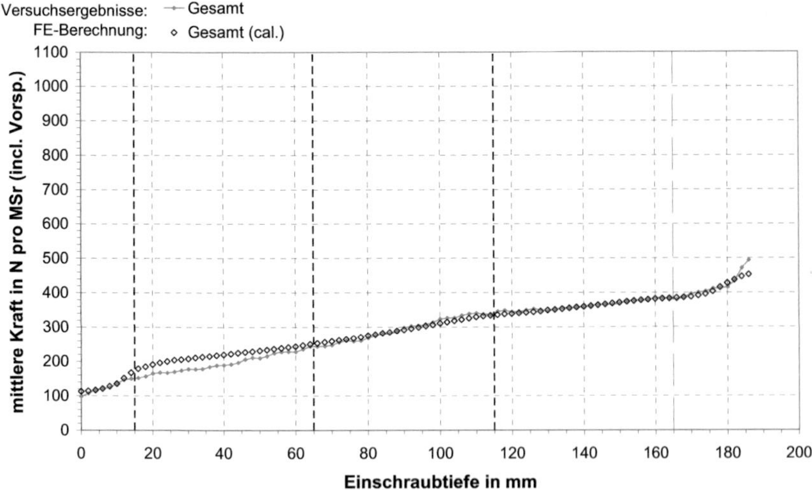

Bild 10-19 Mittlere Gesamtkraft in den Messschrauben 1 bis 8, Vergleich zwischen Werten aus Versuch und Simulation für Schraubentyp A, Kollektiv 1.2

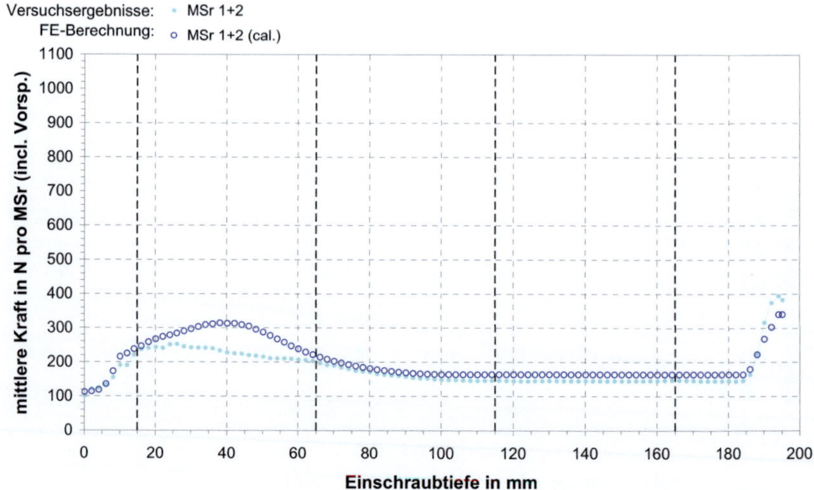

Bild 10-20   Kräfte in den Messschrauben 1/2, Vergleich zwischen Werten aus Versuch und Simulation für Schraubentyp B, Kollektiv 1.2

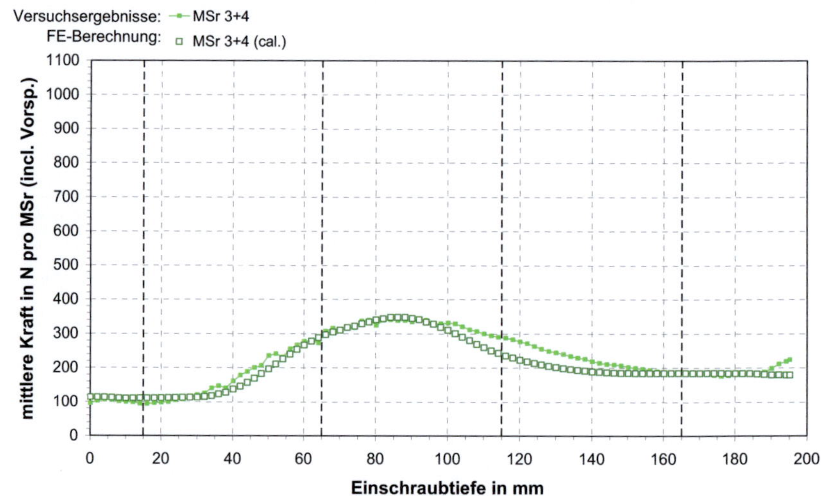

Bild 10-21   Kräfte in den Messschrauben 3/4, Vergleich zwischen Werten aus Versuch und Simulation für Schraubentyp B, Kollektiv 1.2

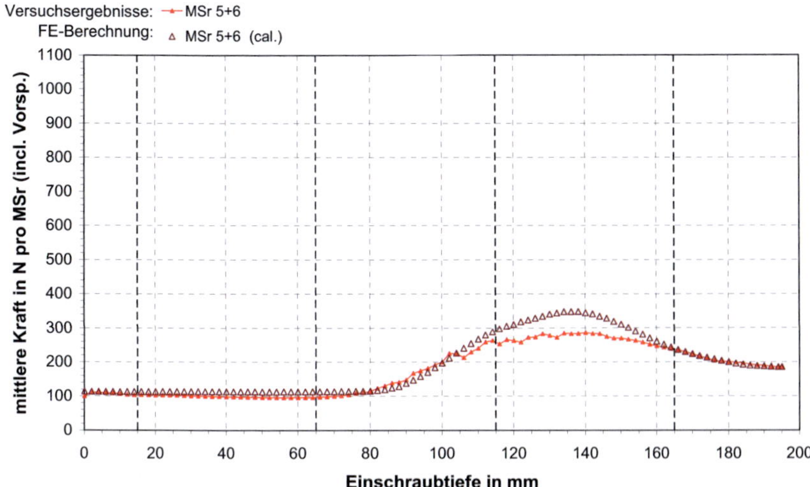

Bild 10-22   Kräfte in den Messschrauben 5/6, Vergleich zwischen Werten aus Versuch und Simulation für Schraubentyp B, Kollektiv 1.2

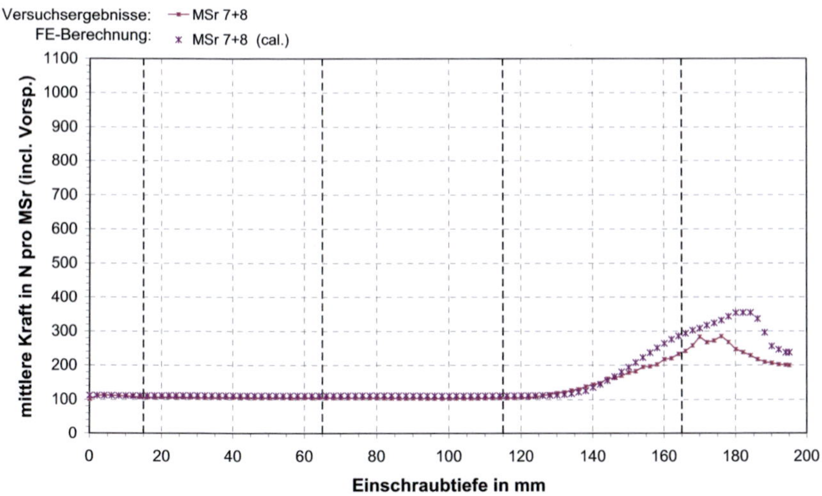

Bild 10-23   Kräfte in den Messschrauben 7/8, Vergleich zwischen Werten aus Versuch und Simulation für Schraubentyp B, Kollektiv 1.2

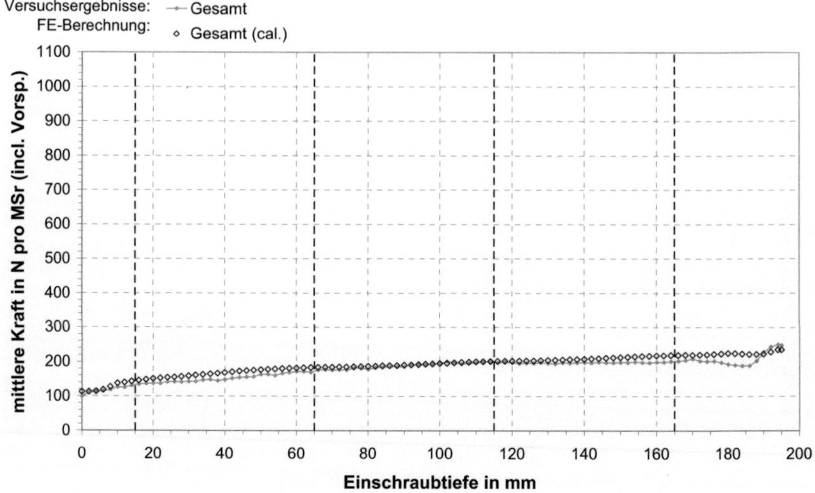

Bild 10-24   Mittlere Gesamtkraft in den Messschrauben 1 bis 8, Vergleich zwischen Werten aus Versuch und Simulation für Schraubentyp B, Kollektiv 1.2

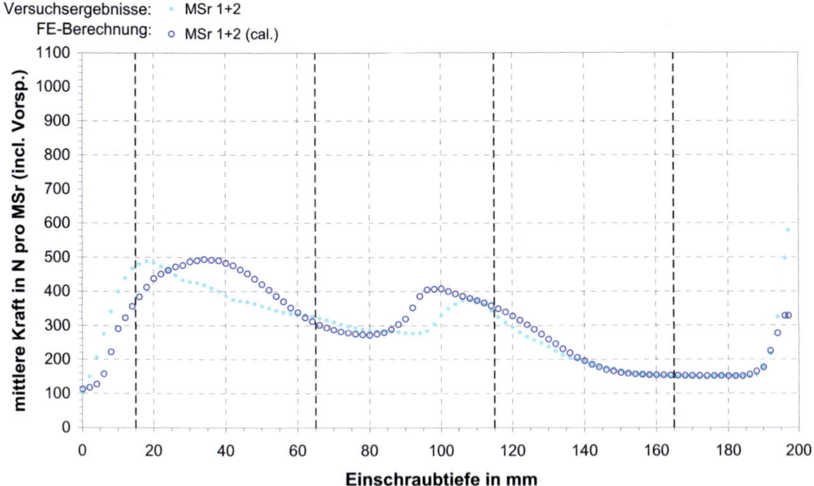

Bild 10-25   Kräfte in den Messschrauben 1/2, Vergleich zwischen Werten aus Versuch und Simulation für Schraubentyp C, Kollektiv 1.2

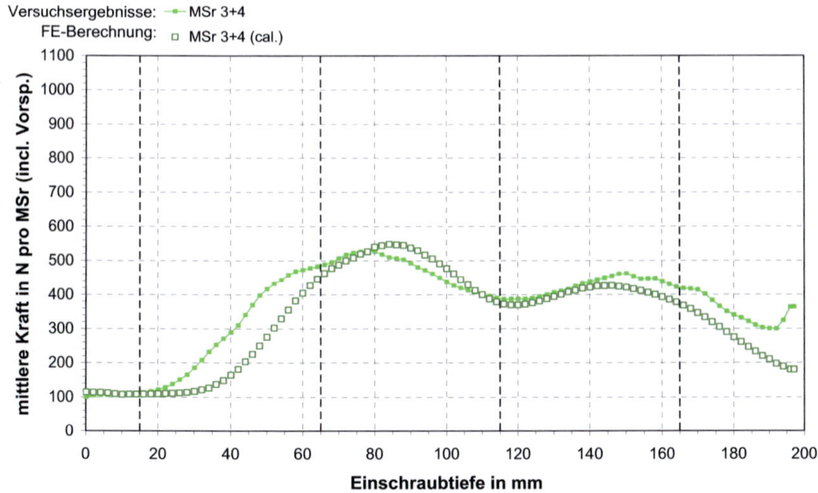

Bild 10-26   Kräfte in den Messschrauben 3/4, Vergleich zwischen Werten aus Versuch und Simulation für Schraubentyp C, Kollektiv 1.2

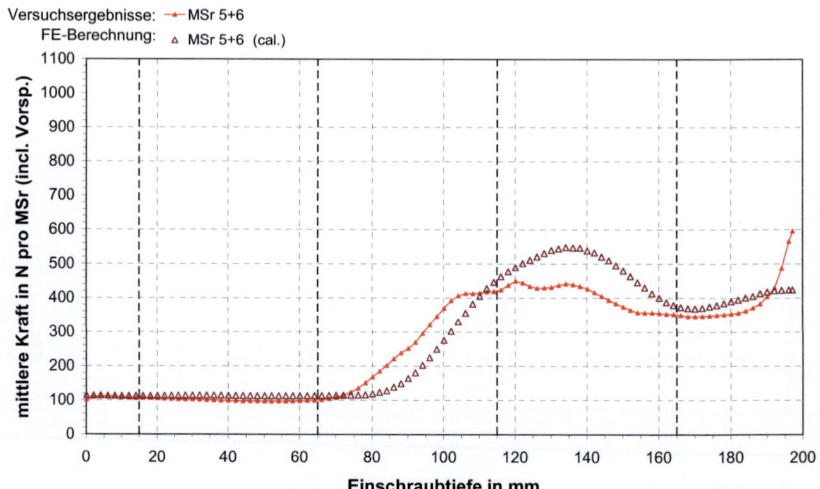

Bild 10-27   Kräfte in den Messschrauben 5/6, Vergleich zwischen Werten aus Versuch und Simulation für Schraubentyp C, Kollektiv 1.2

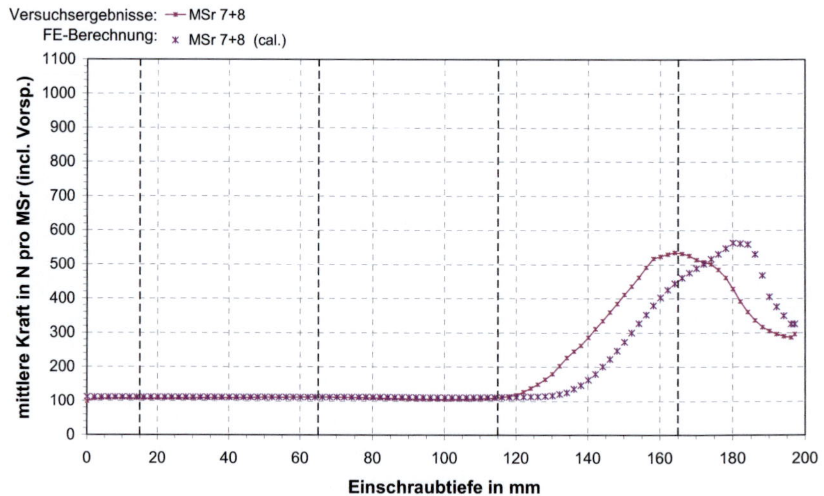

Bild 10-28   Kräfte in den Messschrauben 7/8, Vergleich zwischen Werten aus Versuch und Simulation für Schraubentyp C, Kollektiv 1.2

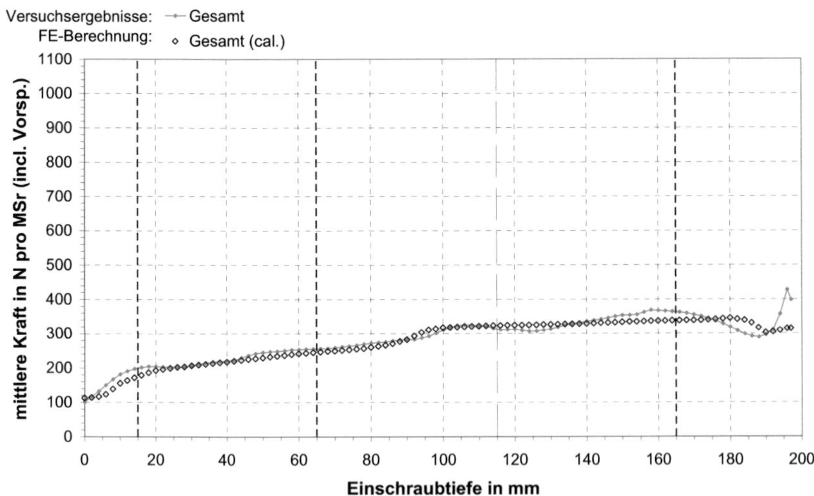

Bild 10-29   Mittlere Gesamtkraft in den Messschrauben 1 bis 8, Vergleich zwischen Werten aus Versuch und Simulation für Schraubentyp C, Kollektiv 1.2

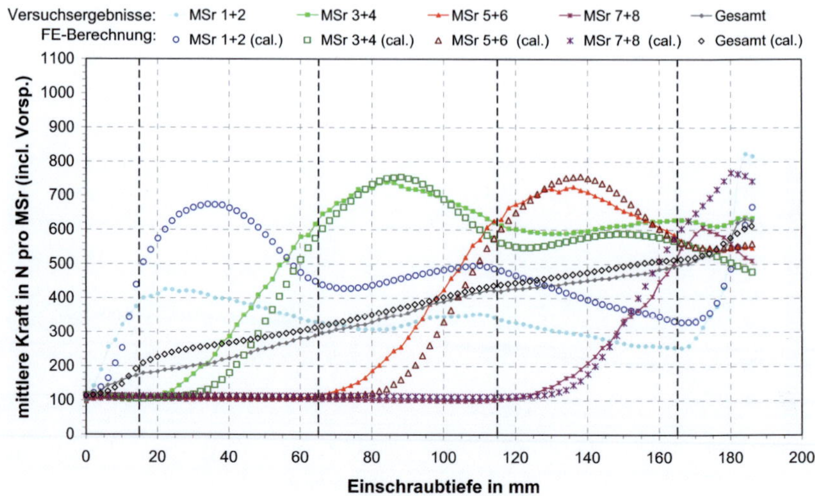

Bild 10-30   Vergleich zwischen Versuchsergebnissen und berechneten Verläufen der Kräfte in den Messschrauben, Schraubentyp A, Kollektiv 1.1

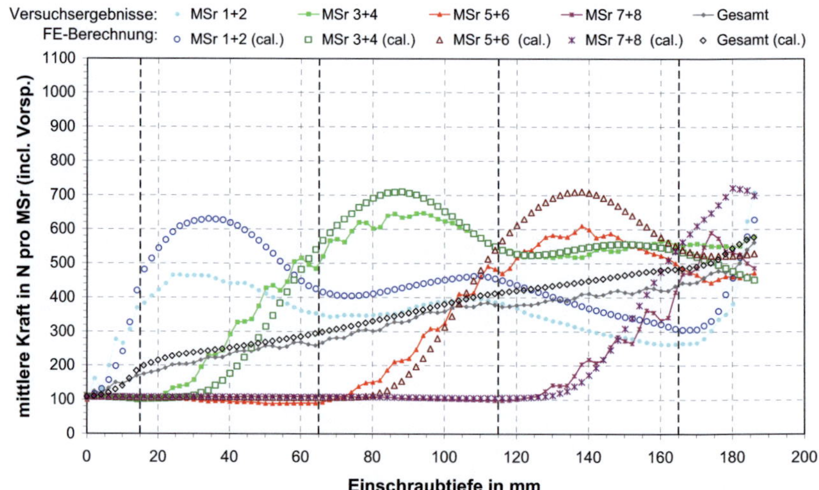

Bild 10-31   Vergleich zwischen Versuchsergebnissen und berechneten Verläufen der Kräfte in den Messschrauben, Schraubentyp A, Kollektiv 2.1

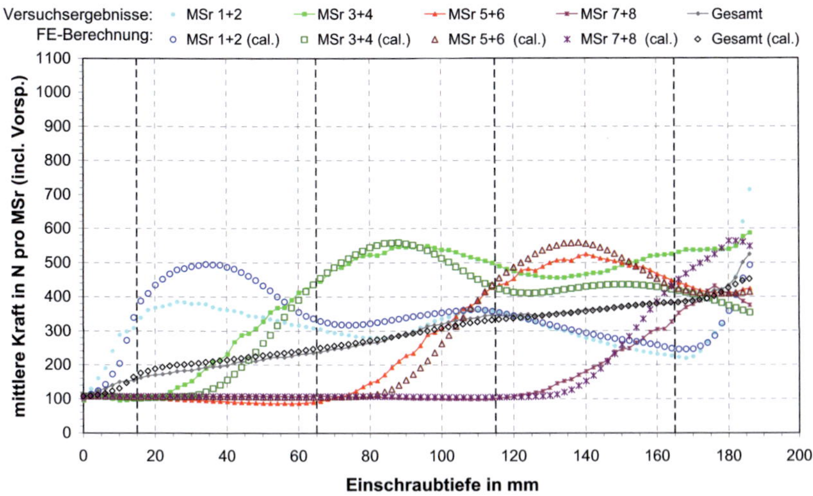

Bild 10-32 Vergleich zwischen Versuchsergebnissen und berechneten Verläufen der Kräfte in den Messschrauben, Schraubentyp A, Kollektiv 2.2

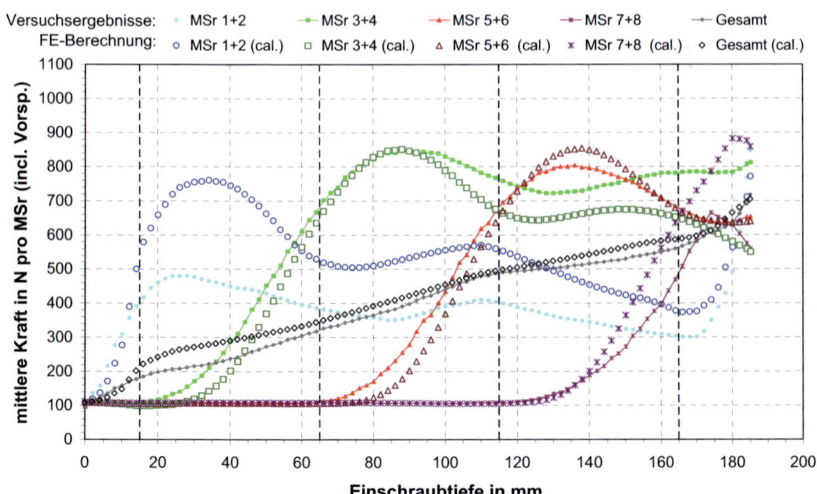

Bild 10-33 Vergleich zwischen Versuchsergebnissen und berechneten Verläufen der Kräfte in den Messschrauben, Schraubentyp A, Kollektiv 3.1

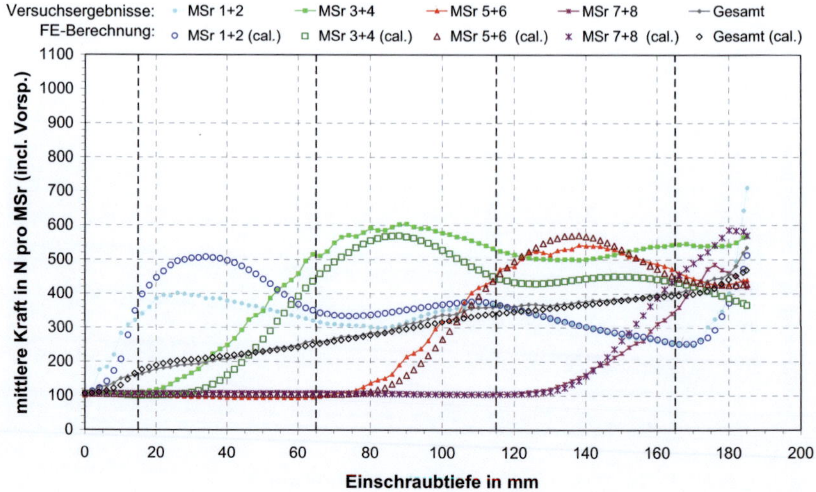

Bild 10-34   Vergleich zwischen Versuchsergebnissen und berechneten Verläufen der Kräfte in den Messschrauben, Schraubentyp A, Kollektiv 3.2

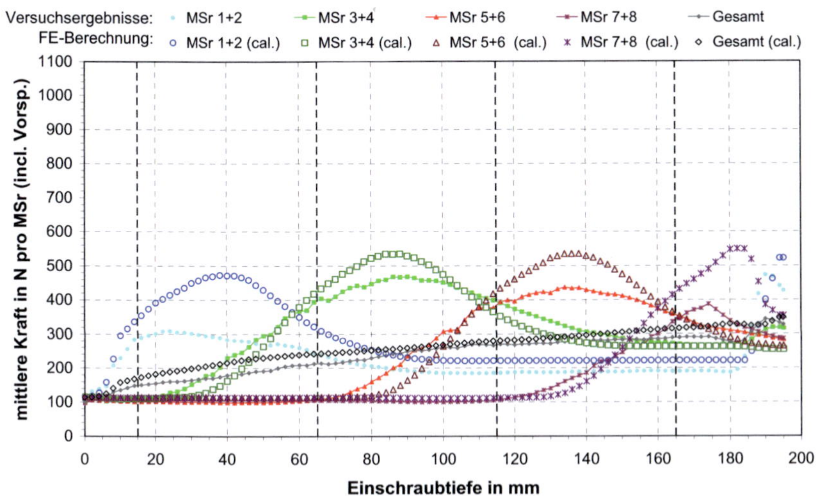

Bild 10-35   Vergleich zwischen Versuchsergebnissen und berechneten Verläufen der Kräfte in den Messschrauben, Schraubentyp B, Kollektiv 1.1

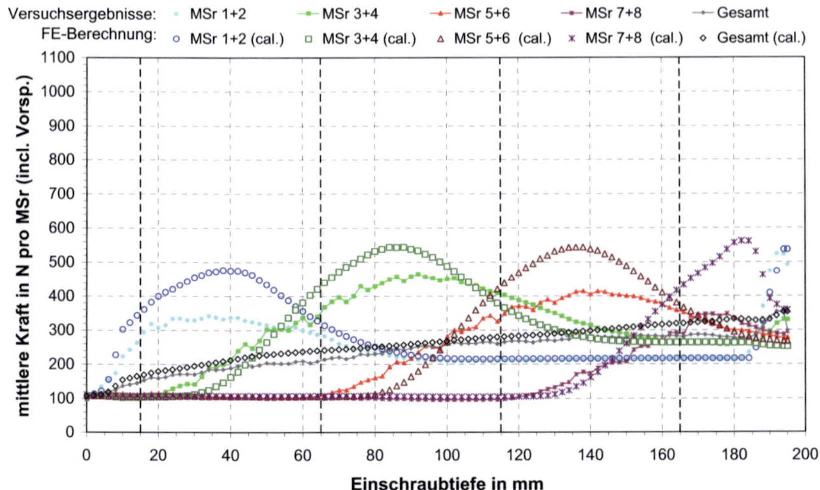

Bild 10-36   Vergleich zwischen Versuchsergebnissen und berechneten Verläufen der Kräfte in den Messschrauben, Schraubentyp B, Kollektiv 2.1

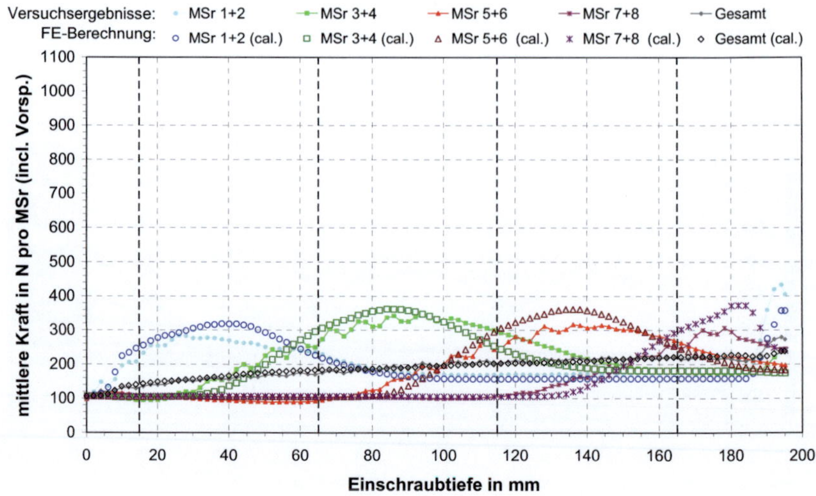

Bild 10-37 Vergleich zwischen Versuchsergebnissen und berechneten Verläufen der Kräfte in den Messschrauben, Schraubentyp B, Kollektiv 2.2

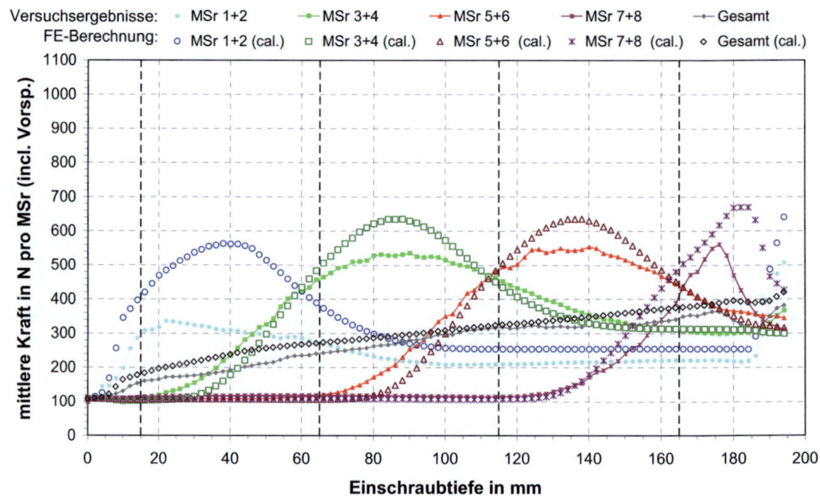

Bild 10-38 Vergleich zwischen Versuchsergebnissen und berechneten Verläufen der Kräfte in den Messschrauben, Schraubentyp B, Kollektiv 3.1

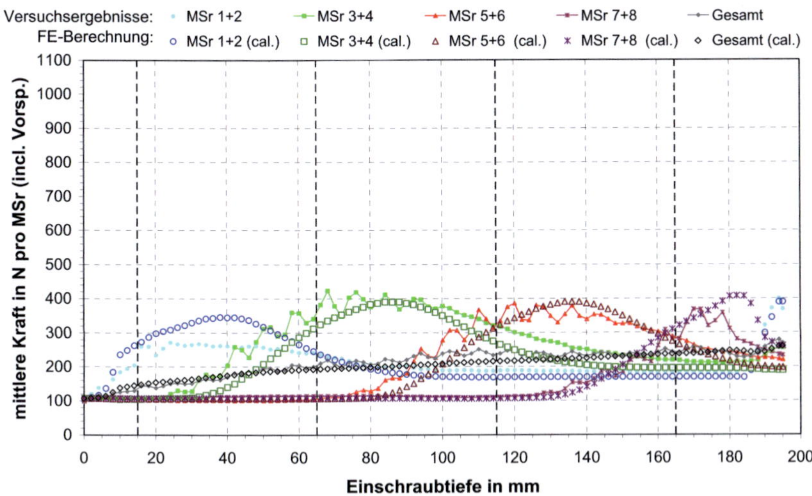

Bild 10-39   Vergleich zwischen Versuchsergebnissen und berechneten Verläufen der Kräfte in den Messschrauben, Schraubentyp B, Kollektiv 3.2

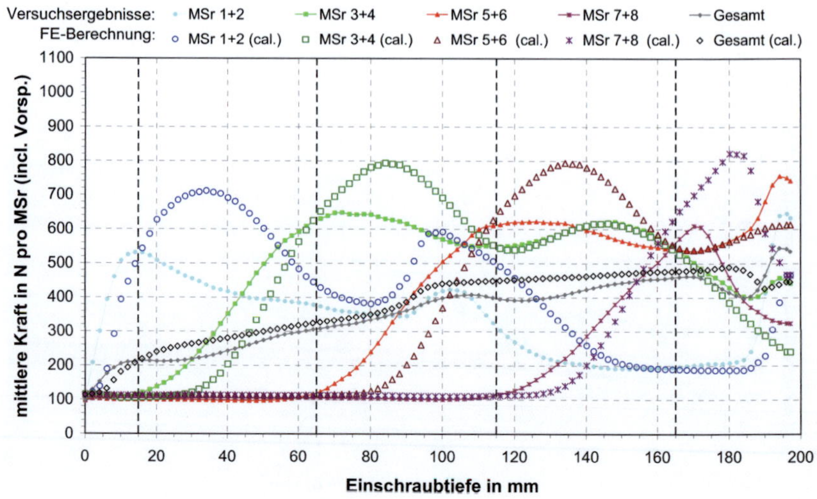

Bild 10-40   Vergleich zwischen Versuchsergebnissen und berechneten Verläufen der Kräfte in den Messschrauben, Schraubentyp C, Kollektiv 1.1

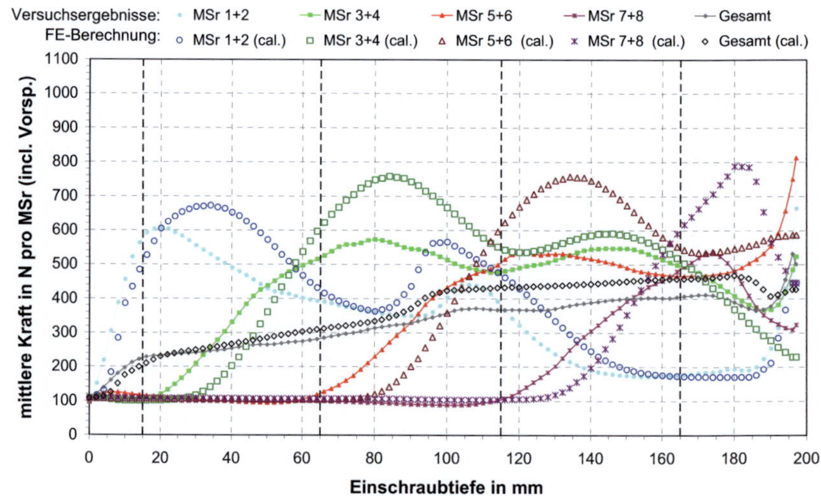

Bild 10-41   Vergleich zwischen Versuchsergebnissen und berechneten Verläufen der Kräfte in den Messschrauben, Schraubentyp C, Kollektiv 2.1

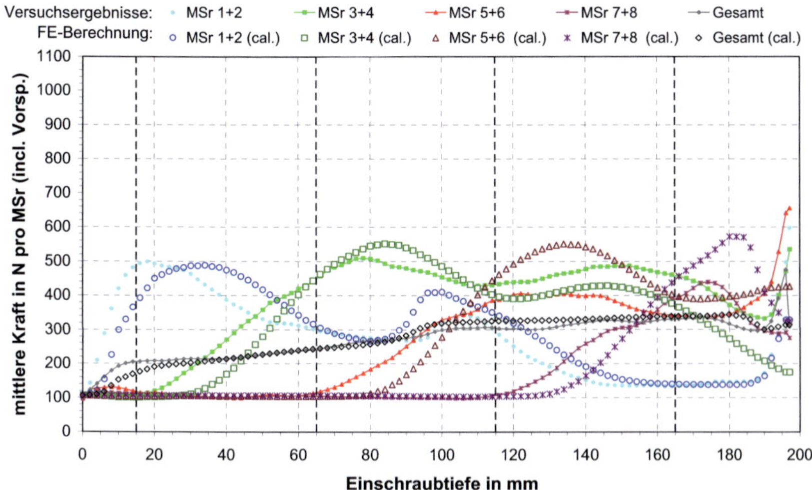

Bild 10-42 Vergleich zwischen Versuchsergebnissen und berechneten Verläufen der Kräfte in den Messschrauben, Schraubentyp C, Kollektiv 2.2

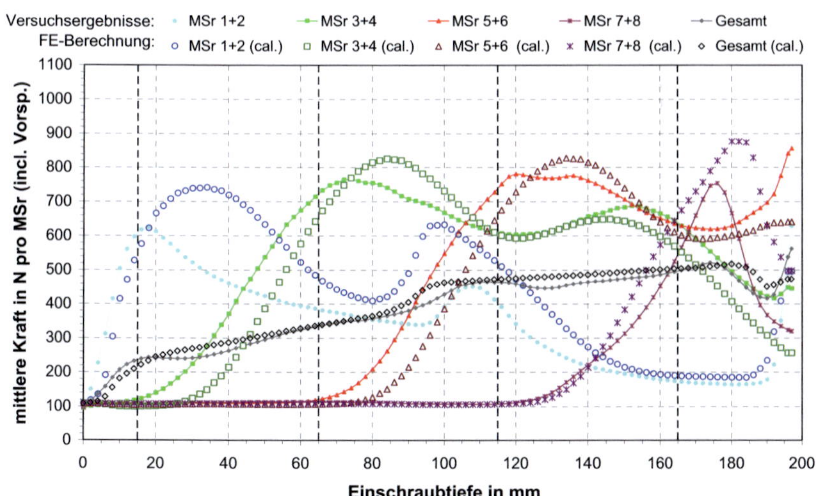

Bild 10-43 Vergleich zwischen Versuchsergebnissen und berechneten Verläufen der Kräfte in den Messschrauben, Schraubentyp C, Kollektiv 3.1

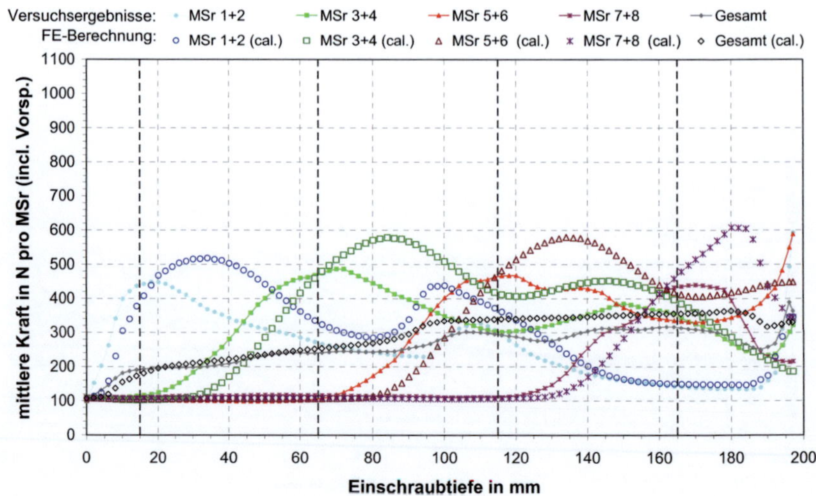

Bild 10-44   Vergleich zwischen Versuchsergebnissen und berechneten Verläufen der Kräfte in den Messschrauben, Schraubentyp C, Kollektiv 3.2

Tabelle 10-42 Für Rissflächenermittlung kalibrierte Grundfunktion der Ersatzlast für den Schraubentyp B, 8 x 200 mm, Bezugsrohdichte ρ_{ref} = 428 kg/m³, Bezugswinkel γ_{ref} = 19°

Position x in mm	Last q_i (x) in N/mm	Position x in mm	Last q_i (x) in N/mm
0 - 5	13,8	100 - 105	6,58
5 - 10	57,4	105 - 110	6,58
10 - 15	28,8	110 - 115	6,58
15 - 20	23,0	115 - 120	6,58
20 - 25	11,5	120 - 125	6,58
25 - 30	11,5	125 - 130	6,58
30 - 35	11,5	130 - 135	6,58
35 - 40	11,5	135 - 140	6,58
40 - 45	11,5	140 - 145	6,58
45 - 50	6,58	145 - 150	6,58
50 - 55	6,58	150 - 155	6,58
55 - 60	6,58	155 - 160	6,58
60 - 65	6,58	160 - 165	6,58
65 - 70	6,58	165 - 170	6,58
70 - 75	6,58	170 - 175	6,58
75 - 80	6,58	175 - 180	6,58
80 - 85	6,58	180 - 185	6,58
85 - 90	6,58	185 - 190	53,5
90 - 95	6,58	190 - 195	45,2
95 - 100	6,58	195 - 196*	45,2

* tatsächliche Länge der verwendeten Schrauben $\ell_{Sr,real}$ = 196 mm

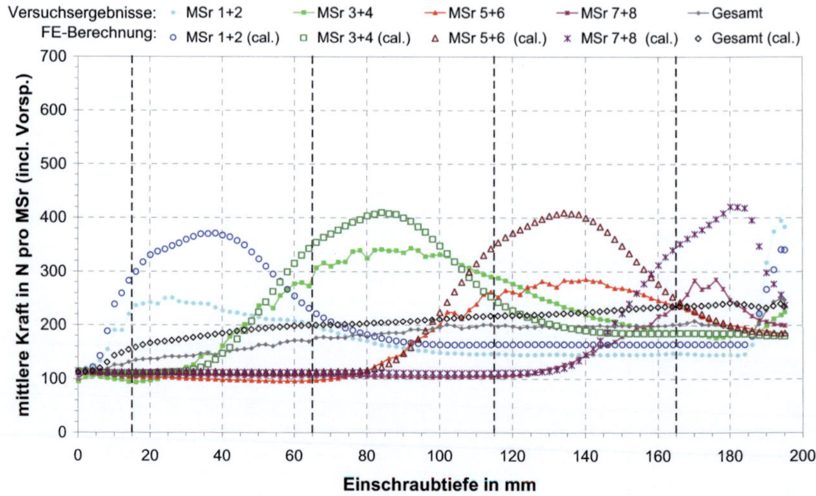

Bild 10-45   Vergleich zwischen Versuchsergebnissen und berechneten Verläufen der Kräfte in den Messschrauben, Schraubentyp B, Kollektiv 1.2, Ersatzlast für Rissflächenermittlung kalibriert

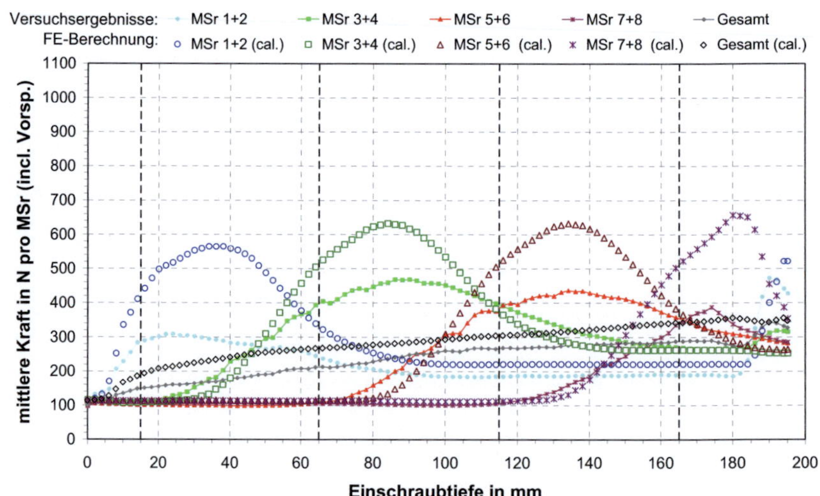

Bild 10-46   Vergleich zwischen Versuchsergebnissen und berechneten Verläufen der Kräfte in den Messschrauben, Schraubentyp B, Kollektiv 1.1, Ersatzlast für Rissflächenermittlung kalibriert

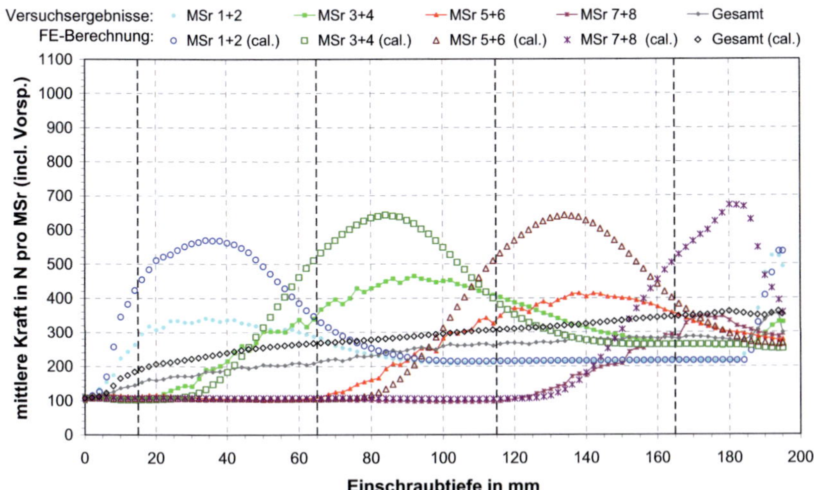

Bild 10-47   Vergleich zwischen Versuchsergebnissen und berechneten Verläufen der Kräfte in den Messschrauben, Schraubentyp B, Kollektiv 2.1, Ersatzlast für Rissflächenermittlung kalibriert

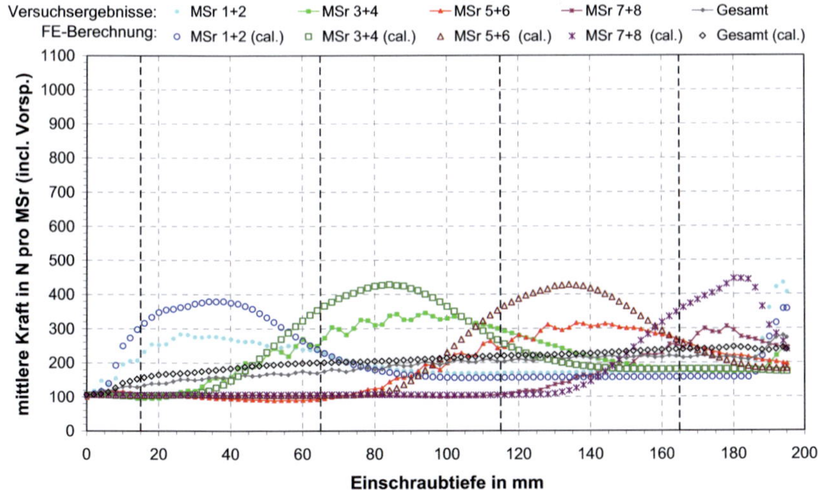

Bild 10-48   Vergleich zwischen Versuchsergebnissen und berechneten Verläufen der Kräfte in den Messschrauben, Schraubentyp B, Kollektiv 2.2, Ersatzlast für Rissflächenermittlung kalibriert

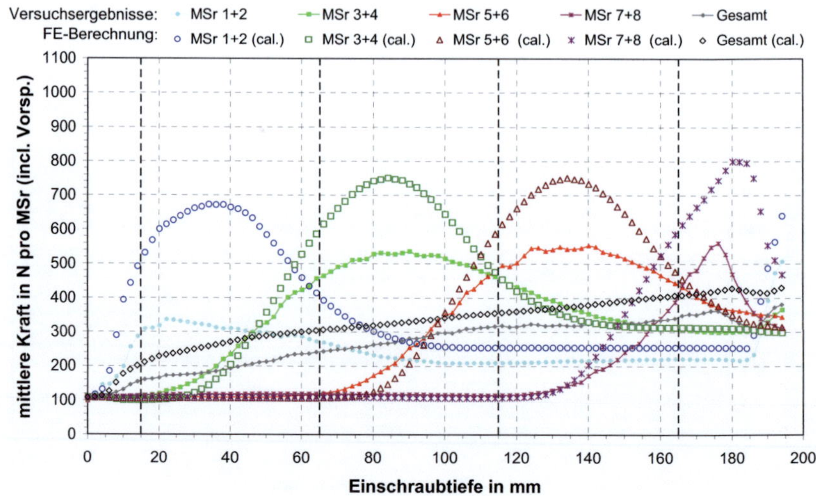

Bild 10-49 Vergleich zwischen Versuchsergebnissen und berechneten Verläufen der Kräfte in den Messschrauben, Schraubentyp B, Kollektiv 3.1, Ersatzlast für Rissflächenermittlung kalibriert

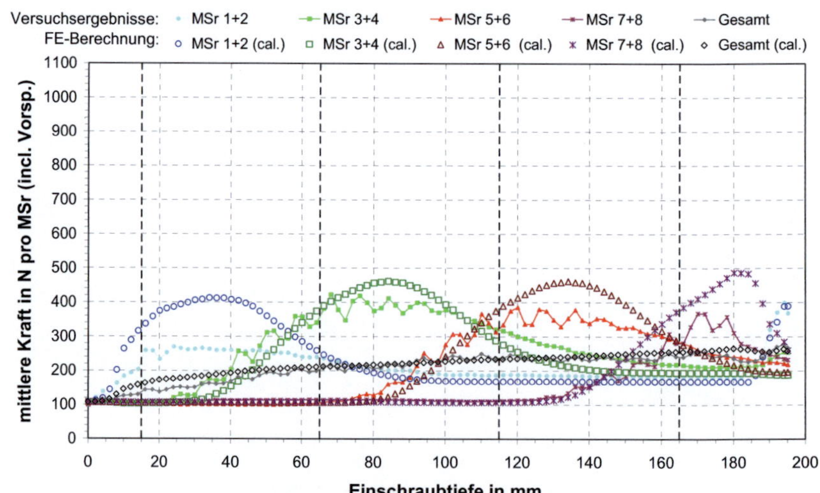

Bild 10-50 Vergleich zwischen Versuchsergebnissen und berechneten Verläufen der Kräfte in den Messschrauben, Schraubentyp B, Kollektiv 3.2, Ersatzlast für Rissflächenermittlung kalibriert

10.5 Anhang zu Abschnitt 4.3

Tabelle 10-43   Übersicht der Tragfähigkeitsversuche mit Verbindungen, Versuchsreihen mit Schraubentyp A

Reihe	Anz.	Schraube			Schraubenbild								Holzdicken	
		Typ	d mm	ℓ/ℓ_{TG} mm	SF	EB	m_{Sr}	n_{Sr}	$a_{1,t}$ mm	a_1 mm	a_2 mm	$a_{2,c}$ mm	t_{SH} mm	t_{MH} mm
A-5_1-12	5	A1[1]	5	80/60	1	A12	1	2	$12 \cdot d$	$5 \cdot d$	-	$3 \cdot d$	24	120
A-5_1-32	5	A1[1]	5	80/60	1	A32	3	2	$12 \cdot d$	$5 \cdot d$	$3 \cdot d$	$3 \cdot d$	24	120
A-8_1-12	5	A1	8	200	1	A12	1	2	$12 \cdot d$	$5 \cdot d$	-	$3 \cdot d$	80	245
A-8_2-12	5	A1	8	350	2	B12	1	2	$12 \cdot d$	$5 \cdot d$	-	$3 \cdot d$	80	190
A-8_1-32	5	A1	8	200	1	A32	3	2	$12 \cdot d$	$5 \cdot d$	$3 \cdot d$	$3 \cdot d$	80	245
A-8_2-32	5	A1	8	350	2	B32	3	2	$12 \cdot d$	$5 \cdot d$	$3 \cdot d$	$3 \cdot d$	80	190
A-12_1-12	5	A1	12	240	1	A12	1	2	$12 \cdot d$	$5 \cdot d$	-	$3 \cdot d$	96	295
A-12_2-12	5	A1	12	400	2	B12	1	2	$12 \cdot d$	$5 \cdot d$	-	$3 \cdot d$	96	203
A-12_1-32	5	A1	12	240	1	A32	3	2	$12 \cdot d$	$5 \cdot d$	$3 \cdot d$	$3 \cdot d$	96	295
A-12_2-32	5	A1	12	400	2	B32	3	2	$12 \cdot d$	$5 \cdot d$	$3 \cdot d$	$3 \cdot d$	96	195
A2-5_1-12	5	A2	5	100/61	1	A12	1	2	$12 \cdot d$	$5 \cdot d$	-	$3 \cdot d$	24	150
A2-6_1-12	5	A2	6	100/61	1	A12	1	2	$12 \cdot d$	$5 \cdot d$	-	$3 \cdot d$	24	150
A2-6_2-12	5	A2	6	120/68	2	B12	1	2	$12 \cdot d$	$5 \cdot d$	-	$3 \cdot d$	80	60
A2-6_1-32	5	A2	6	100/61	1	A32	3	2	$12 \cdot d$	$5 \cdot d$	$3 \cdot d$	$3 \cdot d$	80	150

SF   -   Anzahl der Scherfugen pro Verbindungsmittel

EB   -   Bezeichnung des Einschraubbildes

m_{Sr} -   Anzahl der Schraubenreihen im Anschlussbild

n_{Sr} -   Anzahl der Schrauben pro Schraubenreihe

[1]   -   Schrauben vom Typ A1 mit $d = 5$ mm bestanden aus Edelstahl

Tabelle 10-44 Übersicht der Tragfähigkeitsversuche mit Verbindungen, Versuchsreihen mit Schraubentyp B

Reihe	Anz.	Schraube			Schraubenbild								Holzdicken	
		Typ	d mm	ℓ/ℓ_{TG} mm	SF	EB	m_{Sr}	n_{Sr}	$a_{1,t}$ mm	a_1 mm	a_2 mm	$a_{2,c}$ mm	t_{SH} mm	t_{MH} mm
B-8_2-12	5	B	8	280	2	B12	1	2	$12{\cdot}d$	$5{\cdot}d$	-	$3{\cdot}d$	40	200
B-8_2-32	5	B	8	280	2	B32	3	2	$12{\cdot}d$	$5{\cdot}d$	$3{\cdot}d$	$3{\cdot}d$	40	200
B-8_2-14a	5	B	8	280	2	B14a	1	4	$12{\cdot}d$	$5{\cdot}d$	-	$3{\cdot}d$	40	200
B-8_2-32a	5	B	8	280	2	B32a	3	2	$12{\cdot}d$	$5{\cdot}d$	$3{\cdot}d$	$3{\cdot}d$	40	200

SF   - Anzahl der Scherfugen pro Verbindungsmittel

EB   - Bezeichnung des Einschraubbildes

m_{Sr} - Anzahl der Schraubenreihen im Anschlussbild

n_{Sr} - Anzahl der Schrauben pro Schraubenreihe

Tabelle 10-45   Übersicht der Tragfähigkeitsversuche mit Verbindungen, Versuchsreihen mit Schraubentyp C

Reihe	Anz.	Schraube			Schraubenbild									Holzdicken	
		Typ	d	ℓ/ℓ_{TG}	SF	EB	m_{Sr}	n_{Sr}	$a_{1,t}$	a_1	a_2	$a_{2,c}$		t_{SH}	t_{MH}
			mm	mm					mm	mm	mm	mm		mm	mm
C-6_1-32	5	C	6	140/60	1	A32	3	2	12·d	5·d	3·d	3·d		30	220
C-6_1-34	5	C	6	140/60	1	A34	3	4	12·d	5·d	3·d	3·d		30	220
C-6_2-34	5	C	6	240/60	2	B34	3	4	12·d	5·d	3·d	3·d		30	180
C-8_1-32	5	C	8	200/100	1	A32	3	2	12·d	5·d	3·d	3·d		48	304
C-8_1-34	5	C	8	200/100	1	A34	3	4	12·d	5·d	3·d	3·d		48	304
C-8_2-32	5	C	8	320/100	2	B32	3	2	12·d	5·d	3·d	3·d		48	224

SF   -   Anzahl der Scherfugen pro Verbindungsmittel

EB   -   Bezeichnung des Einschraubbildes

m_{Sr} -   Anzahl der Schraubenreihen im Anschlussbild

n_{Sr} -   Anzahl der Schrauben pro Schraubenreihe

Tabelle 10-46   Übersicht der Tragfähigkeitsversuche mit Verbindungen, Versuchsreihen mit Schraubentyp D-1

Reihe	Anz.	Schraube			Schraubenbild								Holzdicken	
		Typ	d	ℓ/ℓ_{TG}	SF	EB	m_{Sr}	n_{Sr}	$a_{1,t}$	a_1	a_2	$a_{2,c}$	t_{SH}	t_{MH}
			mm	mm					mm	mm	mm	mm	mm	mm
D-8_1-12	5	D	8,9	300	1	A12	1	2	12·d	5·d	-	3·d	89	425
D-8_1-13	5	D	8,9	300	1	A13	1	3	12·d	5·d	-	3·d	107	389

SF   -   Anzahl der Scherfugen pro Verbindungsmittel

EB   -   Bezeichnung des Einschraubbildes

m_{Sr} -   Anzahl der Schraubenreihen im Anschlussbild

n_{Sr} -   Anzahl der Schrauben pro Schraubenreihe

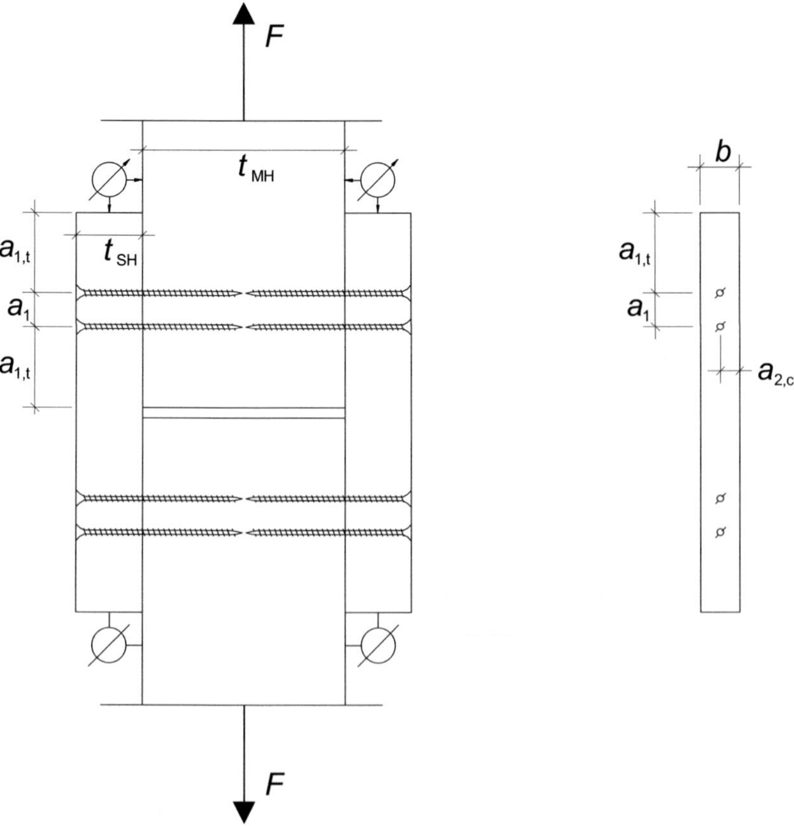

Bild 10-51   Versuchsaufbau der Zug-Scherversuche, Einschraubbild A12

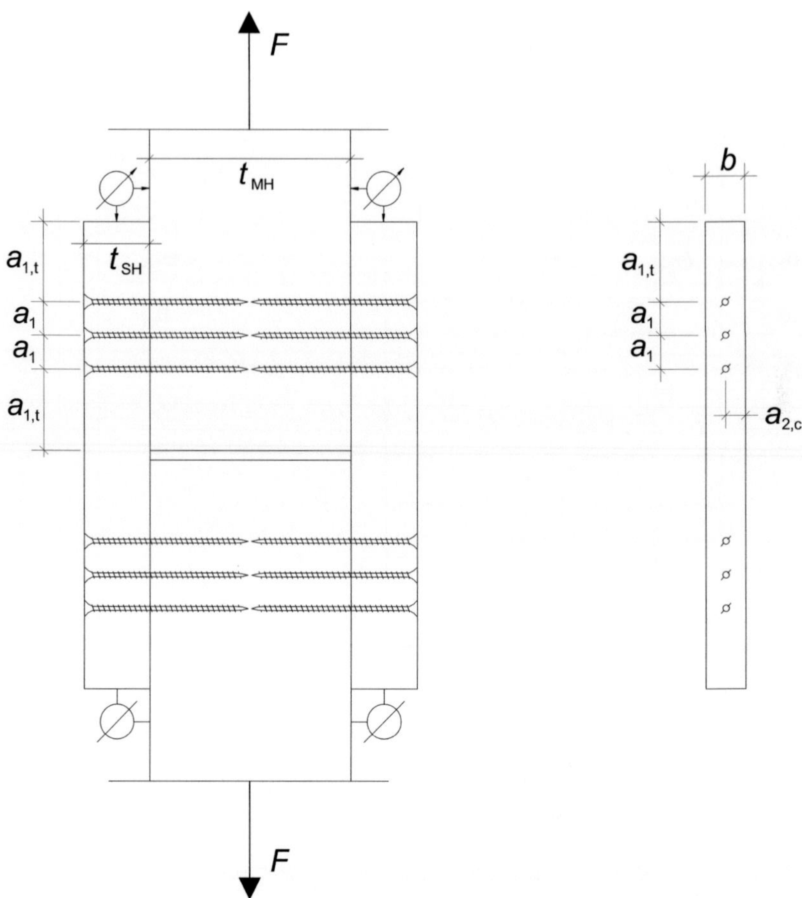

Bild 10-52 Versuchsaufbau der Zug-Scherversuche, Einschraubbild A13

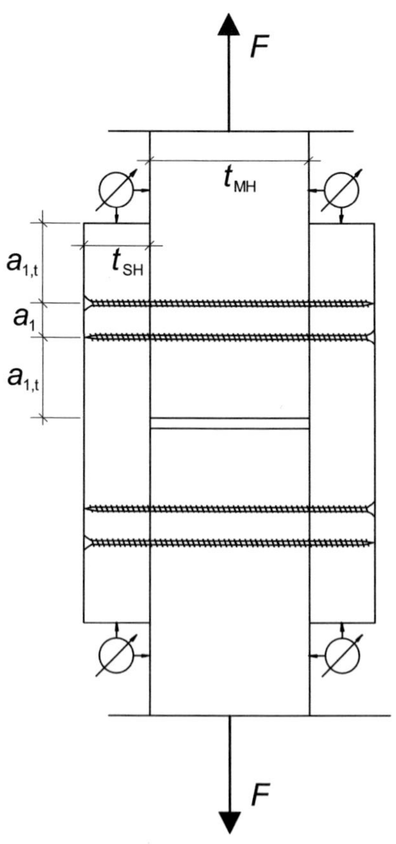
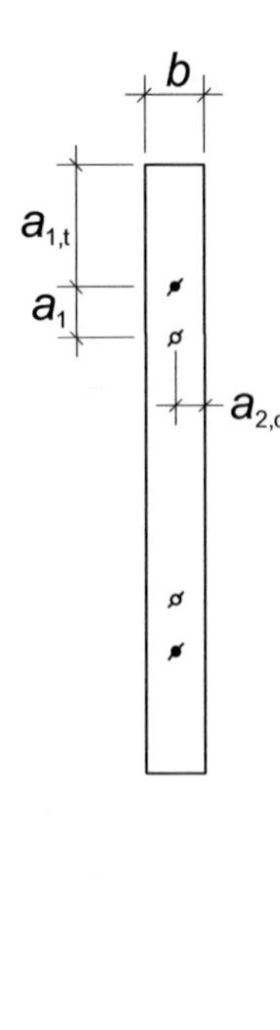

Bild 10-53   Versuchsaufbau der Zug-Scherversuche, Einschraubbild B12

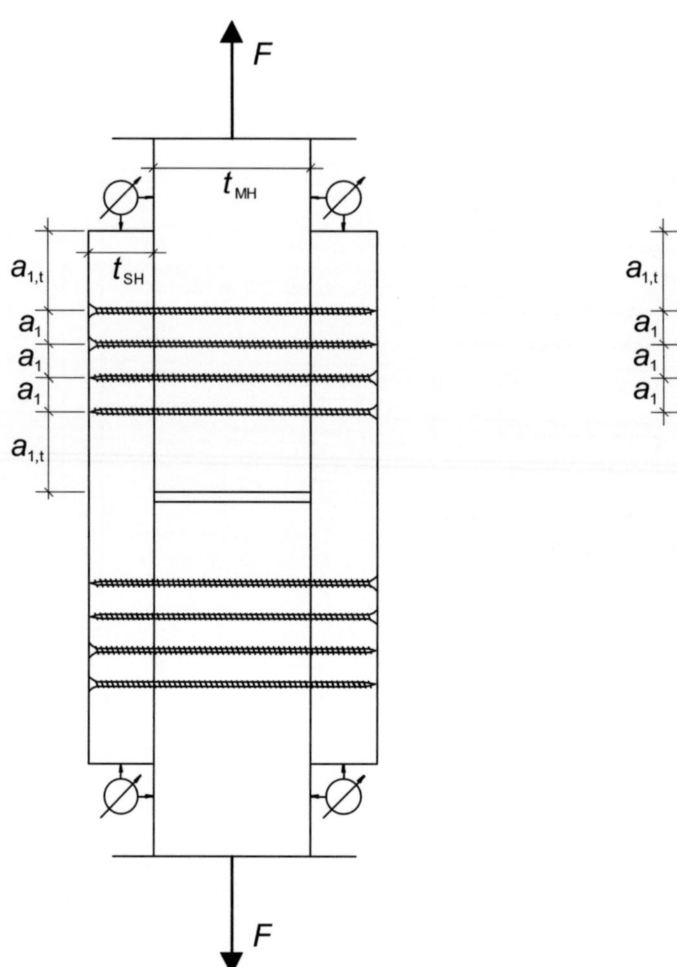

Bild 10-54   Versuchsaufbau der Zug-Scherversuche, Einschraubbild B14a

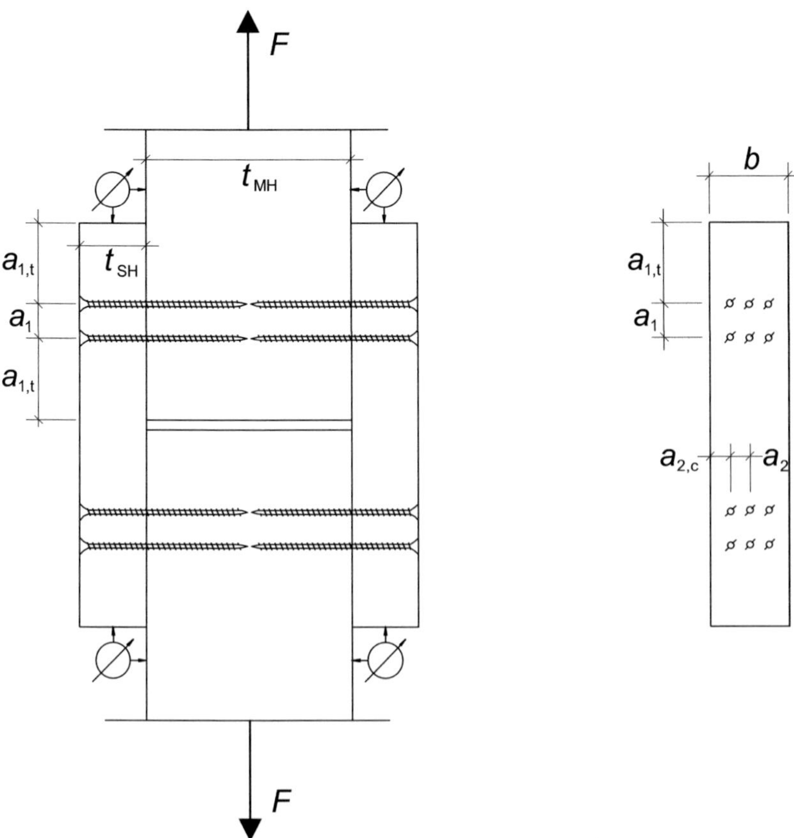

Bild 10-55 Versuchsaufbau der Zug-Scherversuche, Einschraubbild A32

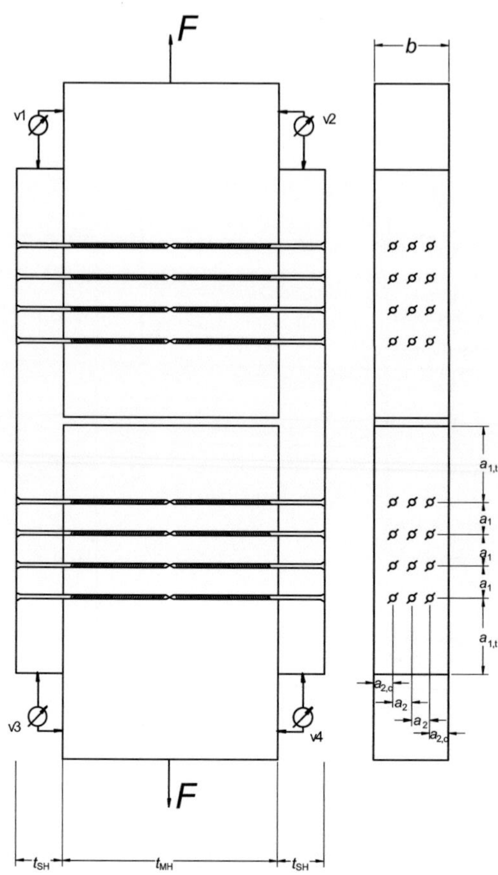

Bild 10-56   Versuchsaufbau der Zug-Scherversuche, Einschraubbild A34

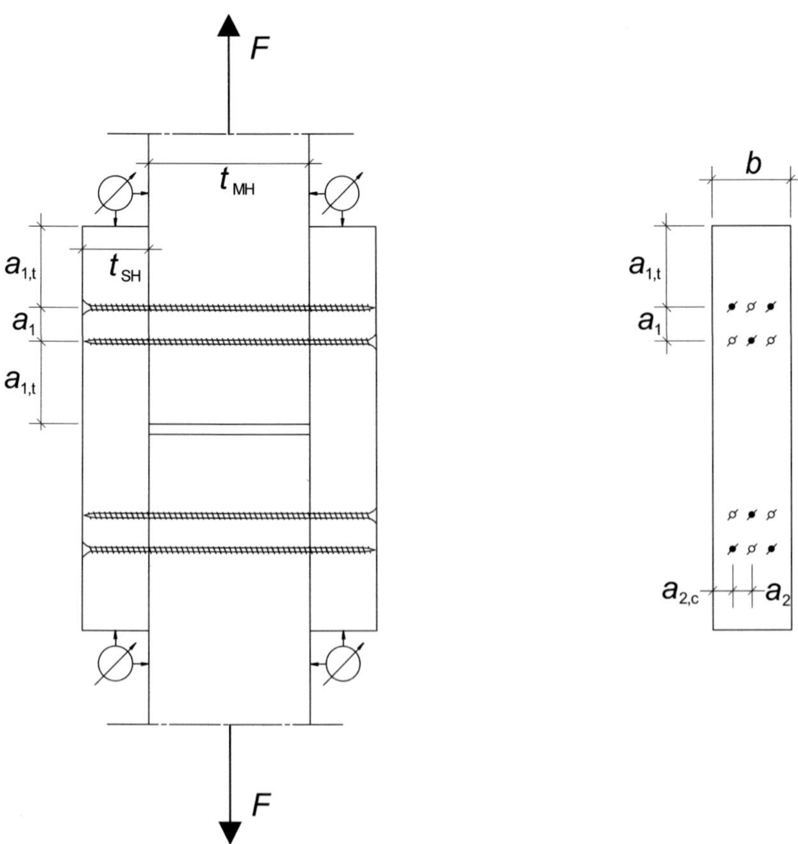

Bild 10-57   Versuchsaufbau der Zug-Scherversuche, Einschraubbild B32

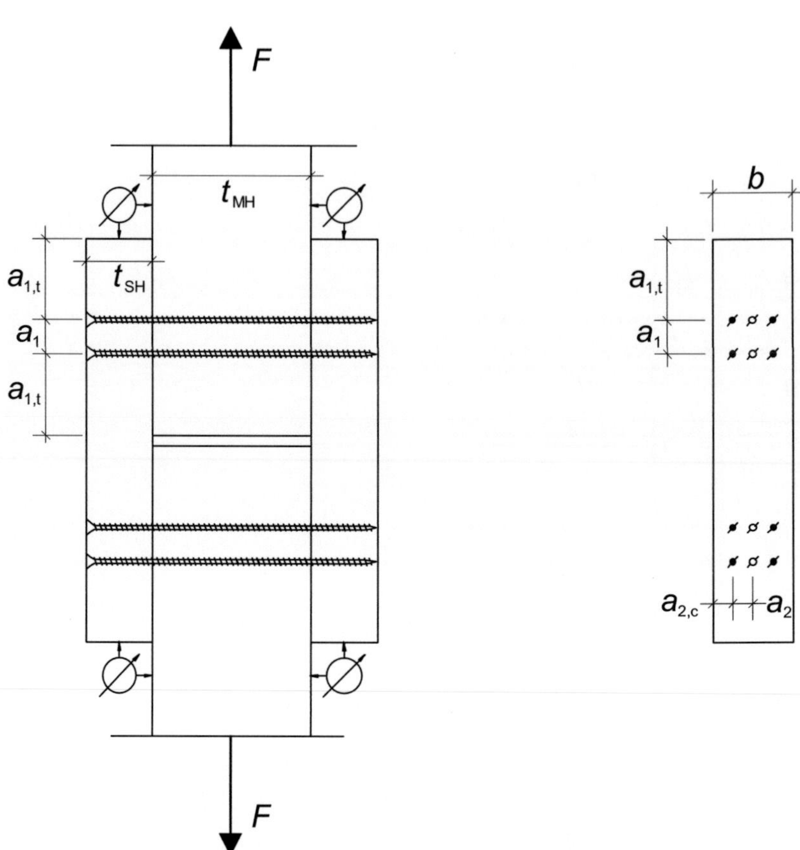

Bild 10-58   Versuchsaufbau der Zug-Scherversuche, Einschraubbild B32a

Tabelle 10-47   Ergebnisse der Zug-Scherversuche mit Schraubentyp A,
Reihen: A-5_1-12 und A-5_1-32

Reihe	Vers.	Pos.	F_{max} kN	$F_{maßg}$ kN	$v_{Fmaßg}$ mm	$\rho_{SH,1}$ kg/m³	$\rho_{SH,2}$ kg/m³	ρ_{MH} kg/m³	Versagens-form
A-5_1-12	1	v1/v3	4,43	4,43	0,98	610	553	552	SP SH
		v2/v4		4,43	1,34			559	
	2	v1/v3	2,69	2,69	0,85	624	623	500	SP SH
		v2/v4		2,62	7,92			579	
	3	v1/v3	3,51	3,51	0,80	553	541	525	SP SH
		v2/v4		3,51	0,94			524	
	4	v1/v3	3,93	3,93	1,63	539	544	491	SP SH
		v2/v4		3,93	1,04			484	
	5	v1/v3	4,85	4,85	2,21	523	513	380	SP SH
		v2/v4		4,85	1,76			493	
A-5_1-32	1	v1/v3	20,38	20,38	5,12	517	522	388	SP SH
		v2/v4		20,38	5,15			394	
	2	v1/v3	18,46	18,46	5,87	561	561	387	SP SH
		v2/v4		18,46	5,43			413	
	3	v1/v3	19,63	19,63	8,43	420	423	386	SP SH
		v2/v4		19,63	12,54			382	
	4	v1/v3	26,09	26,09	9,26	564	580	385	SP SH
		v2/v4		26,09	8,64			553	
	5	v1/v3	21,13	21,13	6,01	472	447	386	SP SH
		v2/v4		21,13	5,26			394	

SH – Seitenholz   Versagensformen: SP   -   Aufspalten

MH – Mittelholz   SPS   -   Aufspalten von Scherfuge ausgehend

                                    v   -   Verschiebung v > 15 mm

Tabelle 10-48 Ergebnisse der Zug-Scherversuche mit Schraubentyp A, Reihen: A-8_1-12, A-8_2-12

Reihe	Vers.	Pos.	F_{max} kN	$F_{maßg}$ kN	$v_{Fmaßg}$ mm	$\rho_{SH,1}$ kg/m³	$\rho_{SH,2}$ kg/m³	ρ_{MH} kg/m³	Versagensform
A-8_1-12	1	v1/v3	22,88	18,73	15,00	367	371	413	v SP SH
		v2/v4		22,88	13,42			418	
	2	v1/v3	24,51	24,51	14,97	363	371	435	v SP MH
		v2/v4		24,51	15,00			419	
	3	v1/v3	20,92	20,92	12,81	396	407	428	SPS SH
		v2/v4		20,92	11,85			427	
	4	v1/v3	17,47	17,47	10,84	423	423	418	SPS SH
		v2/v4		17,47	9,33			427	
	5	v1/v3	23,24	23,24	14,74	429	442	438	SPS SH
		v2/v4		23,24	11,74			436	
A-8_2-12	1	v1/v3	23,94	21,16	15,00	436	462	361	v SP SH
		v2/v4		23,94	10,24			362	
	2	v1/v3	20,30	20,30	9,60	545	575	379	SP SH
		v2/v4		20,30	11,37			386	
	3	v1/v3	15,08	15,08	10,27	489	520	367	SP SH
		v2/v4		15,08	12,05			382	
	4	v1/v3	29,81	27,70	15,00	426	429	345	v SP SH
		v2/v4		27,47	15,00			363	
	5	v1/v3	22,04	22,04	10,26	415	424	352	SP SH
		v2/v4		22,04	12,13			344	

SH – Seitenholz
MH – Mittelholz

Versagensformen:
SP – Aufspalten
SPS – Aufspalten von Scherfuge ausgehend
v – Verschiebung $v > 15$ mm

Tabelle 10-49   Ergebnisse der Zug-Scherversuche mit Schraubentyp A,
                 Reihen: A-8_1-32, A-8_2-32

Reihe	Vers.	Pos.	F_{max} kN	$F_{maßg}$ kN	$v_{Fmaßg}$ mm	$\rho_{SH,1}$ kg/m³	$\rho_{SH,2}$ kg/m³	ρ_{MH} kg/m³	Versagens-form
A-8_1-32	1	v1/v3	81,94	66,69	15,00	360	358	443	v
		v2/v4		71,99	15,00			438	SP MH
	2	v1/v3	75,50	67,62	15,00	373	365	448	v
		v2/v4		67,62	15,00			431	SP MH
	3	v1/v3	81,08	72,52	15,00	376	375	436	v
		v2/v4		73,46	15,00			442	SP MH
	4	v1/v3	79,72	73,57	15,00	402	404	457	v
		v2/v4		74,29	15,00			441	SPS SH
	5	v1/v3	81,46	72,69	15,00	442	456	460	v
		v2/v4		75,57	15,00			444	SP MH
A-8_2-32	1	v1/v3	87,99	70,33	15,00	422	415	353	v
		v2/v4		72,37	15,00			351	
	2	v1/v3	82,55	73,52	15,00	453	449	379	v
		v2/v4		73,52	15,00			375	
	3	v1/v3	82,24	71,96	15,00	420	416	379	v
		v2/v4		73,94	15,00			370	SP SH
	4	v1/v3	92,07	85,62	15,00	454	515	438	v
		v2/v4		76,68	15,00			381	SP SH
	5	v1/v3	87,17	81,72	15,00	411	422	385	v
		v2/v4		84,58	15,00			343	SP SH

SH – Seitenholz	Versagensformen:	SP	-	Aufspalten
MH – Mittelholz		SPS	-	Aufspalten von Scherfuge ausgehend
		v	-	Verschiebung $v > 15$ mm

Tabelle 10-50   Ergebnisse der Zug-Scherversuche mit Schraubentyp A,
Reihen: A-12_1-12, A-12_2-12

Reihe	Vers.	Pos.	F_{max} kN	$F_{maßg}$ kN	$V_{Fmaßg}$ mm	$\rho_{SH,1}$ kg/m³	$\rho_{SH,2}$ kg/m³	ρ_{MH} kg/m³	Versagens-form
A-12_1-12	1	v1/v3	41,01	38,82	15,00	394	414	424	v
		v2/v4		36,58	15,00			405	SP MH
	2	v1/v3	40,59	33,05	15,00	380	409	392	v
		v2/v4		33,05	15,00			389	SP MH
	3	v1/v3	37,57	36,98	15,00	388	430	447	v
		v2/v4		35,38	15,00			433	SP MH/SH
	4	v1/v3	22,41	22,41	4,53	470	461	412	SP SH
		v2/v4		22,41	3,54			422	
	5	v1/v3	37,58	34,87	15,00	579	580	420	v
		v2/v4		37,58	12,97			439	SP MH/SH
A-12_2-12	1	v1/v3	43,95	38,44	15,00	384	408	456	v
		v2/v4		40,90	15,00			466	
	2	v1/v3	42,59	42,59	13,42	413	415	456	v
		v2/v4		42,59	15,00			452	
	3	v1/v3	34,04	34,04	10,12	462	466	510	SP SH
		v2/v4		34,04	10,74			528	
	4	v1/v3	31,44	31,44	10,77	520	486	520	SP SH
		v2/v4		31,44	9,59			523	
	5	v1/v3	27,59	27,59	6,05	481	473	519	SP SH
		v2/v4		27,59	7,38			516	

SH – Seitenholz
MH – Mittelholz

Versagensformen:
SP   - Aufspalten
SPS   - Aufspalten von Scherfuge ausgehend
v   - Verschiebung $v > 15$ mm

Tabelle 10-51   Ergebnisse der Zug-Scherversuche mit Schraubentyp A,
                 Reihen: A-12_1-32, A-12_2-32

Reihe	Vers.	Pos.	F_{max} kN	$F_{maßg}$ kN	$v_{Fmaßg}$ mm	$\rho_{SH,1}$ kg/m³	$\rho_{SH,2}$ kg/m³	ρ_{MH} kg/m³	Versagens-form
A-12_1-32	1	v1/v3	140,49	131,07	15,00	399	404	401	v
		v2/v4		118,45	15,00			396	
	2	v1/v3	133,26	131,03	15,00	420	433	409	v SP SH
		v2/v4		131,03	15,00			412	
	3	v1/v3	141,88	136,37	15,00	386	436	425	v SP SH
		v2/v4		128,89	15,00			411	
	4	v1/v3	125,16	123,04	15,00	445	465	420	v SP SH
		v2/v4		122,64	15,00			419	
	5	v1/v3	131,47	119,63	15,00	467	484	435	v SP SH
		v2/v4		126,77	15,00			452	
A-12_2-32	1	v1/v3	136,23	136,23	14,63	470	463	447	v ZV SH
		v2/v4		132,89	15,00			421	
	2	v1/v3	149,60	130,69	15,00	410	408	384	v SP MH
		v2/v4		130,69	15,00			389	
	3	v1/v3	151,57	135,60	15,00	416	427	417	v SP SH
		v2/v4		143,95	15,00			407	
	4	v1/v3	166,76	144,19	15,00	427	426	446	v
		v2/v4		130,06	15,00			432	
	5	v1/v3	134,91	118,48	15,00	428	456	443	v SP SH
		v2/v4		128,07	15,00			444	

SH – Seitenholz MH – Mittelholz	Versagensformen:	SP - Aufspalten SPS - Aufspalten von Scherfuge ausgehend v - Verschiebung v > 15 mm ZV - Zugversagen

Tabelle 10-52   Ergebnisse der Zug-Scherversuche mit Schraubentyp A-2, Reihen: A2-5_1-12

Reihe	Vers.	Pos.	F_{max} kN	$F_{maßg}$ kN	$v_{Fmaßg}$ mm	$\rho_{SH,1}$ kg/m³	$\rho_{SH,2}$ kg/m³	ρ_{MH} kg/m³	Versagens-form
A-5_1-12	1	v1/v3	5,55	5,55	2,44	532	542	472	SP SH
		v2/v4		5,55	2,22			449	
	2	v1/v3	5,97	5,97	2,82	542	539	555	SP SH
		v2/v4		5,97	3,03			456	
	3	v1/v3	5,15	5,15	1,02	558	540	468	SP SH
		v2/v4		5,15	2,42			479	
	4	v1/v3	5,55	5,55	3,38	551	553	465	SP SH
		v2/v4		5,55	3,35			465	
	5	v1/v3	5,36	5,36	1,43	553	584	574	SP SH
		v2/v4		5,36	2,11			573	

SH – Seitenholz
MH – Mittelholz

Versagensformen:
SP - Aufspalten
SPS - Aufspalten von Scherfuge ausgehend
v - Verschiebung $v > 15$ mm

Tabelle 10-53   Ergebnisse der Zug-Scherversuche mit Schraubentyp A-2,
                Reihen: A2-6_1-12, A2-6_2-12, A2-6_1-32

Reihe	Vers.	Pos.	F_{max} kN	$F_{maßg}$ kN	$v_{Fmaßg}$ mm	$\rho_{SH,1}$ kg/m³	$\rho_{SH,2}$ kg/m³	ρ_{MH} kg/m³	Versagens-form
A2-6_1-12	1	v1/v3	9,25	9,25	4,31	455	466	468	SP SH
		v2/v4		9,25	5,06			456	
	2	v1/v3	8,98	8,98	2,87	485	482	482	SP SH
		v2/v4		8,98	2,32			469	
	3	v1/v3	6,75	6,75	0,71	483	466	478	SP SH
		v2/v4		6,75	1,70			480	
	4	v1/v3	7,25	7,25	1,54	497	490	477	SP SH
		v2/v4		7,25	1,10			482	
	5	v1/v3	9,02	9,02	2,63	470	466	493	SP SH
		v2/v4		9,02	3,09			504	
A2-6_2-12	1	v1/v3	28,62	28,62	7,33	454	450	426	SP SH
		v2/v4		28,62	7,38			413	
	2	v1/v3	24,62	24,62	7,82	485	475	424	SP SH
		v2/v4		24,62	8,81			427	
	3	v1/v3	24,87	24,87	3,68	508	501	472	SP SH
		v2/v4		24,87	4,37			493	
	4	v1/v3	29,19	29,19	6,49	477	487	471	SP SH
		v2/v4		29,19	5,20			478	
	5	v1/v3	28,15	28,15	4,69	476	477	465	SP SH
		v2/v4		28,15	3,50			462	
A2-6_1-32	1	v1/v3	8,28	8,28	4,14	468	463	501	SP SH
		v2/v4		8,28	5,02			496	
	2	v1/v3	7,80	7,80	2,32	472	479	523	SP SH
		v2/v4		7,80	2,60			521	
	3	v1/v3	8,48	8,48	3,11	524	500	537	SP SH
		v2/v4		8,48	2,46			531	
	4	v1/v3	8,38	8,38	2,37	522	532	547	SP SH
		v2/v4		8,38	2,17			543	
	5	v1/v3	8,19	8,19	2,44	429	462	442	SP SH
		v2/v4		8,19	3,46			479	

SH – Seitenholz	Versagensformen:	SP	-	Aufspalten
MH – Mittelholz		SPS	-	Aufspalten von Scherfuge ausgehend
		v	-	Verschiebung $v > 15$ mm

Tabelle 10-54 Ergebnisse der Zug-Scherversuche mit Schraubentyp B,
Reihen: B-8_2-12, B-8_2-32

Reihe	Vers.	Pos.	F_{max} kN	$F_{maßg}$ kN	$v_{Fmaßg}$ mm	$\rho_{SH,1}$ kg/m³	$\rho_{SH,2}$ kg/m³	ρ_{MH} kg/m³	Versagens-form
B-8_2-12	1	v1/v3	12,56	12,56	4,20	466	474	400	SP SH
		v2/v4		12,56	5,83			380	
	2	v1/v3	10,66	10,66	2,57	519	558	447	SP SH
		v2/v4		10,66	2,55			464	
	3	v1/v3	13,11	13,11	6,25	472	500	454	SP SH
		v2/v4		13,11	5,37			456	
	4	v1/v3	11,09	11,09	2,53	505	494	522	SP SH
		v2/v4		11,09	3,58			524	
	5	v1/v3	12,34	12,34	4,30	521	523	535	SP SH
		v2/v4		12,34	3,60			530	
B-8_2-32	1	v1/v3	50,44	50,44	14,79	455	441	459	SP SH
		v2/v4		50,44	12,14			424	
	2	v1/v3	41,15	41,15	8,80	473	484	452	SP SH
		v2/v4		41,15	5,63			502	
	3	v1/v3	48,85	46,64	15,00	476	461	474	v SP SH
		v2/v4		48,85	10,57			488	
	4	v1/v3	50,59	50,59	12,39	494	484	504	SP SH
		v2/v4		50,59	12,24			503	
	5	v1/v3	52,08	52,08	13,97	523	519	502	SP SH
		v2/v4		52,08	13,23			510	

SH – Seitenholz	Versagensformen:	SP	- Aufspalten
MH – Mittelholz		SPS	- Aufspalten von Scherfuge ausgehend
		v	- Verschiebung $v > 15$ mm

Tabelle 10-55   Ergebnisse der Zug-Scherversuche mit Schraubentyp B,
Reihen: B-8_2-14a, B-8_2-32a

Reihe	Vers.	Pos.	F_{max} kN	$F_{maßg}$ kN	$v_{Fmaßg}$ mm	$\rho_{SH,1}$ kg/m³	$\rho_{SH,2}$ kg/m³	ρ_{MH} kg/m³	Versagensform
B-8_2-14a	1	v1/v3	15,13	15,13	3,71	469	524	380	SP SH
		v2/v4		15,13	1,73			390	
	2	v1/v3	16,18	16,18	2,62	467	476	411	SP SH
		v2/v4		16,18	2,45			408	
	3	v1/v3	12,47	12,47	1,63	500	499	456	SP SH
		v2/v4		12,47	0,95			453	
	4	v1/v3	19,28	19,28	3,06	481	523	524	SP SH
		v2/v4		19,28	3,13			514	
	5	v1/v3	16,00	16,00	1,96	525	580	535	SP SH
		v2/v4		16,00	1,17			521	
B-8_2-32a	1	v1/v3	49,30	49,30	14,78	468	455	446	SP SH
		v2/v4		49,30	13,09			445	
	2	v1/v3	39,48	39,48	5,30	463	459	459	SP SH
		v2/v4		39,48	5,39			473	
	3	v1/v3	54,75	54,75	13,80	476	455	488	SP SH
		v2/v4		54,75	14,67			490	
	4	v1/v3	53,98	52,27	15,00	524	477	501	v
		v2/v4		53,98	13,70			501	SP SH
	5	v1/v3	46,62	46,62	7,46	545	524	509	SP SH
		v2/v4		46,62	11,27			530	

SH – Seitenholz	Versagensformen:	SP	-	Aufspalten
MH – Mittelholz		SPS	-	Aufspalten von Scherfuge ausgehend
		v	-	Verschiebung $v > 15$ mm

Tabelle 10-56 Ergebnisse der Zug-Scherversuche mit Schraubentyp C,
Reihen: C-6_1-32, C-6_1-34, C-6_2-34

Reihe	Vers.	Pos.	F_{max} kN	$F_{maßg}$ kN	$v_{Fmaßg}$ mm	$\rho_{SH,1}$ kg/m³	$\rho_{SH,2}$ kg/m³	ρ_{MH} kg/m³	Versagensform
C-6_1-32	1	v1/v3	27,34	27,34	3,81	515	583	500	SP SH
		v2/v4		27,34	3,90			469	
	2	v1/v3	25,57	25,57	7,58	400	435	419	SP SH
		v2/v4		25,57	10,71			412	
	3	v1/v3	25,70	25,70	6,90	430	424	415	SP SH
		v2/v4		25,70	5,83			423	
	4	v1/v3	24,31	24,31	4,60	443	463	410	SP SH
		v2/v4		24,31	4,07			420	
	5	v1/v3	29,06	29,06	5,29	456	447	449	SP SH
		v2/v4		29,06	4,78			448	
C-6_1-34	1	v1/v3	43,57	43,57	3,37	454	425	449	SP SH
		v2/v4		43,57	4,40			432	
	2	v1/v3	43,15	43,15	5,56	399	380	459	SP SH
		v2/v4		43,15	5,49			458	
	3	v1/v3	37,14	37,14	3,87	411	416	451	SP SH
		v2/v4		37,14	4,37			456	
	4	v1/v3	40,57	40,57	3,21	460	516	457	SP SH
		v2/v4		40,57	3,31			460	
	5	v1/v3	43,71	43,71	4,09	417	437	456	SP SH
		v2/v4		43,71	6,18			477	
C-6_2-34	1	v1/v3	46,85	46,85	7,13	442	453	409	SP SH
		v2/v4		46,85	6,03			398	
	2	v1/v3	44,91	44,91	10,06	397	377	405	SP SH
		v2/v4		44,91	7,79			404	
	3	v1/v3	43,59	43,59	6,76	419	434	433	SP SH
		v2/v4		43,59	10,71			439	
	4	v1/v3	42,52	42,52	3,97	432	440	453	SP SH
		v2/v4		42,52	4,29			433	
	5	v1/v3	38,53	38,53	3,12	441	444	457	SP SH
		v2/v4		38,53	3,57			444	

SH – Seitenholz
MH – Mittelholz

Versagensformen:
SP - Aufspalten
SPS - Aufspalten von Scherfuge ausgehend
v - Verschiebung $v > 15$ mm

Tabelle 10-57 Ergebnisse der Zug-Scherversuche mit Schraubentyp C, Reihen: C-8_1-32, C-8_1-34, C-8_2-32

Reihe	Vers.	Pos.	F_{max} kN	$F_{maßg}$ kN	$V_{Fmaßg}$ mm	$\rho_{SH,1}$ kg/m³	$\rho_{SH,2}$ kg/m³	ρ_{MH} kg/m³	Versagensform
C-8_1-32	1	v1/v3	41,63	41,18	14,72	427	414	421	v SP SH
		v2/v4		40,82	15,00			463	
	2	v1/v3	42,63	42,63	8,69	414	467	444	SP SH
		v2/v4		42,63	8,70			458	
	3	v1/v3	45,74	45,74	9,97	462	471	462	SP SH
		v2/v4		45,74	7,59			426	
	4	v1/v3	40,24	40,24	5,54	514	515	438	SP SH
		v2/v4		40,24	7,03			441	
	5	v1/v3	45,81	45,81	6,90	518	502	468	SP SH
		v2/v4		45,81	8,47			441	
C-8_1-34	1	v1/v3	63,64	63,64	3,80	513	502	433	SP SH
		v2/v4		63,64	4,14			438	
	2	v1/v3	66,57	66,57	4,24	520	547	419	SP SH
		v2/v4		66,57	3,82			419	
	3	v1/v3	56,35	56,35	3,29	521	531	462	SP SH
		v2/v4		56,35	3,49			451	
	4	v1/v3	67,43	67,43	3,46	520	513	457	SP SH
		v2/v4		67,43	4,35			455	
	5	v1/v3	59,35	59,35	2,85	512	549	442	SP SH
		v2/v4		59,35	3,27			450	
C-8_2-32	1	v1/v3	47,19	47,19	11,77	518	538	447	SP SH
		v2/v4		47,19	10,66			431	
	2	v1/v3	49,23	45,76	15,00	432	423	448	v SP SH
		v2/v4		46,92	15,00			436	
	3	v1/v3	46,25	46,25	10,76	477	473	451	SP SH
		v2/v4		46,25	12,63			457	
	4	v1/v3	45,95	45,95	10,37	492	473	512	SP SH
		v2/v4		45,95	9,79			528	
	5	v1/v3	49,83	49,83	12,09	523	513	522	SP SH
		v2/v4		48,19	12,85			514	

SH – Seitenholz
MH – Mittelholz

Versagensformen:
SP - Aufspalten
SPS - Aufspalten von Scherfuge ausgehend
v - Verschiebung $v > 15$ mm

Tabelle 10-58 Ergebnisse der Zug-Scherversuche mit Schraubentyp D,
Reihen: D-8_1-12, D-8_1-13

Reihe	Vers.	Pos.	F_{max} kN	$F_{maßg}$ kN	$v_{Fmaßg}$ mm	$\rho_{SH,1}$ kg/m³	$\rho_{SH,2}$ kg/m³	ρ_{MH} kg/m³	Versagensform
D-8_1-12	1	v1/v3	22,26	22,26	11,76	394	414	424	SP SH
		v2/v4		22,26	11,28			405	
	2	v1/v3	18,03	18,03	6,41	380	409	392	SP SH
		v2/v4		18,03	7,95			389	
	3	v1/v3	22,13	22,13	12,10	388	430	447	SP SH
		v2/v4		22,13	12,95			433	
	4	v1/v3	17,40	17,40	7,13	470	461	412	SP SH
		v2/v4		17,40	5,97			422	
	5	v1/v3	18,87	18,87	9,05	579	580	420	SP SH
		v2/v4		18,87	8,22			439	
D-8_1-13	1	v1/v3	22,89	22,89	7,53	478	488	469	SP SH
		v2/v4		22,89	5,19			476	
	2	v1/v3	20,58	20,58	3,28	517	494	463	SP SH
		v2/v4		20,58	5,89			501	
	3	v1/v3	31,80	29,35	15,00	432	417	436	v
		v2/v4		31,80	14,55			448	SP SH
	4	v1/v3	25,61	25,61	8,89	413	401	451	SP SH
		v2/v4		25,61	10,46			446	
	5	v1/v3	35,54	32,05	15,00	475	479	462	v
		v2/v4		35,54	12,95			460	SP SH

SH – Seitenholz
MH – Mittelholz

Versagensformen:
SP   - Aufspalten
SPS   - Aufspalten von Scherfuge ausgehend
v   - Verschiebung $v > 15$ mm

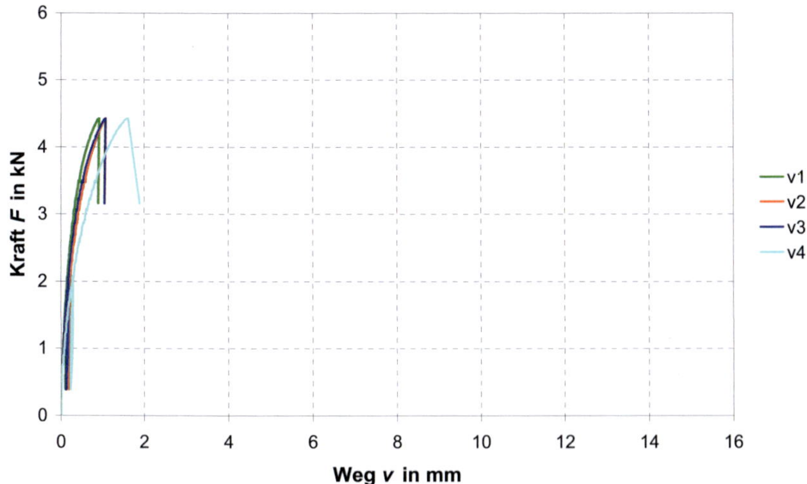

Bild 10-59 Typische Last-Verschiebungskurve für einen Versuch mit Versagen der Seitenhölzer durch Aufspalten bei geringen Verschiebungen, hier: Versuch A-5_1-12_1

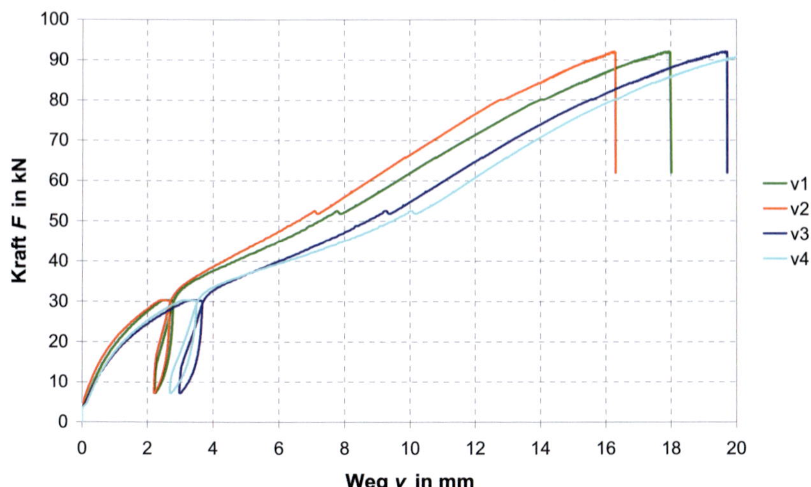

Bild 10-60 Last-Verschiebungskurve für einen Versuch mit Versagen bei einer Verschiebung von mehr als 15 mm, hier: Versuch A-8_2-32_4

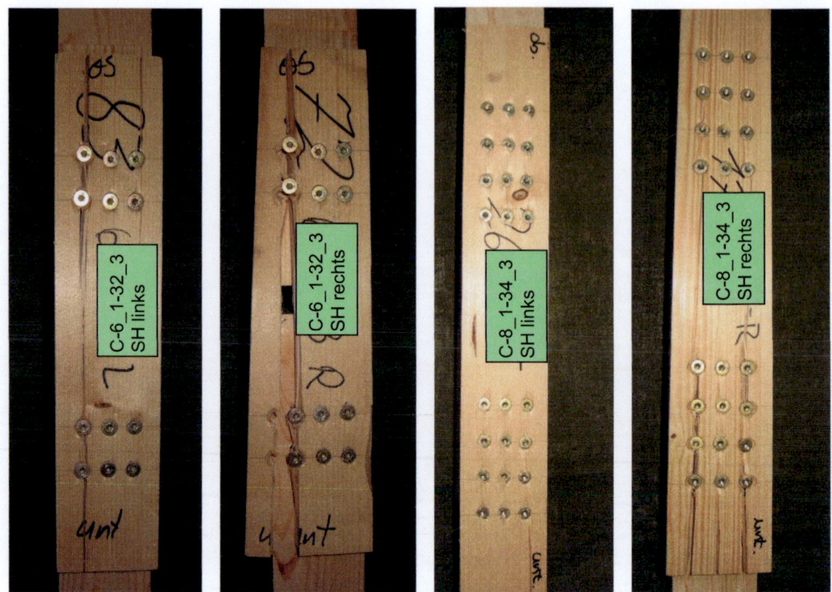

Bild 10-61   Typisches Versagen durch Aufspalten der Seitenhölzer in den Versuchsreihen mit Schraubentyp C, hier: Versuch C-6_1-32_3 und C-8_1-34_3

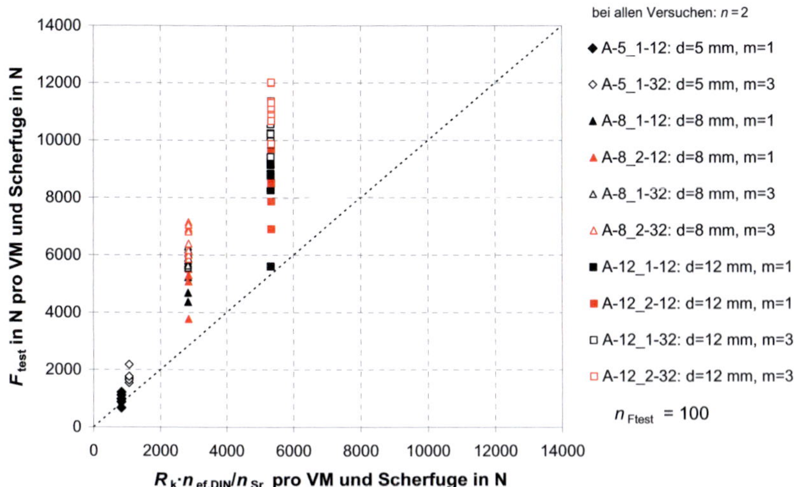

Bild 10-62   Vergleiche zwischen Versuchsergebnis und charakteristischem Wert der Tragfähigkeit für Schraubentyp A für $\rho_k = 350$ kg/m³

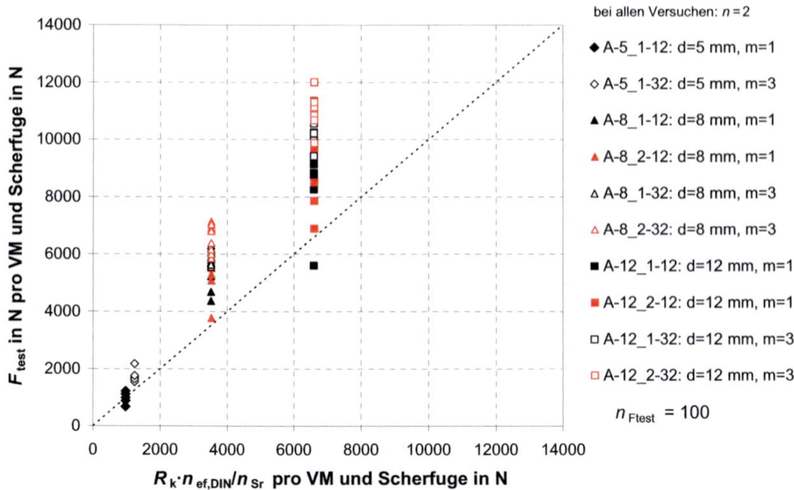

Bild 10-63   Vergleiche zwischen Versuchsergebnis und charakteristischem Wert der Tragfähigkeit für Schraubentyp A für $\rho_k = 420$ kg/m³

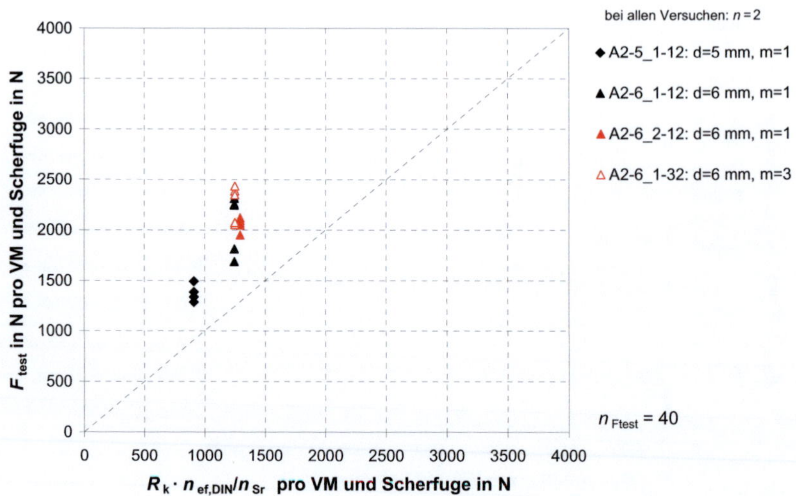

Bild 10-64   Vergleiche zwischen Versuchsergebnis und charakteristischem Wert der Tragfähigkeit für Schraubentyp A-2 für ρ_k = 350 kg/m³

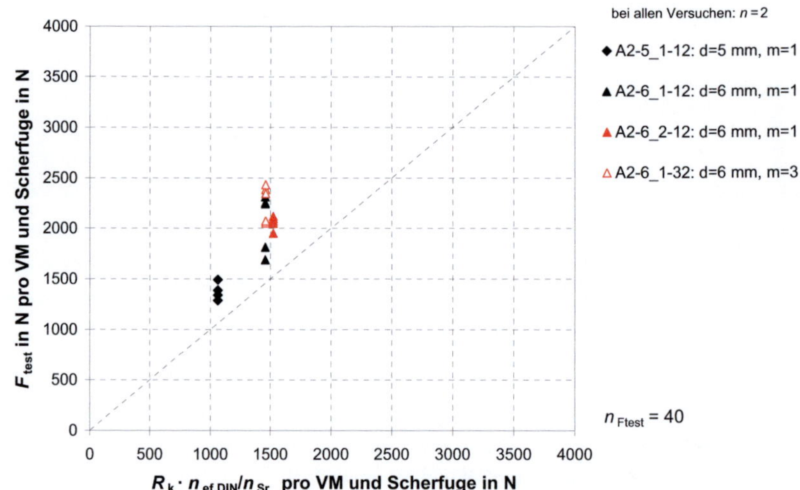

Bild 10-65   Vergleiche zwischen Versuchsergebnis und charakteristischem Wert der Tragfähigkeit für Schraubentyp A-2 für ρ_k = 420 kg/m³

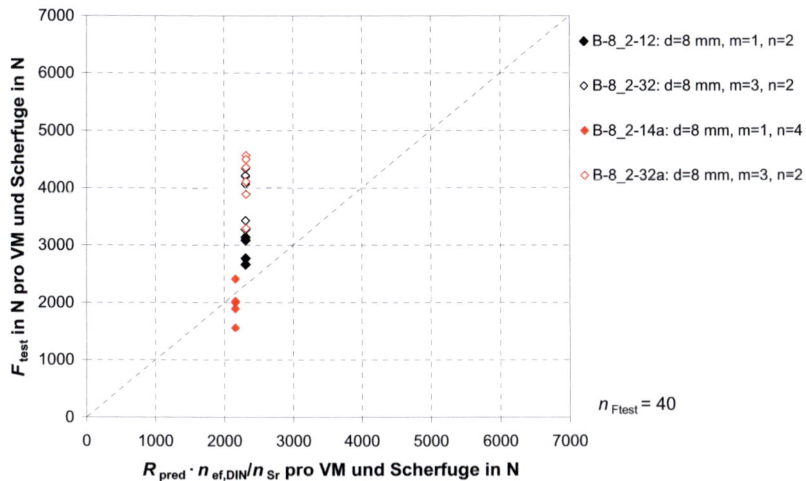

Bild 10-66   Vergleiche zwischen Versuchsergebnis und charakteristischem Wert der Tragfähigkeit für Schraubentyp B für $\rho_k = 350$ kg/m³

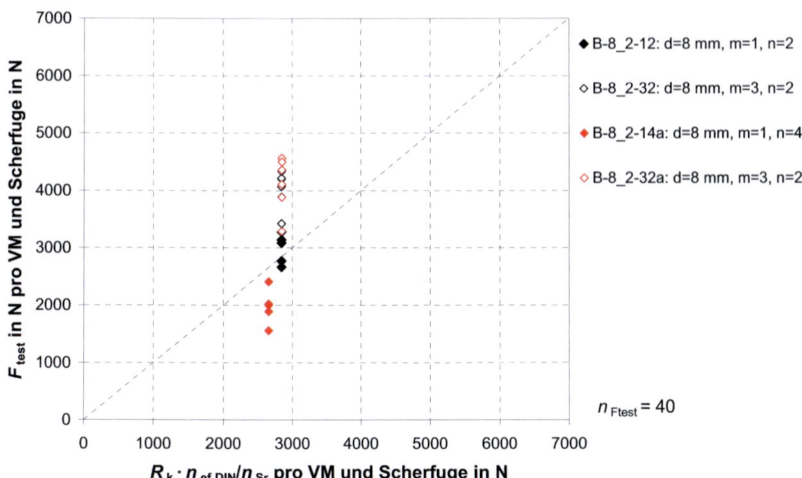

Bild 10-67   Vergleiche zwischen Versuchsergebnis und charakteristischem Wert der Tragfähigkeit für Schraubentyp B für $\rho_k = 420$ kg/m³

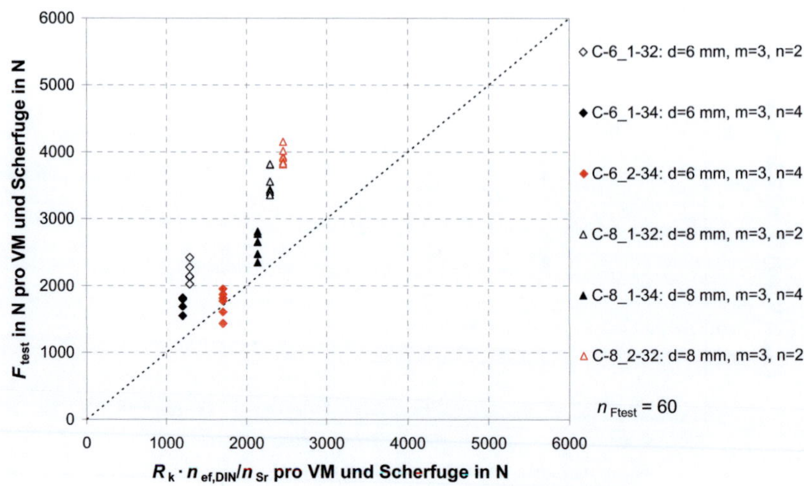

Bild 10-68   Vergleiche zwischen Versuchsergebnis und charakteristischem Wert der Tragfähigkeit für Schraubentyp C für ρ_k = 350 kg/m³

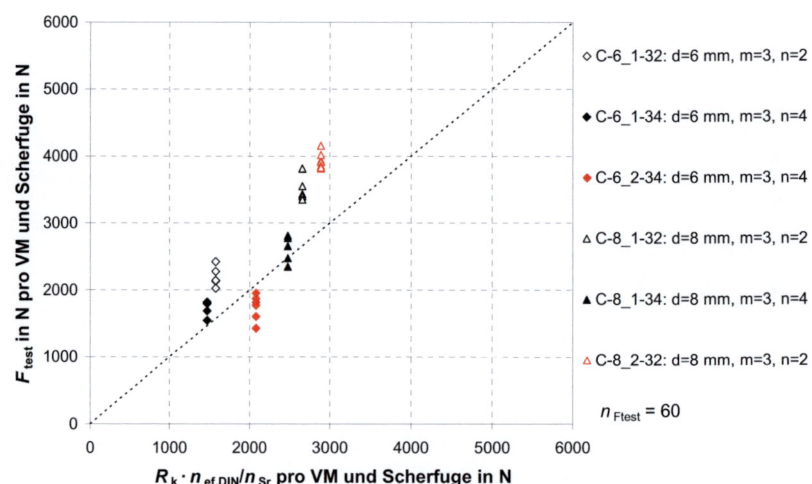

Bild 10-69   Vergleiche zwischen Versuchsergebnis und charakteristischem Wert der Tragfähigkeit für Schraubentyp C für ρ_k = 420 kg/m³

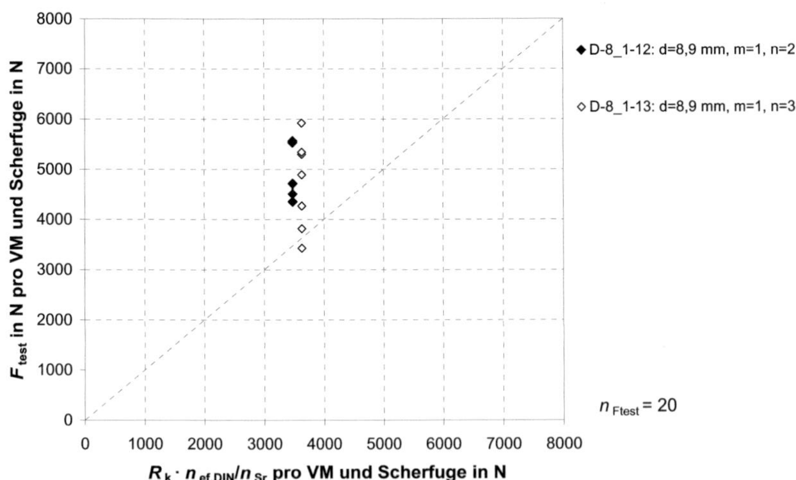

Bild 10-70   Vergleiche zwischen Versuchsergebnis und charakteristischem Wert
der Tragfähigkeit für Schraubentyp D für ρ_k = 350 kg/m³

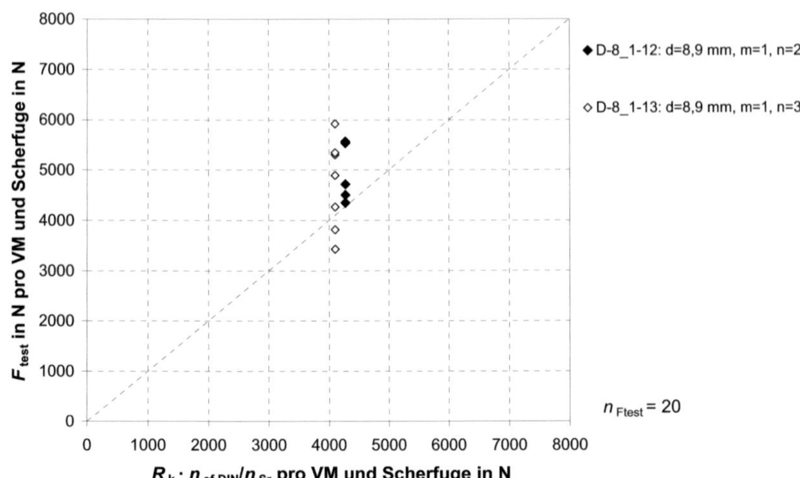

Bild 10-71   Vergleiche zwischen Versuchsergebnis und charakteristischem Wert
der Tragfähigkeit für Schraubentyp D für ρ_k = 420 kg/m³

10.6 Anhang zu Abschnitt 5

Tabelle 10-59   Versuchsmaterial, verfügbare BSPH-Produkte und Aufbauten

Zuordnungs-nummer	Hersteller	Gesamtdicke t in mm	Lagenanzahl n	Lagendicke in mm
1.1	1	81	3	27-27-27
1.2	1	85	5	17-17-17-17-17
1.3	1	105	5	27-17-17-17-27
2.1	2	60	3	19-22-19
2.2	2	78	3	19-40-19
2.3	2	128	5	34-13-34-13-34
2.4	2	146	5	34-22-34-22-34
2.5	2	202	7	34-22-34-22-34-22-34
3.1	3	17	3	5,3-6,4-5,3
4.1	4	12	3	3,5-5-3,5
4.2	4	27	3	8,5-10-8,5
4.3	4	25	5	4,5-4,8-6,5-4,8-4,5
4.4	4	42	5	8,5-7,5-10-7,5-8,5

Tabelle 10-60   Übersicht Einschraubversuche in den Seitenflächen von BSPH

Versuchsbez. Reihe	Nr.	d in mm	BSPH	Verbindungsmittelabstände in mm				Rohdichte in kg/m³	Ausmaß der Risserscheinungen
				$a_{1,c}$	a_1	$a_{2,c}$	a_2		
E-12-5-85-2	1	12	1.2	72	48	30	30	454	0
	2							454	1
	3							471	1
E-12-3-60-2	1	12	2.1	72	48	30	30	407	0/1
	2							394	0
	3							460	0/1
E-12-5-42-2	1	12	4.4	72	48	30	30	458	0
	2							458	0
	3							462	0/1
E-8-5-42-2	1	8	4.4	48	32	20	20	423	0
	2							423	0
	3							430	0
E-8-3-12-2	1	8	4.1	48	32	20	20	532	0
	2							532	0
E-6-3-12-2*	1	6	4.1	48	32	20	20	475	0
	2							475	0
	3							457	0

Ausmaß der Risserscheinungen:

 0 keine Risse

 1 oberflächliche Risse geringen Ausmaßes

 2 oberflächliche Risse größeren Ausmaßes

 3 Aufspalten

 * in dieser Versuchsreihe wurden größere Abstände als in den übrigen Reihen verwendet

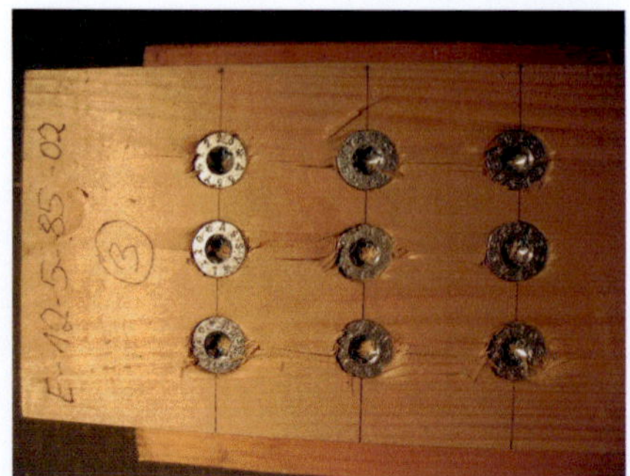

Bild 10-72   Einschraubversuch der Reihe E-12-5-85-2

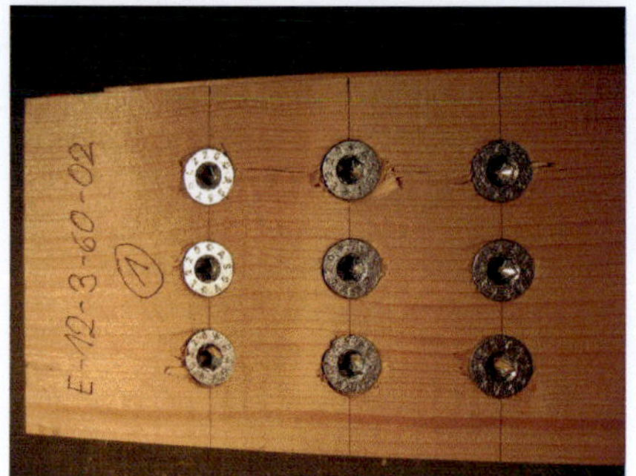

Bild 10-73   Einschraubversuch der Reihe E-12-3-60-2

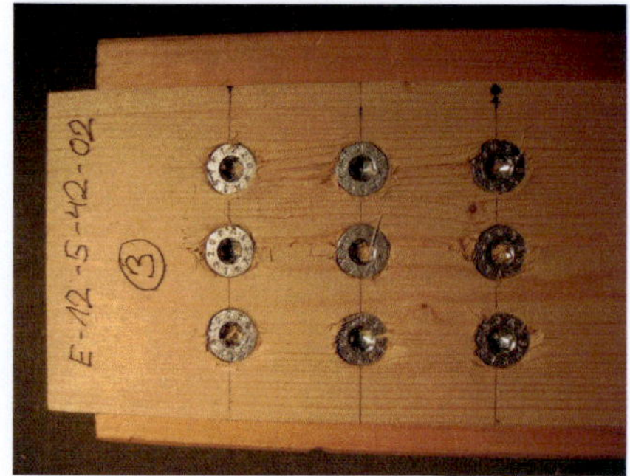

Bild 10-74   Einschraubversuch der Reihe E-12-5-42-2

Bild 10-75   Einschraubversuch der Reihe E-8-3-12-2

Bild 10-76   Einschraubversuch der Reihe E-6-3-12-2

Tabelle 10-61   Einschraubversuche in den Schmalflächen von BSPH für $\varepsilon = 90°$

Versuchsbez. Reihe	Nr.	d in mm	m	n	BSPH	Holzdicke t in mm	$a_{1,c(t)}$	a_1	$a_{2,c}$	a_2	Rohdichte in kg/m³	Ausmaß der Risserscheinungen
12-5-85-C	1	12	1	2	1.2	200	84	60	42,5	-	481	0
	2										514	3
	3										514	0
	4										466	3
12-3-60-C	1	12	1	3	2.1	200	96	60	30	-	439	3
	2										452	2
12-5-128-C	1	12	1	2	2.3	200	84	60	42,5	-	457	0
	2										457	0
	3										438	0
8-5-85-C	1	8	1	2	1.2	200	56	40	42,5	-	481	0
	2										514	1
	3										466	0
	4										466	0
8-3-60-C	1	8	1	3	2.1	200	56	40	30	-	446	3
8-3-60-C1*	1	8	1	3	2.1	200	56	40	30	-	446	0

m   Anzahl der Verbindungsmittelreihen

n   Anzahl der Verbindungsmittel in einer Reihe

Ausmaß der Risserscheinungen:

0   keine Risse

1   oberflächliche Risse geringen Ausmaßes

2   oberflächliche Risse größeren Ausmaßes

3   Aufspalten

*   Schraube mit Bohrspitze und Zylinderkopf

Bild 10-77   Einschraubversuch 12-5-85-C-2

Bild 10-78   Einschraubversuch 12-5-128-C-2

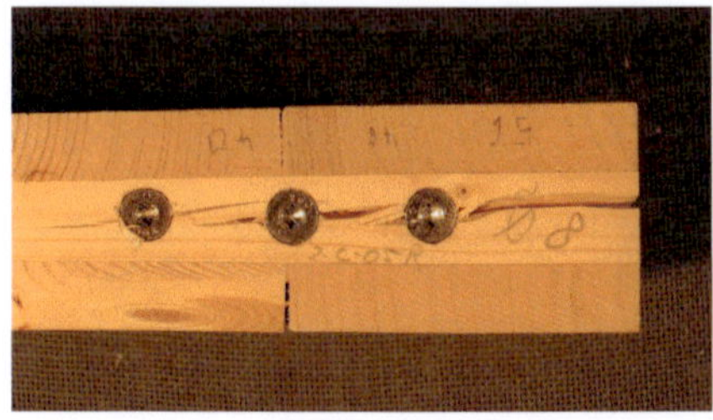
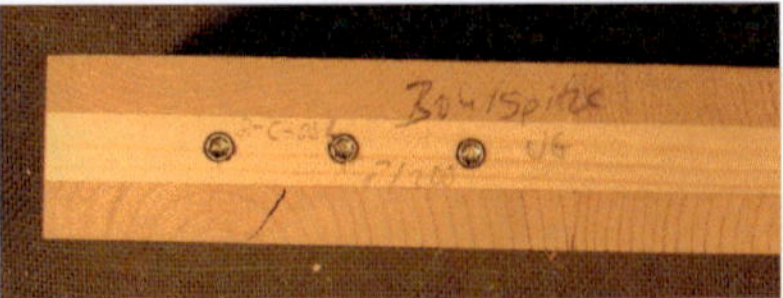

Bild 10-79   Einschraubversuche 8-3-60-C-1 (links) und 8-3-60-C1-1 (rechts)

Tabelle 10-62   Einschraubversuche in den Schmalflächen von BSPH für $\varepsilon = 0°$

| Versuchsbez. | | d in mm | m | n | BSPH | Holz-dicke t in mm | Verbindungsmittelabstände in mm | | | | Rohdichte in kg/m³ | Ausmaß der Riss-erscheinungen |
Reihe	Nr.						$a_{1,c(t)}$	a_1	$a_{2,c}$	a_2		
12-3-60-A1	1	12	1	2	2.1	200	60	48	30	-	426	0
12-3-60-A2	1	12	1	3	2.1	200	84	60	30	-	467	0
8-3-60-A1	1	8	1	3	2.1	200	40	32	30	-	426	0
8-3-60-A2	1	8	1	3	2.1	200	56	40	30	-	460	0

m Anzahl der Verbindungsmittelreihen

n Anzahl der Verbindungsmittel in einer Reihe

Ausmaß der Risserscheinungen:

0   keine Risse

1   oberflächliche Risse geringen Ausmaßes

2   oberflächliche Risse größeren Ausmaßes

3   Aufspalten

Bild 10-80   Einschraubversuche 12-3-60-A1.1 (oben links), 12-3-60-A2.1 (oben rechts), 8-3-60-A1.1 (unten links) und 8-3-60-A2.1 (unten rechts)

Lebenslauf

28.04.1977	geboren in Goslar
1983 - 1987	Grundschule Jahnstraße Seesen
1987 - 1989	Orientierungsstufe Seesen
1989 - 1996	Jacobson-Gymnasium Seesen
05/1996	Abitur
07/1996 - 04/1997	Grundwehrdienst
10/1997 - 11/2002	Studium des Bauingenieurwesens an der Universität Hannover
21.11.2002	Diplom
seit 12/2002	Wissenschaftlicher Mitarbeiter an der Versuchsanstalt für Stahl, Holz und Steine, Abteilung Holzbau und Baukonstruktionen, Karlsruher Institut für Technologie (KIT), vormals Universität Karlsruhe (TH)